計測・制御シリーズ

SimulinkとReal-Time Workshopを使った
MATLABによる組み込みプログラミング入門

大川 善邦 著

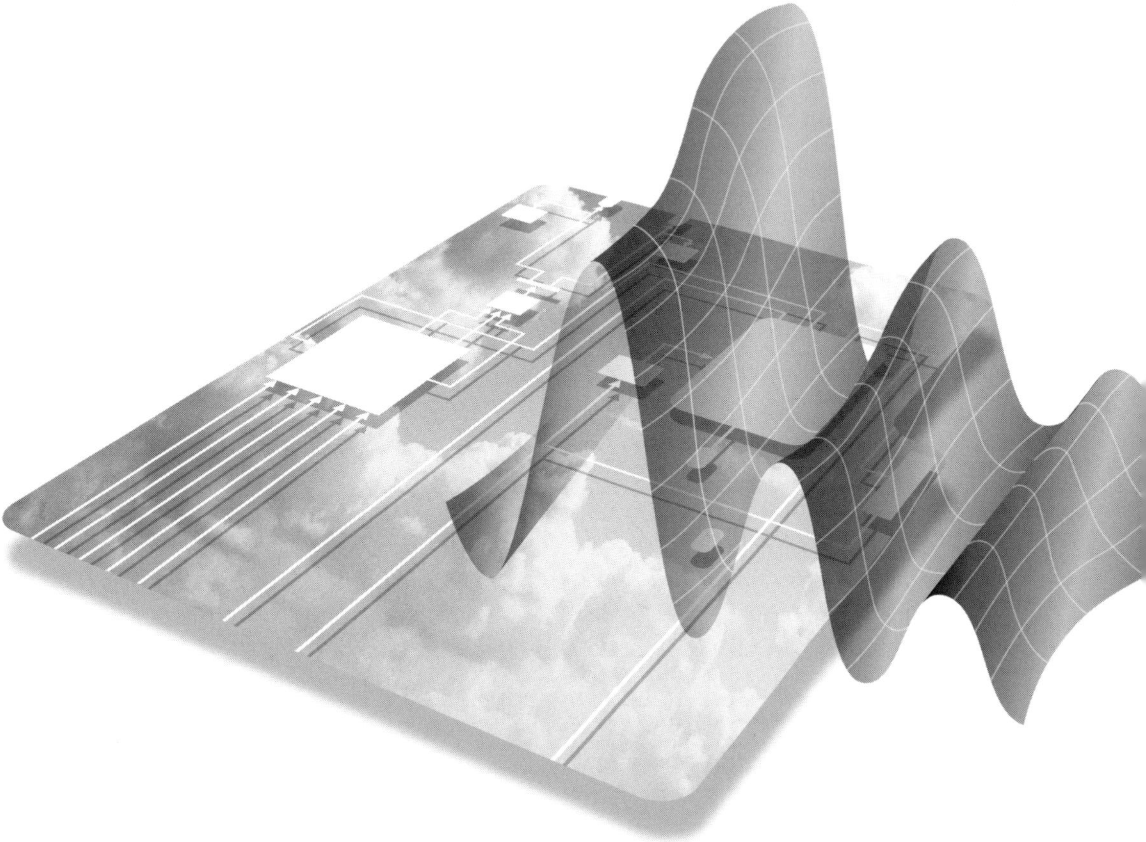

CQ出版社

■ まえがき

　組み込み系ソフトウェアの開発において，ソフトウェア技術者の絶対量が不足しているという事実は，以前から識者によって指摘されていました．

　この問題を解決する一つの有効な手段は，おのおののエンジニアの生産性を高めることです．

　例えば，問題を解析するステージにおいて，UML（Unified Modeling Language）のような汎用の図式記法を採用します．そうすれば，当然，知識の共有化が進み，開発サイクルは短縮できます．

　UMLで書いたチャートをダイレクトにシミュレーションすることができれば，机上において制御ロジックに関する選択肢を比較検討できるので，これも開発サイクルの短縮に役立ちます．

　シミュレーションによって十分に検討したプログラムを実機にダウンロードして，実環境において検証を行えば，実機における作業はゼロにはならないにしても，最小限に短縮できます．

　組み込み開発エンジニアの生産性を高めるためには，組み込み系の開発プロセスを上流から下流まで一貫したシステムとして構築する必要があります．これがモデル・ベースド・デザインの基本思想です．

　米国のThe MathWorks社が開発しているMATLABは，組み込みシステムのソフトウェア開発に，大きく貢献すると思います．とくに，複雑な数値計算を必要とする制御装置の設計，モデル図からダイレクトにシミュレーションを行う機能が必要な大規模/中規模の組み込みシステム，例えば，プラント，航空機，自動車などの制御装置を構築する際に，その真価を発揮します．

　しかし，マウスのクリック一つで完璧な組み込みプログラムが自動的に生成できると言ったら，それは嘘です．そんなことはできるわけがありません．組み込みプログラムの開発は，選択肢が無限に存在する多様な過程であり，しかも，技術は日に日に進歩するダイナミックな技術分野です．当然，プログラムは複雑になります．さらにプログラムの完成度を高めるためにシミュレーションを通してパラメータをチューニングする必要があります．

　今回は，MATLABによって，ブロック線図を作成し，組み込みターゲットのC言語プログラムをビルドするまでの過程を，具体的かつ平易に解説します．一本の道をまっすぐに進みます．マニュアルのように横断的な記述はしません．

　本書によって開発の流れを理解したら，細部はオンラインのドキュメントなどを参考にして理解を進めてください．

　読者は，少なくとも組み込み系のプログラムを作った経験があり，かつWindowsの操作，例えばマイクロソフトのVisio，あるいは最低でもペイントなどのお絵描きソフトを使った経験があると仮定します．

2005年11月　大川 善邦

■ 付属CD-ROMの使い方

　本書において使用した資料となるファイルを付属CD-ROMに収めてあります．CD-ROMの中のディレクトリ構造は図のように各章ごとに分けられており，各章で解説したファイルがそれぞれの章のディレクトリ以下に収録されています．

　第2章から第8章までのモデルを使用するためには，MATLAB，Simulinkが必要です．

　第9章から第11章のモデルを使用するためには，MATLAB，Simulink，Real-Time Workshopが必要です．

　この付属CD-ROMは，個人の学習のために本書を読みながら使用し，理解の一助にしてください．

　なお，本書付属のCD-ROMに収録したプログラムやデータなどを利用することにより発生した損害などに関して，CQ出版社および著作権者は責任を負いかねますのでご了承ください．

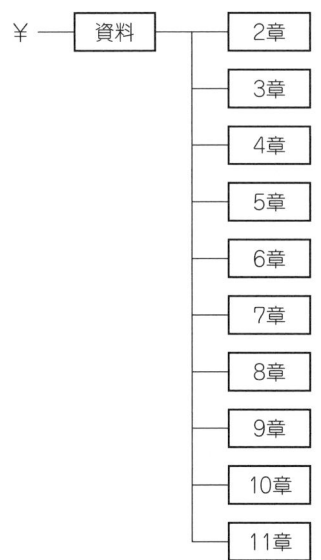

図　付属CD-ROMのディレクトリ構造

■ MATLAB（Simulink，Real-Time Workshopを含む）評価版の入手方法

　本書で紹介したソフトウェアの評価版は以下のURLを参照，またはサイバネットシステムへ直接問い合わせてください．

● http://www.cybernet.co.jp/matlab/product/beta.shtml

　（サイバネットシステムのMATLABトライアル評価版に関するページ）

電話での問い合わせは，03-5978-5410（サイバネットシステム）で受け付けています．

目　次

まえがき ………………………………………………………… 2
付属CD-ROMの使い方 ………………………………………… 3

第1章　MATLAB導入の前に …………………………………… 9
　1.1　はじめに ………………………………………………… 9
　1.2　二つのスキット ………………………………………… 9
　1.3　MATLABの誕生 ……………………………………… 14
　1.4　MATLABの構造 ……………………………………… 16
　1.5　組み込みプログラムの開発 …………………………… 19
　1.6　実装過程の問題 ………………………………………… 21

第2章　MATLABの基本フレームワーク ……………………… 23
　2.1　はじめに ………………………………………………… 23
　2.2　MATLABのスタート ………………………………… 23
　2.3　MATLABの関数 ……………………………………… 27
　2.4　ベクトルとマトリックス ……………………………… 28
　2.5　多項式の解法 …………………………………………… 37
　2.6　MATLABのグラフ …………………………………… 41
　2.7　M-ファイルによるプログラミング …………………… 44
　2.8　微分方程式の解法 ……………………………………… 48
　2.9　MATLABのGUI ……………………………………… 51

第3章　MATLABの外部インターフェース …………………… 55
　3.1　はじめに ………………………………………………… 55
　3.2　データの入出力 ………………………………………… 55

3.3　Excelとのデータ入出力 ･････････････････････････････ 56
　　3.4　音声データの処理 ･･････････････････････････････････ 61
　　3.5　画像データの処理 ･･････････････････････････････････ 63
　　3.6　シリアル通信 ･･････････････････････････････････････ 64
　　3.7　MATLABのコンパイラ ･････････････････････････････ 73
　　3.8　MATLABの展望 ･･･････････････････････････････････ 76

第4章　ブロック線図によるシミュレーション ･････････････ 79
　　4.1　はじめに ･･ 79
　　4.2　Simulinkスタート ････････････････････････････････ 79
　　4.3　モータの速度制御 ･･････････････････････････････････ 83
　　4.4　宇宙船の動力学モデルの構築 ･･････････････････････････ 85
　　4.5　データの入出力問題 ････････････････････････････････ 91
　　4.6　時間最適制御の解 ･･････････････････････････････････ 97
　　4.7　PID制御 ･･ 99
　　4.8　制御理論からの考察 ････････････････････････････････ 103
　　コラム　t＝0のデータを得るためには ･･････････････････････ 96

第5章　Simulinkにおける剛体運動のモデリング ･････････ 109
　　5.1　はじめに ･･･ 109
　　5.2　宇宙船の剛体モデル ････････････････････････････････ 109
　　5.3　問題の整理 ･･･････････････････････････････････････ 112
　　5.4　剛体モデルの構築 ･･････････････････････････････････ 114
　　5.5　クオタニオンによるモデル ･･･････････････････････････ 121
　　5.6　統合モデルによるシミュレーション ･･････････････････ 128
　　5.7　統合モデルによるPD制御 ･･･････････････････････････ 131

第6章　カスタム・ブロックのプログラミング ･････････････ 135
　　6.1　はじめに ･･･ 135

- 6.2 Simulinkのカスタム・ブロック ……………………………… 135
- 6.3 M-ファイルのカスタム・ブロック …………………………… 136
- 6.4 レベル2のカスタム・ブロック ………………………………… 144
- 6.5 宇宙船モデルのためのブロック ………………………………… 147
- 6.6 シミュレーションの実行と管理 ………………………………… 150

第7章　Cプログラムによるカスタム・ブロック …………… 155

- 7.1 はじめに ………………………………………………………… 155
- 7.2 ハロー・ワールド ……………………………………………… 155
- 7.3 連続系におけるC MEX S-Function …………………………… 161
- 7.4 宇宙船の運動方程式 …………………………………………… 163
- 7.5 パラメータの設定を外部から行う …………………………… 170
- 7.6 剛体の回転運動のカスタム・ブロック ……………………… 173

第8章　ビルダによるカスタム・ブロック ……………………… 181

- 8.1 はじめに ………………………………………………………… 181
- 8.2 ハロー・ワールド ……………………………………………… 181
- 8.3 Cプログラムの検討 …………………………………………… 187
- 8.4 入出力ポートの拡張 …………………………………………… 190
- 8.5 モータの速度制御 ……………………………………………… 193
- 8.6 宇宙船の並進運動 ……………………………………………… 195
- 8.7 宇宙船の回転運動 ……………………………………………… 200
- 8.8 入力ポートの次元の設定について …………………………… 208

第9章　Cプログラムのビルド ……………………………………… 211

- 9.1 はじめに ………………………………………………………… 211
- 9.2 モデル・ベースド・デザインの世界へ ……………………… 211
- 9.3 Real-Time Workshopの概要 ………………………………… 212
- 9.4 ハロー・ワールド ……………………………………………… 215

	9.5	出力データのロギング	225
	9.6	微分方程式のビルド	228
	9.7	PD制御問題のビルド	231

第10章　ビルド過程のカスタマイズ … 239

- 10.1　はじめに … 239
- 10.2　ハロー・ワールド … 239
- 10.3　ファイルの検討 … 243
- 10.4　ブロックのビルド過程の解析 … 247
- 10.5　微分方程式を含むモデル … 252

第11章　プログラムの管理と実行の分離 … 261

- 11.1　はじめに … 261
- 11.2　ハロー・ワールド … 261
- 11.3　シリアル通信による実行 … 265
- 11.4　パラメータの調整 … 267
- 11.5　カスタム・コードの書き込み … 269
- 11.6　PD制御問題の周波数応答 … 271
- 11.7　宇宙船の回転運動の周波数応答 … 273
- 11.8　宇宙船の動特性 … 275

おわりに … 277

参考文献 … 277

付　録 … 278

- A.　MATLABプロダクト・ファミリ一覧 … 278
- B.　参考URL … 280
- C.　参考ドキュメント … 280

索引 … 282

第1章 MATLAB導入の前に

■ 1.1 はじめに

　本章では，まず最初に，組み込みソフトウェアの開発過程において，MATLABが果たす役割について紹介します．次にMATLABと組み込みシステムとの関連について解説します．
　また，MATLAB本体とMATLABのプロダクト・ファミリの概要を示します．

■ 1.2 二つのスキット

　組み込みプログラムの開発において，MATLABが果たす役割を説明するために，ここで，二つのスキットを示します．このスキットは，私が頭の中で創作したものなので，実在するものとの関連は一切ないことを，あらかじめ断っておきます．

スキットA

　A社とB社はプレス加工機を設計，製造する会社です．良い意味の競合によって，両社ともに，順調に業績を伸ばしています(図1-1)．
　さて，この国では，振動に関する新しい法律が施行されることになりました．国内において機械装置が発生する振動のパワー・スペクトラムの500 Hz以上の成分が総パワーの20％を超えると，その工場に対して課徴金を課すというものです．
　A，B両社が自社の加工機に対して振動の計測を行ったところ，通常の加工時においては，新しい法律の基準値を超えることはないが，板厚40ミリを超える大型のものを加工する際に，振動の振幅値が基準を超える恐れがあることがわかりました．
　対策として，これまでの制御装置に新しい機能を付け加える必要があります．
　必要な新機能は，プレス加工機に加速度センサを取り付け，センサからの出力波形を2重積分して振幅を算出し，その振幅の自己相関関数を計算し，それを高速フーリエ変換してパワー・スペクトラムを計算し，スペクトラムの500 Hzを超える部分の割合を集計して，その数値が基準値を超えそうになったとき，プレスの送り速度を低速モードにシフトするというものです．

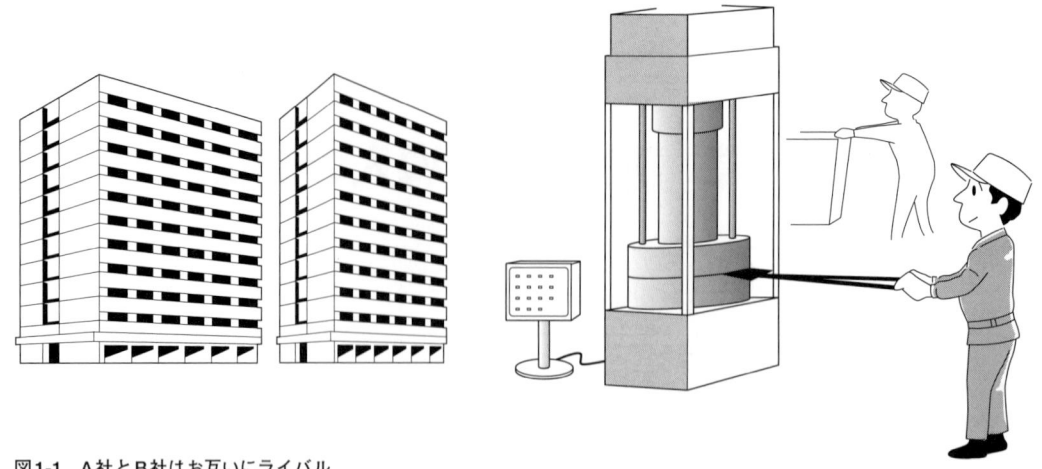

図1-1 A社とB社はお互いにライバル

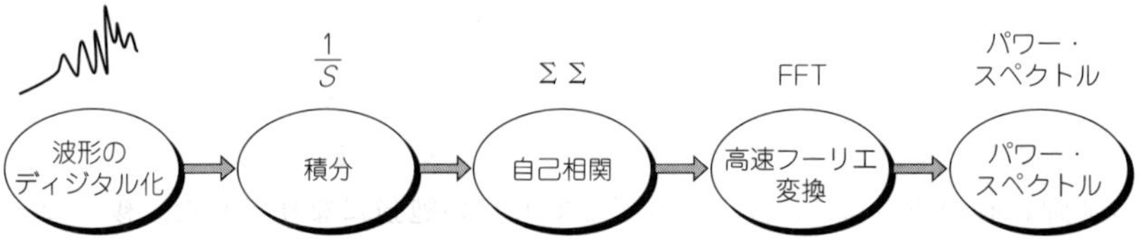

図1-2 複雑な計算式

　A社には，大学の応用数理工学科を卒業した若手エンジニアがいました．a君です．新しい法律に適合させるために追加する機能の設計は，当然のようにa君の担当になりました．

　a君は，大学時代に勉強した教科書を開いて，まず，数値積分のアルゴリズムを調べながら機能の処理方法を考えました（**図1-2**）．教科書には，いくつかの数値積分のアルゴリズムが述べられています．どれが良いかわからないので，実際に加速度センサのデータを使用して，コンピュータを使って計算したところ，この場合シンプソンの数値積分法が良いことがわかり，これを採用することにしました．

　続いて，自己相関関数の計算法を勉強して，それから高速フーリエ変換のアルゴリズムを理解し，フローチャートを書いて，C言語のプログラムを作りました．デバッグによってバグを除去して，プログラムを完成しました．

　A社の制御コンピュータは，RISC型のCPUを採用しているので，浮動小数点の演算ができません．

図1-3 勉強になったが，開発には負けた

プログラムを整数型の演算に書き直して，実機に実装し，テストを繰り返しました．サンプル周波数の調整と高速フーリエ変換を行う際のウィンドウの幅の調整も繰り返し実行しました．

新プレス機の制御装置の設計は，a君にとってとても良い勉強になりました．複雑なアルゴリズムを実装することによって数値計算の意味を体得することができ，また，実装するためのテクニックを身につけることができました．

しかし，A社の新プレス機の開発は，新しい法律の施行から約6ヵ月間遅れたため，その間国内の工場へ出荷することができず，A社のプレス機のシェアは大きく落ち込みました(図1-3)．

さて，それに対してB社は，社内に数学を得意とするエンジニアはいなかったのですが，大学の情報工学科を卒業して，社内ネットワークのメンテナンスをしている社員がいました．b君です．

残念なことに，b君は数学が得意ではなかったので，努力はしたのですが，高速フーリエ変換などの計算式をよく理解できませんでした．

しかし，研究室に在籍したときに，教授がMATLABを使って組み込みプログラムの開発ができる，と言っていたことを記憶していたので，新プレス機の制御プログラムを開発するのにMATLABを使ってみることにしました．

パソコン(PC)にMATLABをインストールして，Simulinkを立ち上げ，Signal Processing Blocksetのライブラリから数値積分，自己相関，FFTのブロックをドラッグして制御のシミュレーション・モデルを組みます．データ・ソースとして，実測データを記録したファイルを使い，結果はスコープ・ブロックを使ってグラフ表示します．

Simulinkの実行開始ボタンをクリックするとシミュレーションが始まり，時々刻々の状態がスコープに表示されます．ここで制御系のゲインをチューニングして，シミュレーションにおける最適構造を決めます．

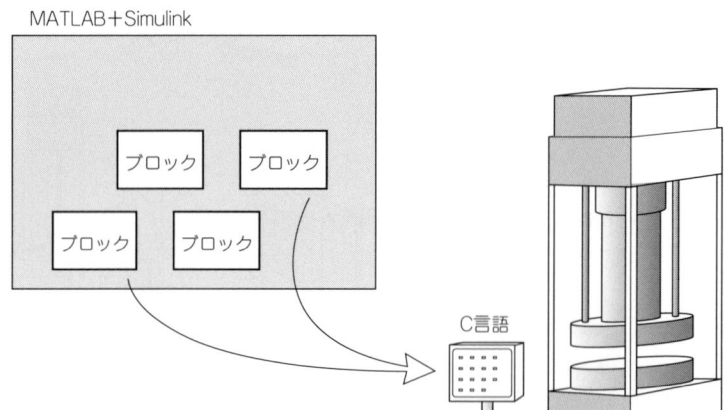

図1-4　ブロックを集めてビルド

　Real-Time Workshopによってブロック図をビルドすると，制御系のアルゴリズムはC言語のプログラムに変換されます（**図1-4**）．

　このCプログラムを検討して，必要なところを加筆，訂正し，ターゲット機のコンパイラにかけ，最終的な実行ファイルを作ります．

　このプログラムを制御用のコンピュータ実機にロードして，実機テストをします．結果は，新しい法律をクリアしていました．

　B社は新プレス機を新しい法律が施行される前に新聞発表し，そして順調に出荷を始めました．A社が対応に手間取っている間に，B社のプレス機は市場の大半を独占し，B社の利益は倍増しました．

　b君は，数学の学力はいまいちだったかもしれませんが，その功績が認められ，B社の将来を担う技術者と考えられるまでになりました．

スキットB

　C社は，乗用車を製造する巨大企業です．世界市場において，社運をかけて商戦を展開しています．食うか食われるかの戦いです．

　乗用車設計のポイントは軽量化です．自動車が軽ければ加速性能は上がり，かつガソリン消費量は低減します．1ガロン当りの走行距離は伸び，環境に対する悪影響は減少します．一石二鳥です．

　しかし一方で，乗用車ボディの鋼板を薄くすると，衝突時の安全性は低下します．人が乗る輸送機械である以上，安全性を無視してボディの重量を削ることはできません．

　C社の若手エンジニア，c君は，新たな提案をしました．

　自動車の構造に関与しない制御部に使用する鋳鉄のコントロール・ロッドを，細くしなやかなワイヤに置き換えるという提案です（**図1-5**）．

　C社の技術部門は，蜂の巣を突いたような状態になりました．

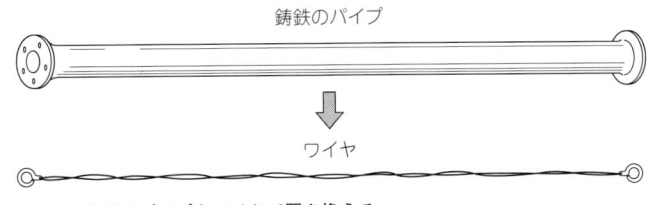

図1-5 鋳鉄のパイプをワイヤで置き換える

図1-6 まず,シミュレーションで確かめよう

　これまでの乗用車の歴史において,コントロール用の鋳鉄のロッドをワイヤで置き換えるという提案をした人はいません.

　そんなことをしたら,重量は減るかもしれないが乗用車の安全は吹き飛んでしまう,事故時にワイヤが切れてエンジンが暴走したらどうするのだ,事故による訴訟が多発する可能性がある,……いろいろな意見が出されました.

　C社の技術担当の重役は考えました.保身の立場から言えば,提案を退ければよい,この提案はあまりにも危険が多すぎる.しかし,もし成功して特許が成立すれば,ひょっとして世界のトップに躍り出る可能性もある,そういう新芽を摘み取りたくない.

　考えに考えた末に,重役は決断しました.極秘のプロジェクト・チームを結成し,MATLABのネットワーク・ライセンスを大量に購入し,コンピュータ・シミュレーションによってあらゆる状況をコンピュータ上に構築して徹底的に検討を行う,ただし,絶対に実機の試作を行ってはならないというのです(図1-6).

　MATLAB,Simulink,SimDriveline,SimMechanicsなどを使って,コンピュータ内に乗用車モデルを構築し,力学に基づいたシミュレーション実験を行い,あらゆる状況を検討するのです.仮想的な実験なので,実害はありません.

こうして，C社の社運を賭けたプロジェクト部隊が発足しました．このプロジェクトは，現在進行中です．

1.3 MATLABの誕生

1980年代に，米国東海岸マサチューセッツ州にあるThe MathWorks社は，MATLABの発売を開始しました．MATはマトリックス(matrix)から，LABはラボラトリ(laboratory)から切り取り，両者を貼り付けてMATLABという名前が生まれました．

この名前が示すとおり，MATLABは線形代数学の諸問題を処理するためのラボラトリ(計算環境)としてスタートしました．

当時，私は大阪大学工学部の教授で，研究室の学生は，計算処理はDEC社のUNIXワークステーション，グラフィックスはSGI社のIndigoを使って処理を行うという状況でした．PCは購入しましたが，研究活動において使用することはなく，複雑な計算は大学の計算センタのIBM7090や360などを使って処理しました．プログラムはFORTRANとパンチ・カードを使っていました(**図1-7**)．

MATLABは，マトリックスをカラム・ワイズ(縦切り)に処理します．こういうところを見ると，「FORTRANの処理も同じカラム・ワイズだったな」などと思い出して，過ぎ去った昔が懐かしくなります．

ところで，この20年間において，PCは大きく進歩しました．UNIXワークステーションのDEC社はすでに舞台から消え去り，科学計算の分野においてIBMの大型コンピュータを使う機会はありません．PCは，大学，企業の研究所，開発部門などにおける計算処理の主たる担い手となり，わずかにスーパー・コンピュータが生き残っている状況です．

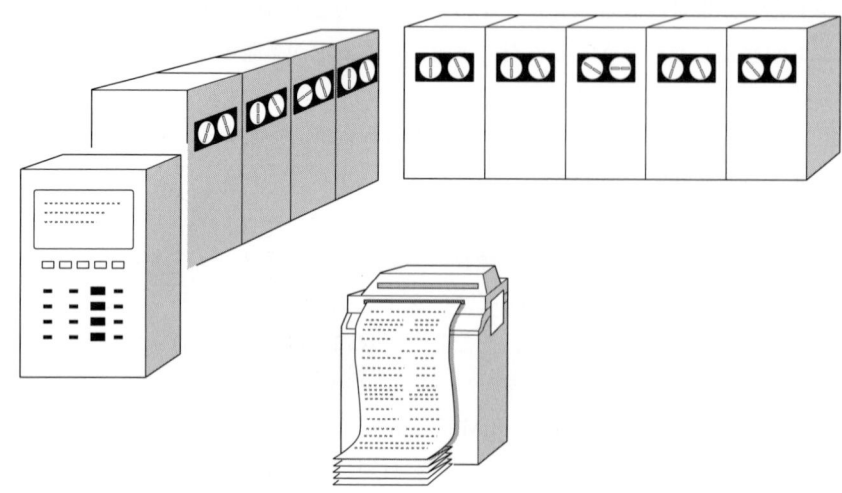

図1-7　パンチ・カードの時代に生まれたMATLAB

このような状況の変化に応じてMATLABも進化しました．MATLABの実行環境は，UNIXワークステーションからPCへ移行し，言語もFORTRANからCに変わりました(**図1-8**)．

もっと重要なことは，MATLABが進化したことです．マトリックスの解法に加えて，常微分方程式，偏微分方程式，さらに統計計算，データベース処理，社会モデルの構築，バイオメカニックスにおけるDNA合成などの数値解法が取り込まれ，MATLABは科学技術計算の広大な分野をカバーする巨大システムに成長しました．

The MathWorks社はこれらのソフトウェアを一つの大きなシステムとして一括販売するのではなく，プログラムを分野ごとに細かく分割して販売しています．これらの製品をプロダクト・ファミリと呼びます．

ユーザは，目的に応じて必要なプロダクト・ファミリ(コンポーネント)を購入し，目的に合致するシステムを構築し，それによって処理を行うことになります(**図1-9**)．

参考のために，The MathWorks社が現在販売しているプロダクト・ファミリのリストを，付録に記

図1-8　PCの時代へ移行

図1-9　MATLAB，Simulink，プロダクト・ファミリの関係

載しました．

　MATLAB本体はオープン・ソースではありませんが，本体以外の一部のソースはWebで見ることができます．

　MATLABに関するドキュメントはほとんどが英文ですが，総ページ数は20,000ページを超えます．MATLABを購入しなくても，これらの資料は閲覧やダウンロードが可能です．

　必要ならば，ユーザのプログラムを組み込んでMATLABの関数と同等のレベルで実行することが可能です．しかも，その組み込み方法は公開されています．ここが，もっとも重要なポイントです．

■ 1.4　MATLABの構造

　MATLABは，The MathWorks社が発売するプロダクト・ファミリの基本コンポーネントです．すなわち，コンテナの役割を果たし，プロダクト・ファミリは，すべてMATLABの上で動作します．MATLABがなければ，プロダクト・ファミリは動作しません．

　ユーザは，MATLABを購入して，PCにインストールする必要があります．

　Windowsのプログラムを開発する際に，例えば，Microsoft社のVisual Studioを使います．Visual Studioは，Windows OS上で動作し，プログラム開発を一括管理します．これをIDE（Integrated Development Environment：統合開発環境）といいます．

　この用語を使うと，MATLABは，組み込みプログラム開発のIDE，統合開発環境と言えます．MATLABを立ち上げるということは，WindowsにおいてVisual Studioを立ち上げることと同等です（図1-10）．

　MATLABの操作は，UNIXのシェル，DOSのコマンド・プロンプトと同じように，キーボードからコマンドを打ち込みます．この点が，Visual Studioのマウス操作とは異なります（図1-11）．

　Visual StudioなどのIDEからMATLABへ移行すると，一瞬，WindowsからDOSへ逆戻りしたよう

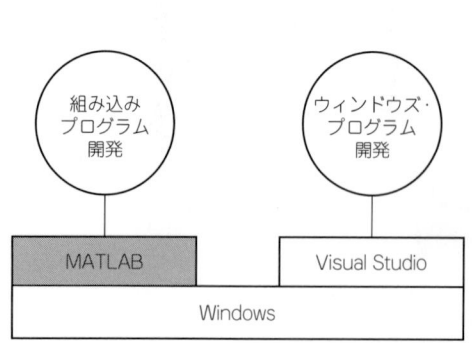

図1-10　MATLABとアプリケーション

図1-11　コマンド入力による操作

な感じを受けるかもしれません．しかし，コマンド入力は，使っているうちにすぐに慣れます．

MATLABは，現在およそ800の基本関数をもっています．MATLABスタート時の関数は，主として，マトリックス演算に関するものでしたが，そのあとに，常微分方程式と偏微分方程式の解法に関する関数が仲間入りし，同時に，計算結果のグラフ表示の関数が加えられて，ほぼ，現在の形ができあがりました(図1-12)．

もし，MATLABがスタート時のマトリックス演算だけのツールとして留まっていたら，今日のようなMATLABの展開はなかったかもしれません．

実際に，その程度の計算であれば，お金を出してMATLABを購入しなくても，インターネットからフリーのソフトウェアをダウンロードして，費用をかけずに計算処理することができます．

The MathWorks社は，精力的にアプリケーションの範囲を拡張してきました．例えば，いまここに制御系のゲインを決定する問題があったとします．もちろん，この制御系の動特性を常微分方程式で記述して，MATLABを使って解くことはできます．しかし，制御系の設計において，技術者は通常ラプラス変換を用いて動特性を伝達関数に変換し，その伝達関数を使って設計を行います．

The MathWorks社は，ラプラス変換の微分演算子を使って，信号を処理する関数群を開発し，その関数群を直接MATLABに組み込むのではなく，本体から切り離して別売のソフトウェアとして販売しています．これらをツール・ボックス(Toolbox)といいます(図1-13)．制御系の設計に使用するツール・ボックスは，制御システム・ツール・ボックス(Control System Toolbox)と呼ばれています．

図1-12　MATLABコマンドのカテゴリ

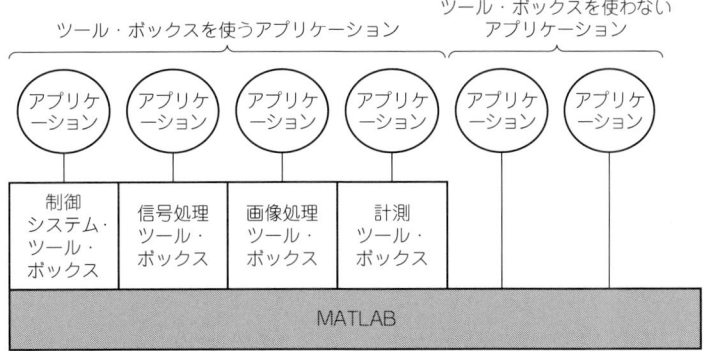

図1-13　MATLABとツール・ボックス

1.4　MATLABの構造

このほかに，フィルタ設計のツール・ボックス(Filter Design Toolbox)，システム同定のツール・ボックス(System Identification Toolbox)などがあります．詳しくは，付録を参考にしてください．

機器の設計において，概念を具象化する手段として，図面を用います．例えば，制御系の設計ではブロック線図を使用します．ブロック線図は，制御分野におけるUMLチャートの役割を果たします．

当然，MATLABに対して，**制御系をブロック線図で記述し処理したい**という要求が発生します．

この要求に答えるために，Simulinkが開発されました．Simulinkを使うと，対象のシステムをブロック図によって記述し，しかもマウスのクリックでシミュレーションを実行することができます．

Simulinkは，形態から言えば，**図1-14**に示すように，MATLABに対する一つのアドインですが，仕事の内容という面から表現すると，**図1-15**に示すように，MATLABと同格のパートナ的なソフトウェアと言えます．

Simulinkでのブロック図の制作は，Microsoft社のVisioなどと同じような要領で，あらかじめ用意しておいたテンプレートをエディタの画面にドラッグし，結線して，ブロック図を作成することができます．このテンプレートをブロック(block)と呼びます．

ここで，どのような機能のブロックがSimulinkに用意されているかが問題になります．ここでも，The MathWorks社は，MATLABと同じ原則を採用しています．例えば，信号処理に適したブロック群を開発して，これらのブロックをひとまとめにして信号処理ブロック・セット(Signal Processing Blockset)，航空機の設計に必要なブロックを開発して，航空宇宙ブロック・セット(Aerospace Blockset)として販売しています．

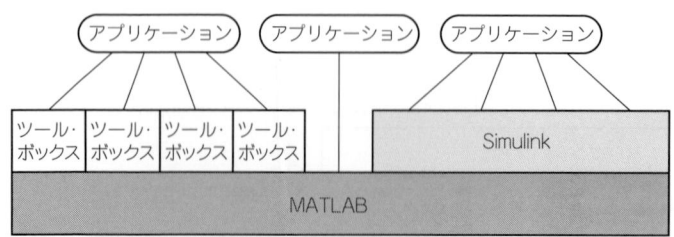

図1-14 SimulinkはMATLABのアドイン

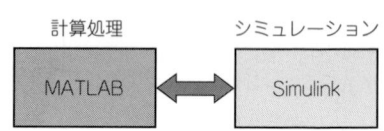

図1-15 MATLABとSimulinkはパートナ

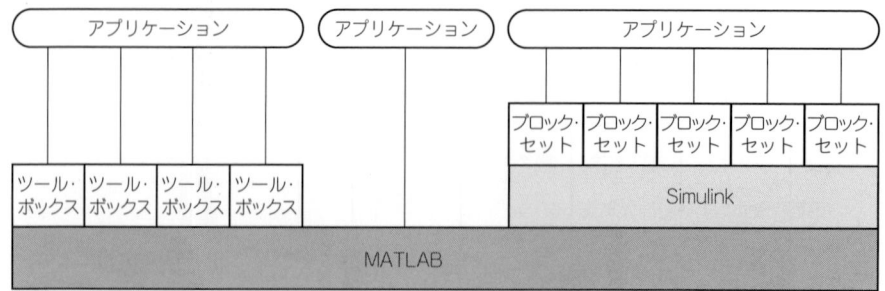

図1-16 MATLABの体系図

The MathWorks社はいろいろなブロック・セットを用意していますが，当然，エンジニアリングの全分野において発生する問題のすべてに対応することはできません．それは，およそ不可能なことです．

この対策として，C言語やC++，FORTRAN，Adaなどを使ってユーザが独自のブロックを構築し，それをSimulinkに組み込むことが可能となっています．

このブロックをカスタム・ブロック(custom blocks)といいます．

MATLABの構造は，最終的に**図1-16**となります．これがMATLABの横断的な構造です．

■ 1.5 組み込みプログラムの開発

組み込みプログラムを開発するために，MATLABのどのプロダクト・ファミリを入手すればよいか，ということについて説明します．

まず，組み込みプログラムを開発する過程を大きく二つに分けます．

第1の過程は，モデルを組み上げてシミュレーションを行うまでの過程です．これをモデリング過程(modeling process)と呼びます．

第2の過程は，シミュレーションの結果を組み込み系にダウンロードして，実機において検証を行う過程です．これを実装過程(implementing process)と呼びます．

組み込みプログラミングにおいて，この二つの過程を繰り返すことによって開発を進めます．これを基本サイクルと呼びます(**図1-17**)．

まず，モデリング過程について解説します．

基本のプロダクト・ファミリとしてMATLABが必要です．前節で述べたとおり，MATLABは絶対に必要です．

次に，ブロックを組み合わせて対象をモデル化するために，Simulinkが必要です．これがないとモデル図が描けません．

組み込み系においてシーケンス動作が必要な場合，このシーケンス操作を状態遷移図として表現するために，Stateflowが必要です．ここでシーケンス動作というのは，フローチャートでいえば分岐動作のこと，プログラムでいえばIF文のことです．

この三つのプロダクト・ファミリがあれば，とりあえず，組み込み系のシミュレーションを行うことができます(**図1-18**)．

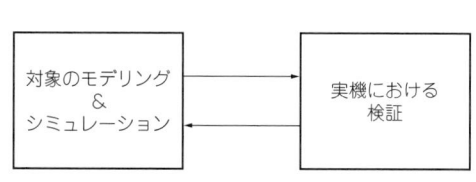

図1-17　組み込みプログラム開発のサイクル

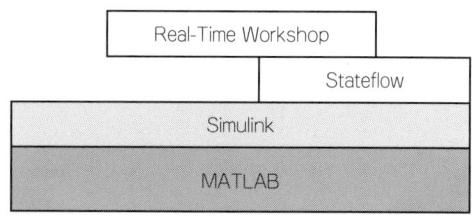

図1-18　組み込み開発の基本プロダクト

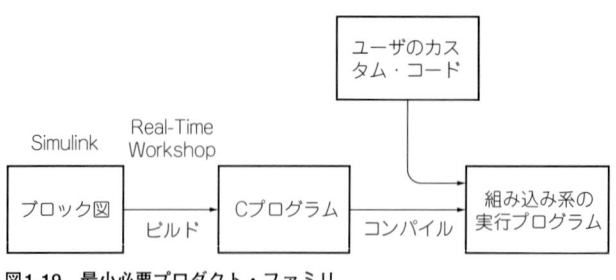

図1-19 最小必要プロダクト・ファミリ

　もちろん，前述のように，もし制御系のブロック線図を描くのであればSimulink Control Design，信号処理をするのであればSignal Processing Blocksetというプロダクト・ファミリがあれば便利だということになります．

　次に，実装過程に入ります．

　まず最初に，作成したブロック図をC言語のプログラムに変換するソフトウェアが必要です．これには，Real-Time Workshopというプロダクト・ファミリを用います．Real-Time Workshopは，シミュレーションにより検証済みのブロック図をC言語に変換します．この過程をビルドといいます（**図1-19**）．

　細かいことを言えば，C++，Ada，Fortranにも変換することができますが，本書ではCに変換する場合についてのみ述べます．

　以上が，MATLABによる組み込みプログラム開発の前半部分です．

　もし，費用を最小限に抑えて組み込みプログラムを自動生成し，どのようなCプログラムができるか検討したい，というのであれば，

　　MATLAB
　　Simulink
　　Real-Time Workshop

以上の3本だけで，とりあえず開発をスタートすることが可能です．

　状態遷移図を組み込むことが必要ならば，オプションとして，

```
Stateflow
Stateflow Coder
```

があればよいでしょう．StateflowのブロックをCのプログラムにビルドするのであれば，Stateflow Coderが必要です．

　また，組み込みプログラムをコンパクトに作りたいのであれば，

```
Real-Time Workshop Embedded Coder
```

があると便利です．

もちろんこれは，試験的にプログラムを自動生成することができるというだけのことであって，これだけで実務において効率よい開発ができる，ということを言っているわけではありません．この点は，とくに注意してください．

■ 1.6 実装過程の問題

組み込みプログラムの開発において，Cのプログラムができればそれで終わり，というものではありません．

むしろ問題はそこから始まる，といったほうが正しいと思います．

よく知られているように，組み込みターゲットにプログラムを実装する際に，プログラムの不変部はROMへ，可変部はRAMへ振り分けます．多くの場合，メモリ容量は厳しく制限されるので，プログラムの冗長な部分を削り取り，プログラム全体をスリムにする必要があります．

ターゲットに組み込むOSによって，割り込み処理などが変化するので，アプリケーション・プログラムの形式は大きく変化します．

DOSのように単機能のOSの場合は，プログラム内に割り込みルーチンの初期化やタイマ・スタートなどの手順を書き込む必要があります．

RTOSの場合は，そのOSが要求する形式にプログラムをカスタマイズする必要があります．

ターゲットのコンピュータがA-DコンバータやD-Aコンバータなどのアナログ変換回路を使用すれば，そのためのドライバ・ルーチンが必要です．

実装のターゲットにおいて，無限の選択枝がある以上，それらのすべてを満足するプログラムを自動生成することなどできるわけがありません．ここに，いろいろな意味で手作業が必要になります．

The MathWorks社は，市販されているシングル・ボード・コンピュータやDSPボードに対して，直接ダウンロード実装できる支援プログラムを製作し販売しています．上流と下流を一本道で結ぶために努力しているわけです．

しかし私が調べたところでは，それらの直接ダウンロード実装可能なシステムは，現在，市場にでているボードのごく一部であって，ほとんどのものは直接には実装できない状態になっています．どこかで手作業が必要になります．

とくに，The MathWorks社の開発部隊は米国東海岸のマサチューセッツ州に集結しているので，米国製のボードがおもな対象になっていて，わが国のボードは一部を除いてほとんどのものが対象から外れています．

この状況は，組み込みシステム開発においてはあたりまえのことであって，なげいたり悲観したりすることではありません．

MATLABに対して，必要ならばユーザのプログラムを組み込んでMATLABの関数と同等に実行することは可能であり，しかもその組み込み方法は公開されています．

また，スクリプトを書けば，Real-Time Workshopのビルド過程を制御し，希望する形式でCプログ

ラムを生成することができます．

　ここまでできれば，自由自在です．しかし，自由とは選択肢が多いということであり，「難解」の別の姿ともいえます．

　MATLABによって組み込みプログラムを自動生成して，ターゲットを動かすまでの技術を身につけることは，容易なことではありません．しかし，困難があるからこそ，それに挑戦する価値があるのであり，それを体得したときに得られる利益も大きいのです．

第2章　MATLABの基本フレームワーク

■ 2.1　はじめに

　本章では，組み込みプログラムの開発において，中心的な役割を果たすMATLABの基本フレームワークについて解説します．

　このMATLABの基本フレームワークはSimulinkに受け継がれ，そして，組み込みプログラム自身に継承されます．要するに，ルーツから勉強を始めるということです．

　これまでにMATLABを使った経験があり，MATLABの基本フレームワークは十分に身についているという方は，本章をスキップして第3章へ進んでください．

■ 2.2　MATLABのスタート

　それでは，MATLABを操作するところから始めます．
　ここでは，MATLAB 7.0.1 (R 14) SP1，Windows版を使います．
　本書において取り扱う機能は，MATLABの基本的な機能に限るので，無理にバージョンを合わせる必要はありません．皆さんの手元に異なるバージョンのMATLABがある場合は，それを使ってください．
　ただし，バージョンが異なると，ユーザ・インターフェース(ダイアログなど)の画面が異なる場合があるので，その点は注意してください．
　もし，皆さんの手元にMATLABがなければ，30日間有効の試用版を使ってみることができます．入手方法は，サイバネットシステムのWebサイト(http://www.cybernet.co.jp/matlab/product/beta.shtml)を参照してください．
　私が調べた範囲内では，MATLABの日本語化作業は現在進行形の状態です．ユーザ・インターフェースの日本語化とドキュメントの日本語化が並行して進められています．
　しかし，それら作業の足並みは，必ずしもそろっているとは言えません．そのために，ダイアログなどのユーザ・インターフェースは英語表示なのに，それに対応するドキュメントの説明は日本語，あるいは逆に，ユーザ・インターフェースは日本語表示で，それに対応するドキュメントの説明は英語とい

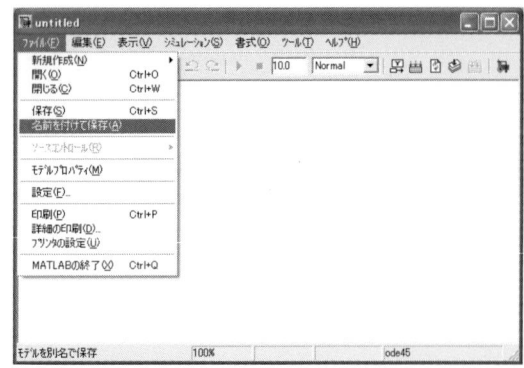

図2-1 Simulinkのモデル・ウィンドウ

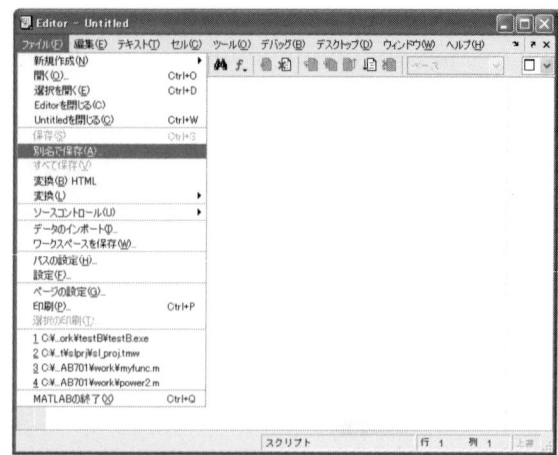

図2-2 MATLABエディタの画面

うような，ちぐはぐな状況にぶつかることがあります．こういう場合には，内容をよく理解して，英語と日本語の対応を考える必要があります．

しかし逆に言えば，この状況は，MATLABに関してかなり多くの量のドキュメントが存在するということの証明にもなります．

メーカは懸命に日本語化作業を進めているのですが，それを超える量のドキュメントが生産されているために，必要な日本語化作業が追いつかないという状況になっているのです．

私がMATLABを使っていて，ちょっと困ったなと思うことがありました．例えば，同じ英文に対する日本語訳が場所によって異なることがあります．

細かい違いですが，例えば，Simulinkのモデル・ウィンドウの画面でメニューのファイルをクリックすると，図2-1に示すように，英語の[Save As]は，[名前をつけて保存]という日本語に翻訳されています．

それでは，MATLABのエディタを開きます．図2-2に示すように，同じ[Save As]が，ここでは[別名で保存]という日本語に翻訳されています．

このようなことがあるので，内容を十分に理解した上で，慎重に操作を進める必要があります．

本書において，画面に関する用語は，私が現在使っているMATLABの画面に表示されたとおりの文字を使用します．MATLABの画面に英語が書かれていれば英語を使い，画面に日本語が書かれていれば日本語を使います．例えば，ダイアログのボタンにビルドと書いてあれば，[ビルド]と記します．Buildと書いてあれば，[Build]と記します．

MATLABの一つの英単語に対して，場所によって異なる日本語が対応する場合は，本書においては，画面に応じて異なる日本語表記を使います．

本書の表記が混乱しているのではなくて，MATLABの日本語訳が異なっていることを，あらかじめ理解しておいてください．

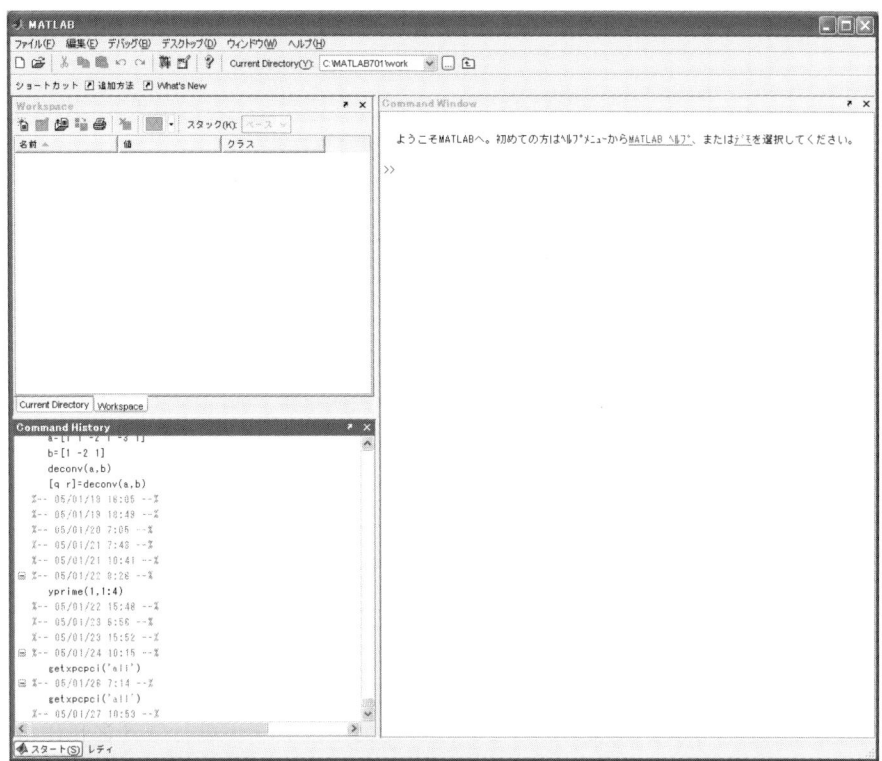

図2-3 MATLABの起動画面

それでは，PCの前に座ってMATLABを起動します．すると，図2-3のような画面が表示されます．

図2-3は，MATLABを標準インストールして，最初に立ち上げたときの画面です（以下，この状態をデフォルトの画面と呼ぶ）．画面内のウィンドウは，自由に開閉や移動ができるので，皆さんが見る画面が図2-3とまったく同じでなくても心配することはありません．

MATLABの画面は，デフォルトの状態において，三つのウィンドウから構成されます．それらは，

　　［Command Window］……………………コマンド・ウィンドウ
　　［Command History］……………………コマンド履歴
　　［Current Directory］／［Workspace］…カレント・ディレクトリ／ワーク・スペース

です．

［Current Directory］と［Workspace］は2重化されているので，タブによりどちらかのウィンドウを選択します．

MATLABを使う場合は，キーボードからコマンドを入力します．コマンドはMATLABに対する命令です．UNIXやLINUXのシェル，Windowsのコマンド・プロンプトの操作に似ています．

コマンドの入力を行う場所は，［Command Window］です．

［Command Window］は，デフォルトの状態でMATLABのペインの右側に置かれます．

2.2　MATLABのスタート　　25

［Command Window］の上部左端に，

```
>>
```

という記号があります．これはプロンプト（入力を催促する記号）です．

それでは，コマンドを入力して，処理を実行してみます．例えば，キーボードから，

```
>> 3+5
```

と入力します．入力の最後に，Enterキーを押します．

すると，図2-4に示すように，処理結果が画面上に表示されます．

そこで，［Command History］（デフォルトの状態では，画面左側下部）のウィンドウを見てください．使用したコマンド（この場合3+5）が記録されています（図2-5）．このウィンドウを見ることによって，過去にどのようなコマンドを使用したか，その履歴を調べることができます．

それでは，図2-6に示した［Workspace］のウィンドウを見ます．

図2-3の左側上部のウィンドウです．ここにansという変数が記録されています．

この変数が見えないときは，ウィンドウは［Current Directory］になっています．ウィンドウ下部のタブをクリックして，ウィンドウを［Workspace］に変更してください．

コマンドラインにおいて，とくにansという文字列を入力したわけではないのですが，ユーザが変数を指定しなかった場合，MATLABはansという一時的な変数を生成して，これに結果を入れ，［Workspace］に格納します．

［Workspace］内のデータを見ると，変数ansはdouble型の配列で，8バイト（64ビット）のメモリを使

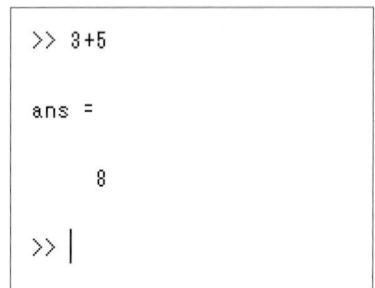

図2-4　3＋5の処理結果

図2-5　コマンドの記録

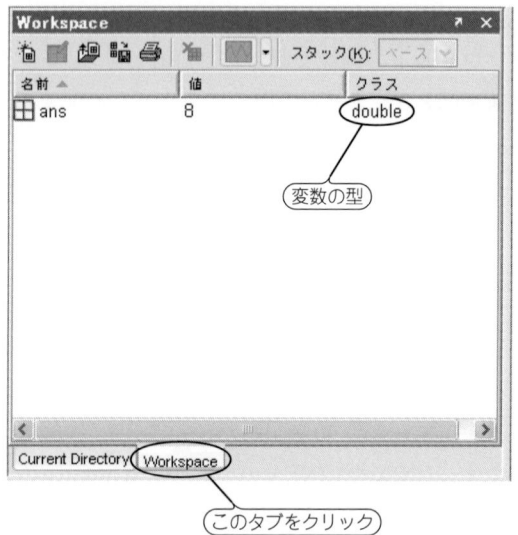

図2-6　ワークスペース

用していることがわかります．

ansには8という数値を入れたので，変数の型からいうとスカラですが，MATLABはスカラを1行1列のマトリックスとして登録します．MATLABにおいて，すべての変数はdouble型のマトリックスとして扱われます．これが第1のポイントです．

double型は64ビットの浮動小数点数であり，指数部16ビット，数値部は48ビットです．48ビットは，およそ，$2^{48} \approx 1.5 \times 10^{14}$ となるので，有効桁数は14〜15桁程度です．

組み込み環境において，例えば，A-D変換器の入力データの型はint，スイッチのON/OFF状態を表す型はboolになります．このような場合は，データの型をdoubleから，明示的に変更する必要があります．

■ 2.3 MATLABの関数

ピタゴラスの定理を使って直角三角形の斜辺の長さを計算します．図2-7に示すように，直角三角形の底辺の長さをa，高さをbとします．

直角三角形の斜辺cは，ピタゴラスの定理によって，
$$c = \sqrt{a^2 + b^2}$$
となります．

[Command Window]から，まず，データを，

```
>> a=3;b=4;
```

と入力し，続いて，

```
>> c=sqrt(a^2+b^2)
```

と入力します．答えは，当然，

```
c=5
```

です．

sqrt( )は平方根を求めるためのMATLAB関数(MATLAB function)です．

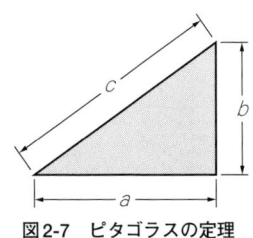

図2-7 ピタゴラスの定理

例えば，コマンドとして，

```
>> sqrt(2)
```

と入力すると，答えは，

```
ans=1.4142
```

となります．

　MATLABの構成要素は関数です．必要とする関数がMATLAB内に用意されていれば，その関数の名前と引き数をコマンドラインに書き込むことによって，処理が行われ，計算結果が出力されます．逆の言い方をすれば，MATLABに用意されていない関数は計算できません．

　MATLABの基本は関数です．MATLABは関数の集合です．ここが第2のポイントです．

　いま，仮に観測データに対して，ウェーブレット（wavelet）の計算をしたいとします．ウェーブレットを計算する関数は，MATLABに標準では用意されていません．自分でプログラムを作ってMATLAB上で実行するか，あるいはMATLABプロダクト・ファミリに用意されているWavelet Toolboxを購入するか，どちらかを選択します．

　MATLABに対して，Wavelet Toolboxを購入して追加インストールすると，ウェーブレットの計算に必要な関数がMATLABコマンドライン上において使用可能になります．

　MATLABのツール・ボックスは，MATLABに対して，特定の分野で使用する関数を提供し，MATLABの適用範囲を拡張します．

2.4　ベクトルとマトリックス

　物理学の世界において，物体の状態を表すために，順序付けられた数値の組（tuple）を使います．これをベクトル（vector）といいます．例えば，(1, 2, 3)は一つのベクトルです．このベクトルは図2-8に示すように，空間内の一つの点の位置を示します．

　要素が3のベクトルを3次元ベクトル（three dimensional vector）といいます．

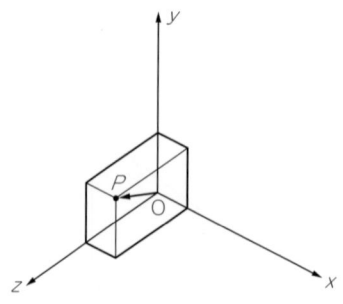

図2-8　3次元空間内のベクトル

物理学における力，トルク，回転角速度などは，大きさと方向をもつ量なので，これも3次元ベクトルによって表現します．

　組み込み系は現実の物理世界を相手にするので，組み込み系のプログラムを作る際に，3次元ベクトルの数学を十分に理解する必要があります．

　MATLABにおいてベクトルを作ります．

　コマンドラインにおいて，

```
>> v=[1 2 3]
```

と入力します．

　[Workspace]にベクトル v が登録されます．厳密に言うと，v は1行3列のマトリックスです．スカラが1行1列のマトリックスになったのと同じ論理です．

$$v = (1,2,3)$$

　ベクトルはカギ・カッコ [ ] によって囲み，各要素はスペースで区切ります．

```
>> v=[1,2,3]
```

のように各要素をコンマで区切っても同じ結果が得られます．

　今度は，コマンドラインにおいて，

```
>> x=[1; 2; 3]
```

と入力します．

　[Workspace]にベクトル x が登録されました．ベクトルの各要素をセミコロン；で区切ると縦ベクトルができます．これは3行1列のベクトルです．v と x は異なるベクトルです．

$$x = \begin{vmatrix} 1 \\ 2 \\ 3 \end{vmatrix}$$

　連続した数値のベクトルを作る際には，コマンドラインにおいて，

```
>> w=[1:10]
```

と入力すると，$w = (1,2,3,4,5,6,7,8,9,10)$ というベクトルができます．

　コロン：を使うと連続した値のベクトルになります．この場合，コマンドラインにおいて，[ ] なしで，

```
>> w=1:10
```

と入力しても，同じベクトルが得られます．

　これは，コロン：の演算子が，[ ] と同じ機能を持っているからです．どちらの記法でも同じ結果が

2.4　ベクトルとマトリックス

得られるので，好きなほうを使ってください．
　コマンドラインにおいて，

```
>>v=[1:2:10]
```

と入力すると，$v=(1,3,5,7,9)$ というベクトルができます．1を出発点として，2刻みで，10あるいはそれ以下の数（この場合9）までの数値が設定されます．
　C言語などのコンピュータ言語を使ってプログラムを作る際には，あらかじめ変数を宣言する必要がありました．例えば，

```
int a,b;
float f;
```

などです．
　MATLABでは，変数の宣言は不要です．ベクトルは，コンピュータ言語における配列に該当します．また，コンピュータ言語において配列を使う際には，あらかじめ配列の大きさを宣言する必要がありました．例えば，

```
float a[100];
```

などです．このプログラムにおいて，配列 a に，200個のデータを格納することはできません．プログラムを書き直して，配列の次元を修正したうえで，再コンパイルする必要があります．
　MATLABでは，そのような配列の大きさを宣言する必要はありません．例えば，

```
v=[1 2 3]
```

とすれば，要素数が3の配列 v が作られ，さらに，

```
v=[3 4 5 6 7 8 9 10 11 12]
```

とすれば，配列 v は要素数10の配列に変わります．
　配列はシステムが管理するので，ユーザは配列の大きさを考える必要ありません．
　これは，とても便利な機能ですが，大きなプログラムを作る際には，予期しないエラーを呼び込む原因になることがあるので，注意が必要です．これが第3のポイントです．
　二つのベクトル $a=(a_1,a_2,a_3)$，$b=(b_1,b_2,b_3)$ のスカラ積は，公式 $a \cdot b = a_1 b_1 + a_2 b_2 + a_3 b_3$ を用いて計算します．
　コマンドラインにおいて，

```
>> a=[1 2 3];b= [4 5 6] ;
>> c=dot(a,b)
```

と入力すると，$c=32$ となり，二つのベクトルのスカラ積が計算できます．dot(a,b)は，スカラ積を計算するMATLAB関数です．ここで，コマンドの最後にセミコロン；を付けると，画面へのプリントは省略されます．画面へのプリントが不要のとき（例えば，大量のデータをMATLABに読み込むときなど）には，コマンドの最後に；を付けます．

ピタゴラスの定理を使うと，3次元空間におけるベクトルの長さは，

$$\|a\| = \sqrt{a_1^2 + a_2^2 + a_3^2}, \quad \|b\| = \sqrt{b_1^2 + b_2^2 + b_3^2}$$

となります．これを，とくに，ユークリッドのノルムと言います．

MATLABにおいて，ベクトル $a=(1,2,3)$ のノルムを計算する場合，コマンドラインにおいて，

```
>> a=[1 2 3];
>> norm(a)
```

と入力します．

答えは，$\sqrt{14}$ なので，

$ans = 3.7417$

となります．

関数norm( )の引き数は，ベクトルです．

二つのベクトル $a=(a_1,a_2,a_3)$, $b=(b_1,b_2,b_3)$ のベクトル積は，次の公式，

$$a \times b = (a_2 b_3 - a_3 b_2, a_3 b_1 - a_1 b_3, a_1 b_2 - a_2 b_1)$$

によって計算します．

ベクトル積は，一つのベクトルを与えます．

このベクトルは，二つのベクトルに直交し，その長さは二つのベクトルが作る平行四辺形の面積に等しくなります（図2-9）．

二つのベクトル $a=(1,2,3)$, $b=(-1,1,-2)$ のベクトル積を計算します．コマンドラインにおいて，

```
>> a=[1 2 3];b=[-1 1 -2];
>> c=cross(a,b)
```

と入力します．結果は，

$c = (-7, -1, 3)$

となります．

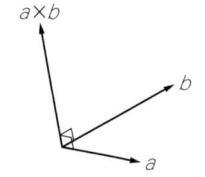

図2-9 二つのベクトルのベクトル積

ベクトルの順序を逆にして，

```
>> d=cross(b,a)
```

と入力すると，

$d = (7, 1, -3)$

となります．符号が反転し，逆向きのベクトルになりました．

ベクトル積において，順序を変えると，

$a \times b \neq b \times a$

となります．

二つのベクトル $a=(a_1,a_2,a_3)$，$b=(b_1,b_2,b_3)$ が作る平面の方程式を導きます．

平面の方程式は，

$Ax + By + Cz + D = 0$

です．ここで，A，B，C は平面の法線ベクトルの成分，D は平面から原点までの距離なので，ベクトル積の公式を利用して，

$A = a_2 b_3 - a_3 b_2$
$B = a_3 b_1 - a_1 b_3$
$C = a_1 b_2 - a_2 b_1$

と置くと，

$D = -(A,B,C) \cdot (a_1,a_2,a_3)$

となります．$D = -(A,B,C) \cdot (b_1,b_2,b_3)$ としても同じ結果が得られます．

二つのベクトル $a=(1,2,3)$，$b=(-1,1,-1)$ が作る平面の方程式を計算します．

$n=(A,B,C)$ と置くと，

$n = a \times b$
$D = -n \cdot a$

を計算します．

コマンドラインにおいて，

```
>> a=[1 2 3];b=[-1 1 -1];
>> n=cross(a,b)
```

と入力すると，

```
n=(-5,-2,3)
```

となります．d を計算するために，

```
>> d=-dot(n,a)
```

と入力すると，

```
    d=0
```

となります．平面の方程式は，
$$-5x - 2y + 3z = 0$$
となります．二つのベクトルが原点を通るので定数項Dはゼロです．

ベクトルを拡張してマトリックスを作ります．コマンドラインにおいて，

```
>> a=[4 1 3;7 9 2;8 6 5]
```

と入力すると，[Workspace]に，
$$a = \begin{vmatrix} 4 & 1 & 3 \\ 7 & 9 & 2 \\ 8 & 6 & 5 \end{vmatrix}$$
というマトリックスができます．

マトリックスを入力する場合，行の区切り記号としてセミコロン；を使用します．ベクトルの場合と同じです．

マトリックスとベクトルの積を求めます．コマンドラインにおいて，

```
>> b=[1;-1;2];
```

と入力して，[Workspace]内にベクトルbを作り，次に，このベクトルに対してマトリックスをかけ，

```
>> c=a*b
```

と入力すると，
$$c = \begin{vmatrix} 9 \\ 2 \\ 12 \end{vmatrix}$$
というベクトルcが得られます．

演算子＊は，この場合，ベクトルとマトリックスの乗算を行います．

ベクトルbをマトリックスに書き換えます．コマンドラインにおいて，

```
>> b=[-1 1 9;3 -2 -2;-4 5 7]
```

と入力します．すると，[Workspace]に，マトリックス，
$$b = \begin{vmatrix} -1 & 1 & 9 \\ 3 & -2 & -2 \\ -4 & 5 & 7 \end{vmatrix}$$

ができます．そこで，コマンドラインにおいて，

```
>> a*b
```

と入力すると，結果は，

$$ans = \begin{vmatrix} -13 & 17 & 55 \\ 12 & -15 & 9 \\ -10 & 21 & 95 \end{vmatrix}$$

となります．

演算子*は，この場合，マトリックスとマトリックスの乗算を行います．

MATLABは，すべての変数をマトリックスとして扱うので，ベクトルとベクトル，ベクトルとマトリックス，マトリックスとマトリックスの演算を区別する必要はありません．同じ演算子*を用います．

数学において，マトリックスの転置行列(transposed matrix)は，通常，

$$a^T$$

と書きます．

転置行列が元の行列に一致する場合，その行列を対称行列(symmetric matrix)といいます．例えば，

$$s = \begin{vmatrix} 1 & 2 & 3 \\ 2 & 1 & 7 \\ 3 & 7 & 9 \end{vmatrix}$$

は対称行列です．

数学的に書くと，対称行列において，

$$s = s^T$$

となります．

要素が乱数のマトリックスを生成するために，コマンドラインにおいて，

```
>> r=rand(3)
```

と入力すると，3行3列の乱数を要素とするマトリックスができます．例えば，

```
0.9501    0.4860    0.4565
0.2311    0.8913    0.0185
0.6068    0.7621    0.8214
```

を得ます．各要素は，0と1の間の一様乱数です．

正規乱数が必要ならば，

```
>> n=randn(4)
```

とすると，

```
   -0.4326   -1.1465    0.3273   -0.5883
   -1.6656    1.1909    0.1746    2.1832
    0.1253    1.1892   -0.1867   -0.1364
    0.2877   -0.0376    0.7258    0.1139
```

となります.

正方行列でない場合は,

```
>> m=rand(2,3)
```

とすると, 例えば,

$$m = \begin{vmatrix} 0.9501 & 0.6068 & 0.8913 \\ 0.2311 & 0.4860 & 0.7621 \end{vmatrix}$$

のように, 2行3列の一様乱数マトリックスが得られます.

配列の管理は, すべてMATLABが行うことについて, すでに述べました.

上で求めた2行3列のマトリックスmに対して,

```
>> m(:,2)=[ ]
```

とすると, マトリックスの2列が削除されて,

$$m = \begin{vmatrix} 0.9501 & 0.8913 \\ 0.2311 & 0.7621 \end{vmatrix}$$

となります. mの第2列に空列[ ]を代入したので, この列が配列から削除されて, mは2行2列のマトリックスに変わりました.

配列の次元が変わるので注意してください.

今度は, コマンドラインから,

```
>> m(3,2)=1
```

と入力します. 2行2列のマトリックスに対して, その範囲を超えて, 3行2列の要素を指定しました. するとmは,

$$m = \begin{vmatrix} 0.9501 & 0.8913 \\ 0.2311 & 0.7621 \\ 0 & 1 \end{vmatrix}$$

となります.

mに対して3行2列の要素を加えたので, マトリックスは3行2列のマトリックスに変わりました.

3行1列の場所に0が入っていることに注意してください.

不用意に, マトリックスに対して誤った要素を入力すると, マトリックスの次元が変わり, 結果とし

てとんでもないエラーが発生するので,十分に注意してください.
　繰り返しますが,MATLABの配列は,通常のC++言語などのオブジェクト指向言語に慣れた人にとって,エラーを呼びやすい構造になっています.細心の注意が必要です.
　では,もう一つの例を示します.コマンドラインにおいて,

```
>> v=[1 2 3];
```

としてベクトル,
$$v = (1,2,3)$$
を作ります.
　ここで,

```
>> p=ones(5,1)
```

と入力します.すると,
$$p = \begin{vmatrix} 1 \\ 1 \\ 1 \\ 1 \\ 1 \end{vmatrix}$$

という5行1列のマトリックスができあがります.そこで,pをマトリックスの添え字として使って,

```
>> q=v(p,:)
```

と入力すると,
$$q = \begin{vmatrix} 1 & 2 & 3 \\ 1 & 2 & 3 \\ 1 & 2 & 3 \\ 1 & 2 & 3 \\ 1 & 2 & 3 \end{vmatrix}$$

という5行3列のマトリックスが得られました.
　MATLABがどういう処理をしたか,皆さん各自で考えてみてください.
　通常のプログラミング言語ならば,for文などを使ってループ処理を行わなければならないところですが,MATLABは自動的に処理を行うので,一つのコマンドがループ処理を実行します.便利といえば便利ですが,それがかえってまちがいを呼び込む原因になることもあるので,十分に注意する必要があります.

■ 2.5　多項式の解法

数学ではおなじみの2次方程式,
$$y = ax^2 + bx + c \quad\quad\quad\quad\quad (2.1)$$
について考えます.

(2.1)式において, x は独立変数, y は従属変数, a, b, c は係数です.

係数に具体的な値を代入すると, 例えば, $a=1$, $b=1$, $c=-6$ とすると, (2.1)式は,
$$y = x^2 + x - 6$$
となります.

一般的な多項式は,
$$y = a_n x^n + a_{n-1} x^{n-1} + \cdots + a_1 x + a_0 \quad\quad\quad\quad\quad (2.2)$$
あるいは,
$$f(x) = a_n x^n + a_{n-1} x^{n-1} + \cdots + a_1 x + a_0 \quad\quad\quad\quad\quad (2.3)$$
となります.

MATLABでは, この方程式を表現するために横ベクトルを使用します.

例えば, (2.1)式に対して, コマンドラインから,

```
>> y=[1 1 -6]
```

と入力します.

多項式の係数を次数の高いほうから低いほうへ向けて並べると, このベクトルはMATLABにおける多項式となります.

一般に, (2.2)式のn次の多項式は, MATLABにおいて, n+1個の要素をもつ横ベクトルになります.

多項式において, 特定の次数の項が存在しない場合は, そのベクトルの要素は0と書きます. 例えば,
$$y = x^2 - 9$$
の場合は,

```
>> y=[1 0 -9]
```

と入力します.

方程式を解くということは,
$$y = 0 \text{ あるいは } f(x) = 0 \quad\quad\quad\quad\quad (2.4)$$
となる x を見つけることです.

(2.4)式を満足する x を多項式の根といいます.

一般に, n次の多項式の根はn個存在します.

2次方程式において,
$$ax^2 + bx + c = 0$$

と置くと，根の公式は，
$$x = \frac{-b \pm \sqrt{b^2 - 4ac}}{2a}$$
となります．
　それでは，MATLABにおいて，多項式の根を求めます．コマンドラインにおいて，

```
>> y=[1 1 -6];
>> x=roots(y)
```

と入力します．結果は，

```
-3
 2
```

となります．xは縦ベクトルです．
　確かに，
$$x^2 + x - 6 = 0$$
を変形すると，
$$(x+3)(x-2) = 0$$
となるので，計算結果は正しいことがわかります．
　関数roots( )は，ベクトル表示された多項式の根を求める関数です．
　今度は，コマンドラインにおいて，

```
>> r=roots([1 1 1])
```

と入力します．結果は，

```
-0.5000 + 0.8660i
-0.5000 - 0.8660i
```

となります．判別式は，
$$D = \sqrt{b^2 - 4ac} = \sqrt{1-4} = \sqrt{-3}$$
となるので，根は複素数になります．ここで，iは虚数単位を示す記号です．
　関数poly( )は，根を引き数として，多項式を導出する関数です．
　コマンドラインにおいて，

```
>> q=poly([1 1 1])
```

と入力すると，

```
     1     -3      3     -1
```

となります.

これは,数学的にいうと,
$$(x-1)^3 = (x-1)(x-1)(x-1) = x^3 - 3x^2 + 3x - 1$$
となることを示しています.

多項式を開く計算をするときには,この関数poly( )を使ってください.

マトリックスの固有値(eigenvalue)を求める問題は,結局,多項式の根を求める問題に帰着します.

関数poly( )の引き数として,マトリックスを与えると,固有値を変数とする多項式が得られます.この多項式に対して,関数roots( )を適用すると,固有値が計算できます.

例えば,マトリックス,
$$a = \begin{vmatrix} 4 & 1 & 3 \\ 7 & 9 & 2 \\ 8 & 6 & 5 \end{vmatrix}$$
を使って,コマンドラインから,

```
>> b=poly(a)
```

と入力すると,

```
b=1.0000   -18.0000    58.0000   -23.0000
```

という答えが返ってきます.

すなわち,固有値を計算する特性方程式は,
$$\lambda^3 - 18\lambda^2 + 58\lambda - 23 = 0$$
となります.

続いて,コマンドラインから,

```
>> roots(b)
```

と入力すると,

```
 13.9646
  3.5747
  0.4607
```

という答えが返ってきます.これがマトリックス a の固有値です.

多項式が与えられたときに,その多項式を整理して,(2.2)式あるいは(2.3)式の形にしたい場合があります.

例えば，多項式,
$$(x^2+x-1)(x^3-2x+1)$$
が与えられたときに，カッコを開いて5次の多項式に展開するとします．
コマンドラインから,

```
>> conv([1 1 -1],[1 0 -2 1])
```

と入力します．すると,

```
     1     1    -3    -1     3    -1
```

という答が返ってきます．すなわち,
$$(x^2+x-1)(x^3-2x+1)=x^5+x^4-3x^3-x^2+3x-1$$
ということです．

関数conv( )は，多項式の掛け算を行い，結果の多項式の係数ベクトルを返します．

多項式の割り算を行うときは，関数deconv( )を使います．例えば,
$$\frac{x^5+x^4-2x^3+x^2-3x+1}{x^2-2x+1}$$
を計算するのであれば，コマンドラインから,

```
>> a=[1 1 -2 1 -3 1];
>> b=[1 -2 1];
```

と入力して，分子と分母の多項式を作り,

```
>> [q r]=deconv(a,b)
```

と入力すると,

```
q =     1     3     3     4
r =     0     0     0     0     2    -3
```

という答えが返ってきます．すなわち,
$$x^5+x^4-2x^3+x^2-3x+1=(x^3+3x^2+3x+4)(x^2-2x+1)+2x-3$$
となります．

ここで，qは商 (quotient)，rは余り (remainder) の頭文字をとりましたが，コマンドラインにおける左辺の変数なので，どのような変数名を使ってもかまいません．

もちろん，変数としてMATLABの予約語は使用できません．

MATLABの予約語を知るには，コマンドラインから,

```
>> iskeyword if
```

と入力します．答えは，

```
ans=1
```

となるので，ifはMATLABの予約語であることがわかります．

```
>> iskeyword pi
```

と入力すると，答えは，

```
ans=0
```

となるので，pi（円周率πを表す変数）はMATLABの予約語ではないことがわかります．

■ 2.6　MATLABのグラフ

　数学の世界において，計算の過程が重要なことはあたりまえのことですが，計算の結果をグラフ表示することは，さらに重要です．結果を目で観察することによって，多くの事実を発見することができるからです．

　ところで，グラフ表示といえば，Microsoft社のExcelを利用することが多い人もいるでしょう．このExcelのグラフは，どちらかというと統計学や経理の分野において優れているといえますが，これに対してMATLABのグラフは，科学技術分野において使用するグラフに重点を置いているところが特徴です．

　MATLABのグラフの一例を示します．

　コマンドラインから，

```
>> t=[0:0.01:1];
```

と入力します．

　tは時間を示すデータです．簡単にするために，ここでtは秒の単位とします．0秒から1秒まで，0.01刻みのデータが配列tに入ります．これを横軸（すなわち，時間軸）の目盛りとして使います．

　次に，波形データとして，

```
>> y=[sin(2*pi*t)];
```

と入力します．

　yは振幅を表すデータです．これは縦軸のデータです．

　1秒間において，100個のデータを採取したので，サンプル・レートは100サンプル/秒です．1秒の時間区間に対して1波形を入力したので，波形の周波数は1サイクル/秒となります．

そこで，コマンドラインから，

```
>> plot(t,y)
```

と入力すると，**図2-10**に示したグラフが得られます．
　関数plot( )を使ってグラフを表示します．とても簡単なコマンドです．
　今度は，波形にノイズを乗せます．コマンドラインから，

```
>> y=[sin(2*pi*t)]+rand(1,101);
```

と入力して，続いて，

```
>> plot(t,y)
```

と入力すると，**図2-11**のグラフが得られます．
　データ点を○で表示したいときは，コマンドラインから，

```
>> plot(t,y,'-o')
```

と入力します．**図2-12**のグラフが得られます．
　データの場所が○によって，表示され，かつデータ間は直線で結ばれます．
　関数plot( )は，多くのプロパティを持っています．それらのプロパティをコントロールすることによって，多種多様のグラフを描くことができます．
　グラフのプロパティに興味がある人は，MATLABのオンラインのドキュメントを参照してください．
　さて，波形ができたので，この波形をフーリエ変換します．コマンドラインから，

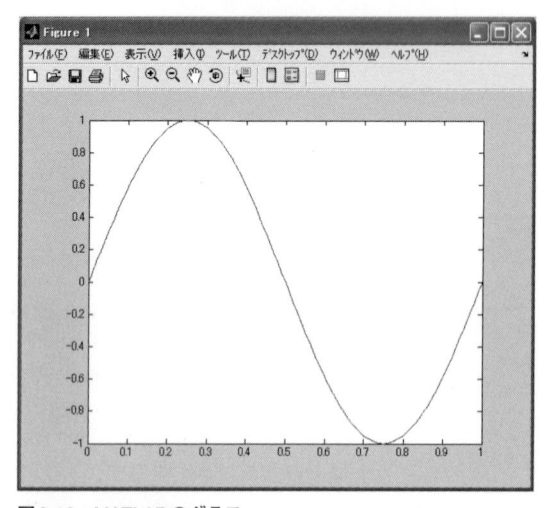

図2-10 MATLABのグラフ

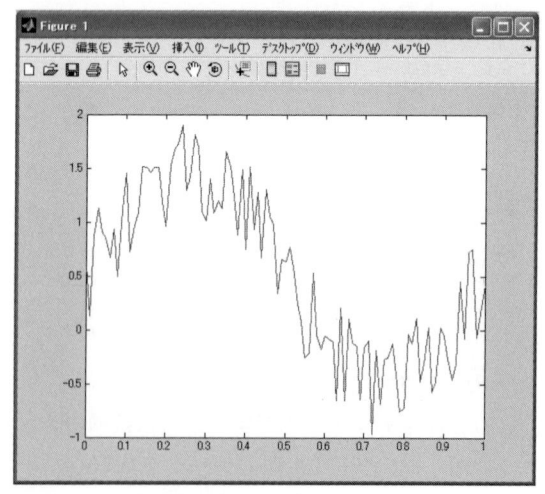

図2-11 ノイズを乗せた波形

```
>> f=fft(y);
```

と入力します.

これで,データyのフーリエ変換fが計算できました.

fは複素数なので,これを直接プロットしても,興味ある結果は得られません[1].

複素数は2次元平面上のベクトルなので,その長さを計算します.なぜ,ベクトルfの角度(位相)情報を落としてもかまわないのかについて興味があれば,参考文献(1)を参照してください.

では,コマンドラインから,

```
>> normf=abs(f);
```

と入力します.

これでフーリエ変換したベクトルの長さが計算できたので,コマンドラインから,

```
>> plot(t,normf)
```

と入力すると,図2-13が得られます.

スペクトルは,中央で折り返した形状(鏡像の状態)になっています[1].サンプリング定理によって,グラフの半分が有効で,ほかの半分は無効です.

グラフの半分をカットするために,コマンドラインから,

```
>> tt=[0:0.01:0.49];
>> ff=ff(1:50);
```

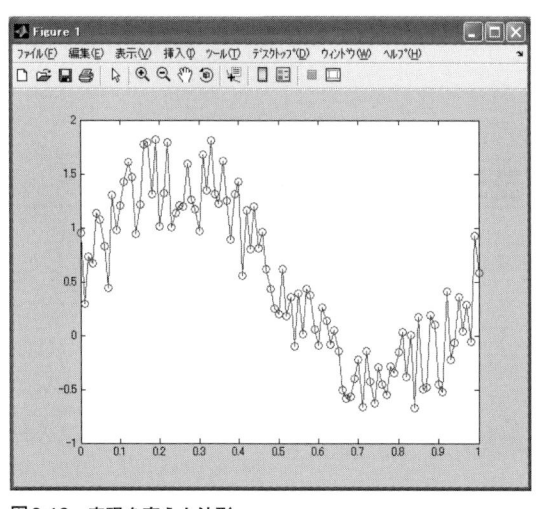

図2-12 表現を変えた波形

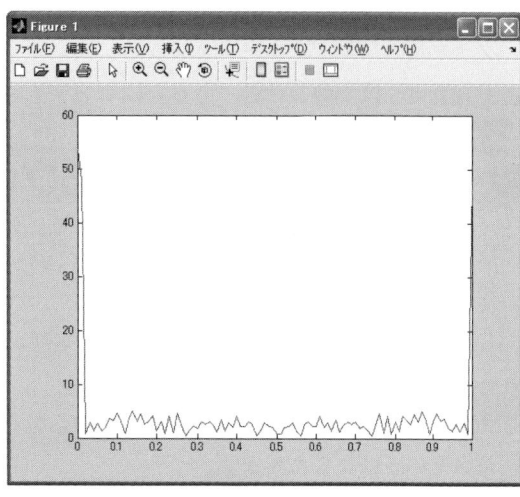

図2-13 波形のフーリエ変換

2.6 MATLABのグラフ

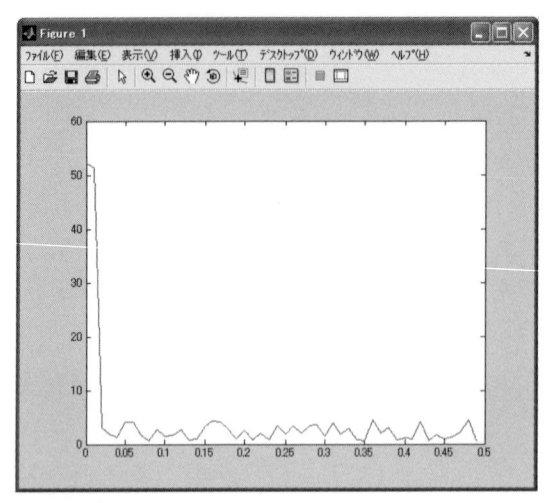

図2-14　半分をカットしたグラフ

と入力して，時間軸とフーリエ係数を1/2に短縮して，

```
>> plot(tt,normf);
```

と入力すると，**図2-14**となります．

横軸の目盛りを周波数に一致させるのであれば，コマンドラインから，

```
>> tt=[0:49];
```

と入力してください．これは，皆さんの演習問題とします．

MATLABのグラフに関してもっと多くのことを述べたいのですが，本書の目的は別のところにあるので，MATLABのグラフの説明はこの程度で終わりとします．

グラフは，プレゼンテーションなどにおいて重要な役目を果たします．MATLABのグラフに興味がある読者は，ほかの参考書，あるいはオンライン・マニュアルなどを参考にしてください．

■ 2.7　M-ファイルによるプログラミング

MATLABはコマンドラインからの入力によって処理を行います．これについてはすでに述べました．いくつかの使用例も示しました．

しかし，MATLABにおいて，すべての処理がコマンドラインからの入力によって指令できるとは限りません．

また，Excelのマクロ（VBAということもある）のように，コマンドの組み合わせを繰り返して実行したいという場合もあります．

例えば，実験データを計測して，そのデータのパワー・スペクトルを計算する場合において，一連の

図2-15　MATLABエディタの画面

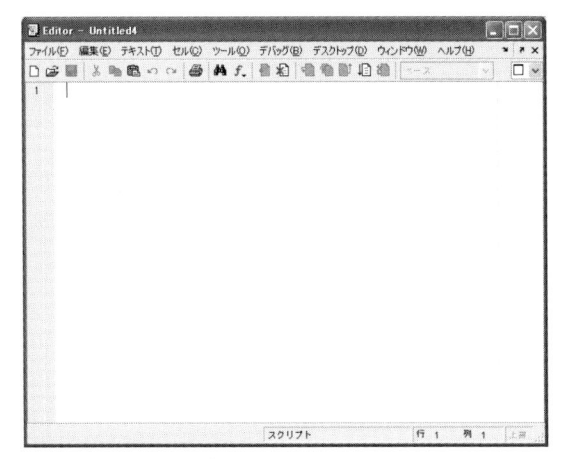

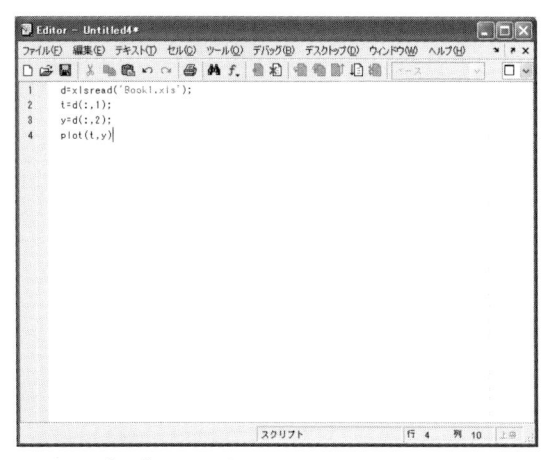

図2-16　プログラムの入力

コマンドをひとまとめにして，繰り返してコマンドを使用したいというような要求があります．このような要求に対処するために，MATLABはM-ファイル（M-file）というしくみを用意しています．

M-ファイルは，一種のスクリプト（script）ファイルです．M-ファイルの拡張子はmなので，ファイル名は，＊＊＊.mという形式になります．＊＊＊のところには，任意の名前を書き込みます．

それでは，試しにM-ファイルを作ってみます．コマンドラインから，

```
>> edit
```

と入力します．

MATLABのM-ファイルの[Editor]のダイアログが開きます（図2-15）．

ここに，図2-16に示すように，プログラムを打ち込みます．と言っても，MATLABの[Command History]のウィンドウには，過去に使われたコマンドが記録されていて，そのコマンドをコピー・アンド・ペーストできるので，すべてを新規に打ち込むという必要はありません．[Command History]のウィンドウのありがたみが実感できるところです．

これで，スクリプトM-ファイルができあがりました．

[Editor]のメニューから，[ファイル]→[別名で保存]を選択し，ファイルを[Current Directory]に格納します（図2-17）．

Windowsの[名前をつけて保存]が，MATLABでは[別名で保存]と日本語訳されているので注意が必要です．ここでは，myfileという名前で保存しました．これで，[Current Directory]に，myfile.mという名前のM-ファイルができました．ファイルの拡張子は，必ずmです．

MATLABのコマンドラインから，

```
>> myfile
```

2.7　M-ファイルによるプログラミング　　45

図2-17 ファイルを「別名で保存」

と入力すると，Excelのファイルからデータを読み込んで，グラフを表示する一連の操作が行われます．

Excelに，「マクロ記録」という機能が用意されています．このExcelのマクロ記録を使うと，ユーザが行った一連の操作は，VBAのプログラムとして自動記録されます．この記録を，必要に応じて手直ししてマクロを作ります．マクロをスタートすると，ユーザの操作が自動的に実行されます．

MATLABのM-ファイル(M-file)は，Excelのマクロ記録とほぼ同じ機能を果たします．

さらにMATLABのM-ファイルは，もう一つの形式，すなわち，MATLABの関数を記述する形式を持ちます．このタイプのM-ファイルは新しい関数を作るので，とくにファンクションM-ファイル(function M-file)と呼びます(これに対し前者をスクリプトM-ファイルと呼ぶ)．

ファンクションM-ファイルは，MATLABの関数と同じ資格の関数となります．ファンクションM-ファイルによって作成した関数は，MATLABの関数と同様に，コマンドラインから使用すること，スクリプトM-ファイル内に書き込むこと，さらに別のファンクションM-ファイルから呼び出すことなどができます．

ファンクションM-ファイルは，もっとも自然な形でMATLABの機能を拡張するアプリケーションと考えることができます．ファンクションM-ファイルは，MATLABのコマンドを用いて記述し，通常，ファイルの形式はASCIIファイルです．一般的なテキスト・エディタで編集や印刷などができます．

The MathWorks社のウェブ・サイトに，多くのファンクションM-ファイルが公開されています．ぜひ参考にしてみてください．企業の実務において使用できるレベルのファンクションM-ファイルなど多くアップロードされています．ただし，中にはデモだけを用意して，中身のプログラムは有料のM-ファイルもあります．

それでは，簡単なファンクションM-ファイルを作成します．

いま，仮にpower2という名前の関数を作るとします．この場合，ファイルの名前は必ず，power2.mとします．

図2-18 プログラムの入力

関数の内容は問題にしないとして，仮に，マトリックスの2乗を計算するとします．
MATLABのコマンドラインから，

```
>> edit
```

と入力します．
　[Editor]が開きます．図2-18に示したように入力します．
　ファイルを[Current Directory]に[別名で保存]します．
　MATLABのコマンドラインから，

```
>> a=rand(2,2)
```

と入力します．
　これで2行2列のマトリックスaが[Workspace]内にできます．
　そこで，MATLABのコマンドラインから，

```
>> z=power2(a)
```

と入力します．
　すると，

```
z =
    1.0430    0.8715
    0.3319    0.3764
```

と結果が返ってきます．

2.7 M-ファイルによるプログラミング

ところで，MATLABのコマンドラインから，

```
>> help power2
```

と入力すると，

```
function power2(a)
    ファンクションM-ファイルの例題
    引き数は正方行列
    出力はマトリックスの2乗
```

とプリントされます．

要するに，ファンクションM-ファイルの2行目以降に書いたコメントがそのまま表示されます．

関数M-ファイルを作成する際には，通常，ここに関数の使い方などを記述します．

ファイルpower2.mは，¥資料¥2章ディレクトリに格納しました．

■ 2.8 微分方程式の解法

物理学の世界において，多くの場合，微分方程式あるいは偏微分方程式などを使って対象の動特性を記述します．

有限要素法などを用いると，微分方程式あるいは偏微分方程式を差分方程式に変換することが可能です．差分方程式は，すなわち，連立一次方程式なので，マトリックス演算で解を求めることができます．

しかし，力学のように，初期状態を与えてその時間変化を求める問題の場合は，初期値と微分方程式から，次の状態を計算するアルゴリズムが必要になり，マトリックス演算では解を求めることができません．

このため，MATLABの本体に対して，微分方程式の解法が加えられました．

MATLABの本体に対して，微分方程式の解法が加えられたということは，MATLABに微分方程式を解くための関数が用意され，コマンドラインにおいて使用可能になったということです．

それでは，MATLABにおいて微分方程式を解く過程を例題によって示します．

図2-19に示すように，モータMがあり，その入力電圧をu，回転の角速度(angular velocity)をωとします．

モータの動特性は微分方程式，

$$I\frac{d\omega}{dt}+a\omega=u \quad\quad\quad\quad\quad\quad\quad\quad\quad\quad\quad\quad\quad\quad\quad\quad\quad\quad\quad (2.5)$$

によって記述できます．ここで，Iは慣性モーメント，aは抗力係数です．

力学の世界において，通常，慣性モーメントと回転角速度の積を角運動量(angular momentum)と呼びます．角運動量Lを用いると(2.5)式は，

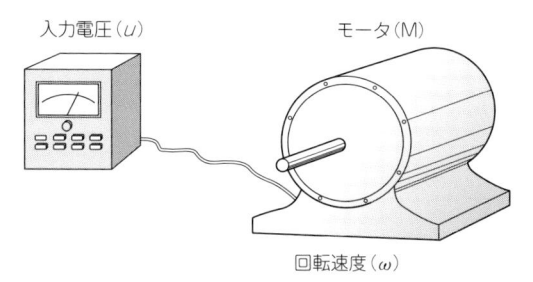

図2-19 モータの入力電圧と回転速度

$$\frac{dL}{dt} + a\omega = u \quad \cdots\cdots\cdots\cdots\cdots\cdots\cdots\cdots\cdots\cdots\cdots\cdots\cdots\cdots\cdots\cdots (2.6)$$

となります．

　いま，時刻$t=0$において，モータは停止していたものとすると，

$$\omega(0) = 0$$

となります．これが初期条件です．

　入力として，時刻$t=0$において$u=1$とし，それ以後その値を保持したとします．これをステップ入力(step input)といいます．

　説明を簡単にするために，ここでは$a=1$とします．すると微分方程式(2.6)式は，結局，

$$\frac{dL}{dt} = -\omega + 1$$

となります．

　MATLABを使って，この微分方程式を解きます．微分方程式を解くにあたって，まず，ファンクションM-ファイルを用意します．**図2-20**に示すようにファンクションM-ファイルを作成します．

　念のために，ファンクションM-ファイルの内容を**リスト2-1**に記します．

リスト2-1　myfunc.mファイル

```
function dydt=myfunc(t,y)
%function dydt=myfunc(t,y)
%常微分方程式の例題
%tは時間軸ベクトル
%出力はモータの回転速度
%
dydt=[-y(1)+1];
```

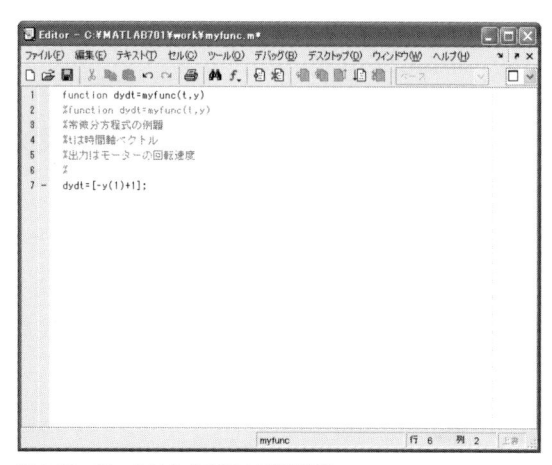

図2-20 モータの入力電圧と回転速度

2.8　微分方程式の解法

ファンクション M-ファイルを作成したら，これを，`myfunc.m`という名前で[Current Directory]に保存します．

MATLAB のコマンドラインから，

```
>> t=[0:0.01:1];
```

と入力して，時間軸のベクトルtを作成します．

続いて，コマンドラインから，

```
>> [t,y]=ode45(@myfunc,[0 10],0);
```

と入力します．

このコマンドによって，微分方程式の解が計算されてyに格納されます．

ここで，

```
>> plot(t,y)
```

と入力すると**図2-21**に示したグラフが作成されます．

これは，1次系のステップ応答(step response)です．

ファイル`myfunc.m`は，¥資料¥2章ディレクトリに格納しました．

MATLAB は，微分方程式を解くために多くの関数を用意しています．

ここで使用した関数は，`ode45( )`という関数です．

この関数は，ルンゲ・クッタの計算式(Runge-Kutta formula)を用いて常微分方程式を数値計算します．適当な処理時間で，それなりの精度の解が得られる，もっとも典型的な解法です．

初期値問題においては，通常，計算の精度が最大の焦点となります．すなわち，ステップを繰り返して計算を進めるので，一つのステップで誤差が発生すると，ステップが進むにつれて，その誤差が拡大

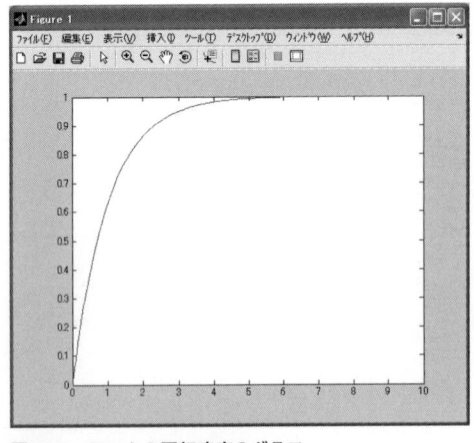

図2-21 モータの回転速度のグラフ

図2-22 誤差の拡大

し，真の解から大きく外れます．たとえて言えば，ピストルを撃ったときに手元がブレると弾丸が的から外れるのと同じ理屈です（図2-22）．

手元で発生した微妙なブレが，距離が進むと共に拡大して，結果として大きな誤差になります．

以上から，初期値問題の微分方程式を解く場合は，細心の注意が必要です．

コンピュータはそれなりに数値を計算しますが，その数値が正しいかどうか，厳しくチェックする必要があります．微分方程式の数値解を求める場合は，とくに注意が必要です．

■ 2.9　MATLABのGUI

MATLABでの一連の操作をダイアログなどのユーザ・インターフェースに組み込む手順について説明します．

MATLABのコマンドラインにおいて，

```
>> guide
```

と入力します．

すると，ユーザ・インターフェースの編集画面が開きます（図2-23）．

GUIの編集は，Microsoft社のVisual Studioなどにおける操作に似ているので，手順の詳細は省きます．

まず，図2-24に示すように，[Push Button]を配置します．

続いて，図2-25に示すように，[axes1]を配置します．

そこで，[Push Button]上の文字列を変更します．

[Push Button]をマウスで右クリックすると，ポップアップ・メニューが開くので，[プロパティ インスペクター]をクリックします．すると，[プロパティ インスペクター]のダイアログが開きます（図2-26）．

[プロパティ インスペクター]の[String]項目のボタンをクリックすると，[String]の編集画面が開きます（図2-27）．

ここで[ステップ応答]と記入して，[OK]ボタンをクリックすると，[Push Button]上の文字列が変わります（図2-28）．

それでは，[Push Button]をクリックしたときの手続きを書き込みます．

[Push Button]を右クリックしてポップアップ・メニューを開き，[Callbackの表示]→[Callback]と選択すると，[Editor]の画面が開きます（図2-29）．

ここにいろいろなことが書いてありますが，これらのプログラムは[Push Button]が必要とすることなので，全部無視して，その最後のラインに，2.7節で述べたステップ応答のプログラムを書き込みます（図2-30）．

もちろん，2.7節において実行した操作は，すべて[Command History]に保存されているので，これ

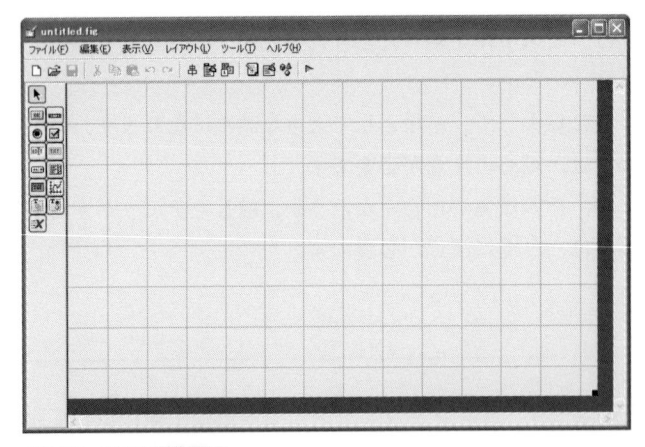

図2-23 GUIの編集画面

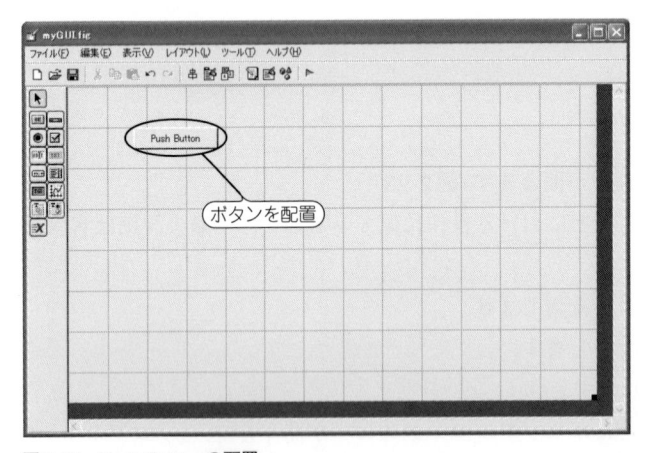

図2-24 Push Buttonの配置

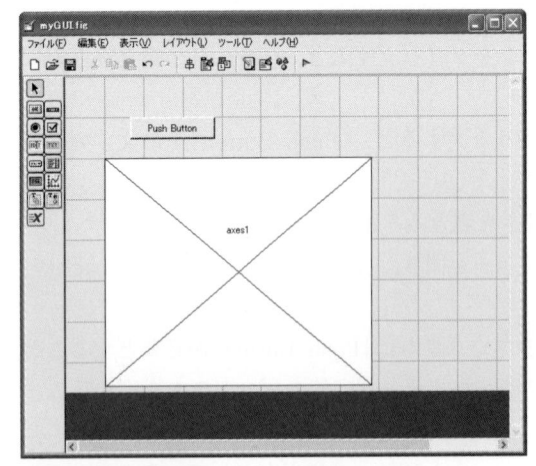

図2-25 axes1の配置

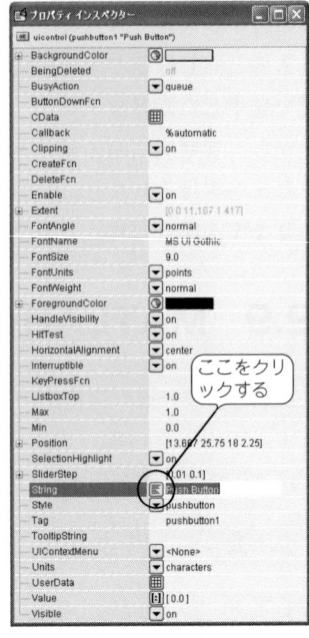

図2-26 プロパティ インスペクター

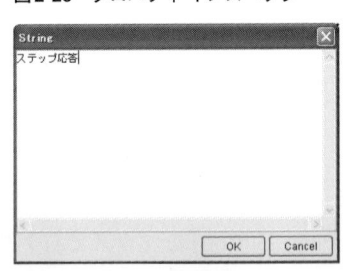

図2-27 Stringの編集画面

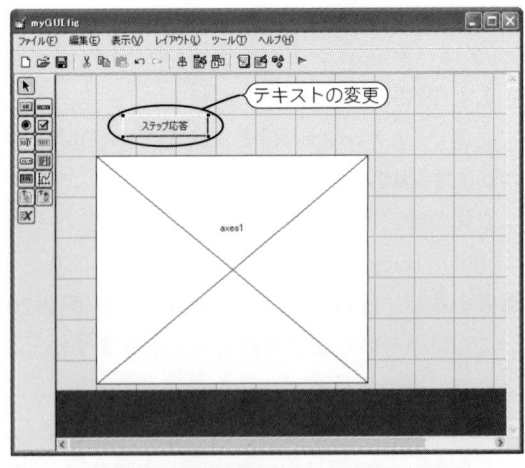

図2-28 Push Buttonの文字列をステップ応答に変更する

52　第2章　MATLABの基本フレームワーク

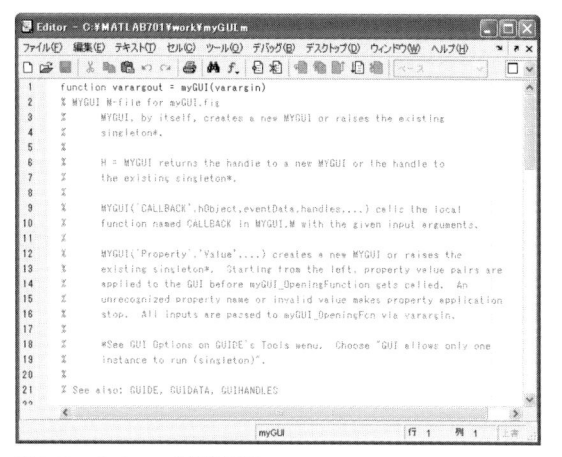

図2-29 Callbackの編集画面

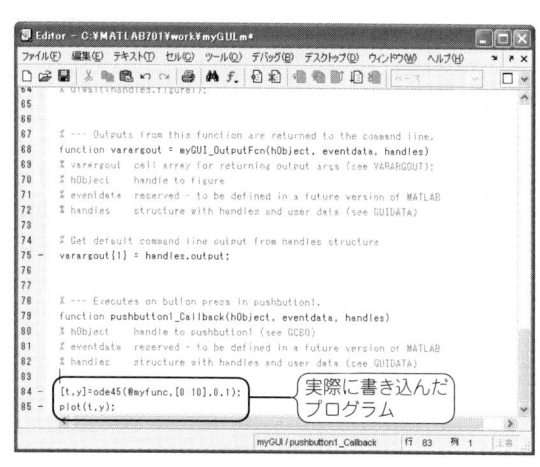

図2-30 Callback関数の書き込み（実際に書き込んだプログラム）

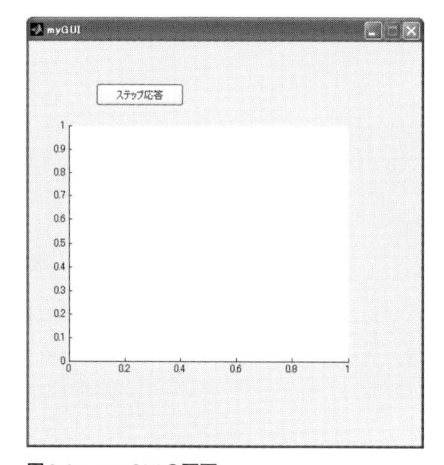

図2-31 myGUIの画面

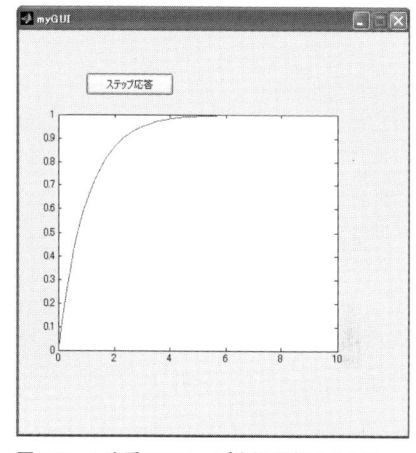

図2-32 1次系のステップ応答が表示される

から必要なラインをコピー・アンド・ペーストします．すべてをキーボード入力する必要はありません．

最後に，ダイアログの寸法を調整します．手順は省略します．

以上で，オリジナルのGUIが完成しました．さっそく，実行します．

MATLABの［Command Window］に戻って，コマンドラインから，

```
>> myGUI
```

と入力します．

図2-31に示すように，製作したmyGUIのダイアログが開きます．

［ステップ応答］のボタンをクリックします．

図2-32に示すように，1次系のステップ応答が表示されました．

2.9 MATLABのGUI　53

操作手順の細部において多少の違いはありますが，本質的なところは，ほかのシステム（例えばVisual Studioなど）における操作と同じです．

　ダイアログを使うことによって，MATLABの特定の処理をユーザ・インターフェース付きの独立したプログラムにまとめることができます．

　本節で述べたプログラムは，￥資料￥2章￥myGUIディレクトリに格納しました．

　MATLABの概要を紹介するために，MATLABの操作をスケッチ風に記述しました．もっと知りたいという読者は，実際にMATLABを動かしてみることを勧めます．

第3章 MATLABの外部インターフェース

■ 3.1 はじめに

組み込み系のプログラム開発においてMATLABを使いこなしていくためには，MATLABの外部インターフェースの構造を知ることが重要です．

組み込み系のプログラムにおいて，MATLABの外部インターフェースを直接使用することはありませんが，その設計思想はプロダクト・ファミリに受け継がれています．

■ 3.2 データの入出力

取り扱うデータが小規模でデータ数が限られている場合は，コマンドラインからデータを入力してもそれほどの苦痛は感じません．

しかし，実務において，例えば長時間測定した波形をMATLABに入力して，その波形データをフーリエ変換する場合などは，測定データをキーボードから入力するとなると，これは大変な作業になります．打ち込んだデータにまちがいがないか，チェックするだけでも大変な仕事です．

測定データをキーボードから入力することは，常識的に考えて，実行することが不可能な非現実的作業といえます．

ところで，MATLAB本体における基本操作は前章において述べたように，コマンドラインからのキ

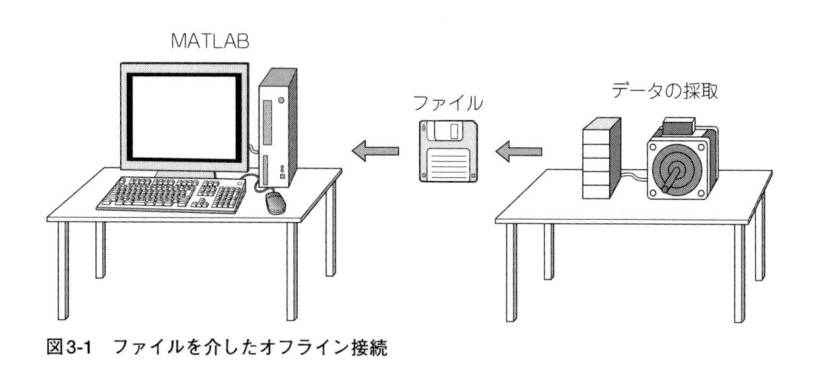

図3-1 ファイルを介したオフライン接続

図3-2 オンラインの接続

ーボード入力です．MATLABは入力されたコマンドを解釈して処理を進めます．

　MATLABはインタプリタ型のシステムです．MATLABと実験装置を直結して，データをリアルタイム入力し，処理した結果を時々刻々即時的に表示する（例えば，オシロスコープ，パワー・スペクトルのリアルタイム表示）などは，実行不可能でないにしても，効率の良いシステムは作れません．

　データのキーボード入力は非現実的，リアルタイムは実現不可というのであれば，結局，ファイルを介するデータ入出力（図3-1）と，通信によるオンライン形式（図3-2）の二つが有力になります．

　MATLAB本体におる標準的なデータ入出力の第1の形式は，ファイルを介した入出力です．これをデータのインポート（import），エクスポート（export）と呼びます．

　例えば，実験装置の測定データを何らかのフォーマット形式でファイルに落とし，このファイルをMATLABで読み込むのが，MATLABにおける標準的な処理の方法です．

　MATLABには，データ・ファイル用のインポート，エクスポート関数が数多く用意されています．これらの関数を使うと，例えば，ExcelのファイルをMATLABに読み込む，あるいはMATLABのデータをExcelのファイルとしてエクスポートすることが可能になります．

　ファイルを介したデータ入出力について，3.3節において，Excelの場合を例に説明します．

　Windowsのレコーダを使って，マイクロホンからの音声入力をwavファイルに落とし，そのファイルをMATLABに読み込み，画像処理を行う方法は3.4節で説明します．

　ディジタル・カメラで撮影した画像をJPEG形式のファイルで保存し，そのファイルをMATLABに読み込み，処理する方法は3.5節で説明します．

　MATLABにおける第2の標準データ入出力の形式は，通信ポートを介した入出力です．

　シリアル通信ポートを介して，MATLABと計測器を直結し，測定データをオンライン形式でMATLABに読み込む方法は3.6節で説明します．

■ 3.3　Excelとのデータ入出力

　Microsoft社のExcelは，データ処理において，ネットワークで言えば交換局のような役割を果たすことができ，使い方しだいではデータの利用範囲が広がります（図3-3）．

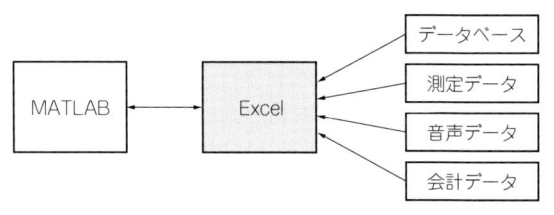

図3-3 Excelを介したデータ交換

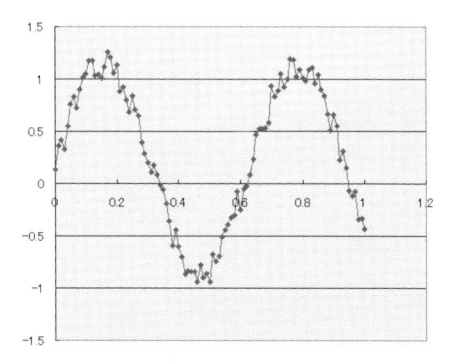

図3-5 図3-4のデータをExcelのグラフで表示

図3-4 Excel上でデータを作る

　では，MATLABとExcelを連携させてみます．ファイル操作の一つの例として，Excelのファイルを MATLABにインポートしてみます．

　まず，**図3-4**に示すように，Excel上でデータを作成します．Excelにおける実験データ処理に関しては，参考文献(2)などを参照してください．

　データの形状を見るためにExcelのグラフを作ると，**図3-5**となります．

　これは，Excelが作ったグラフです．このデータを例えば，Book1.xlsとして保存し，Excelを終了します．

　ファイルの格納ディレクトリは，C:¥matlab701¥workとします．このディレクトリは，私が使用しているPCでの設定なので，皆さんの設定は状況に応じて行ってください．

　MATLABの画面に戻り，コマンドラインから，

```
>> d=xlsread('Book1.xls');
```

と入力します．

　xlsread( )は，Excelのファイルを読み込んでMATLABの配列を作る関数です．

　これで，ExcelのデータはMATLABのマトリックスdに読み込まれました．

　Excelファイルの置かれているディレクトリが[Current Directory]でない場合は，ファイルが置かれているディレクトリにMATLABのパスを通す必要があります．

　Excelのデータが読み込めたので，時間軸のデータと波形データを分離します(MATLABのグラフは

3.3 Excelとのデータ入出力　57

時間軸のデータと波形データを分けて入力する）．

コマンドラインから，

```
>> t=d(:,1)
```

と入力します．チェックのために，コマンドラインから，

```
>> whos t
```

と入力すると，

```
 Name       Size                    Bytes  Class
 t          101x1                     808  double array

 Grand total is 101 elements using 808 bytes
```

となり，tに時間軸のデータがセットされたことがわかります．

同様に，波形データをyに格納します．コマンドラインから，

```
>> y=d(:,2);
```

と入力します．

これで，時間軸と波形データが分離できたので，コマンドラインから，

```
>> plot(t,y);
```

と入力して，グラフをプロットすると図3-6となります．

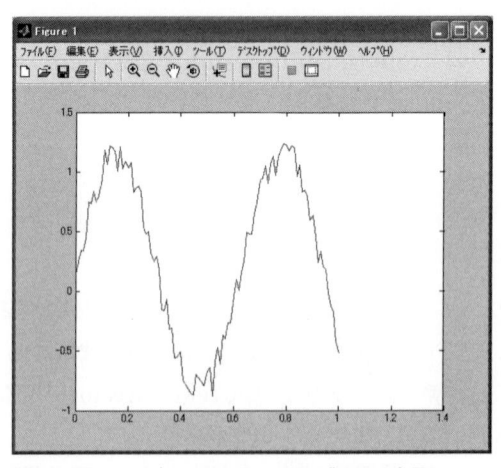

図3-6 図3-4のデータをMATLABのグラフで表示

Excelのグラフ(**図3-5**)とMATLABのグラフ(**図3-6**)を比較してみてください．両グラフのルック・アンド・フィール(見た目，感触)は，微妙に違っています．

Excelのセルにおいて，数と文字列の区別はありません．数も文字列も同様に処理されます．

MATLABにおいて，文字列の処理は「不可能」とはいいませんが，どちらかというとあまり歓迎されていません．MATLABはもともと数式処理を目指したシステムなので，文字列の処理に関する考慮は少なくなっています．当然のことだと思います．

Excelを介してデータを入力する場合，文字列の部分は切り離して，データの部分だけをMATLABの変数に読み込むことを勧めます．

逆に，MATLABで生成したデータをExcelのファイルに落として，Excelで読み込むこともできます．

では，実際に操作を行ってみます．

まず，MATLABでExcelに送るデータを作ります．コマンドラインから，

```
>> data=rand(3,3)
```

と入力します．これで3行3列の乱数のデータができました．

MATLABの配列をExcelのファイルに変換します．コマンドラインから，

```
>> csvwrite('data.xls',data)
```

と入力します．

csvwrite( )は，MATLABの配列データをExcelで読み込めるcsv形式のファイルに書き込む関数です．csv形式のファイルは，データがカンマで区切られる形式です．

MATLAB上で，どんなファイルができたかチェックします．コマンドラインから，

```
>> type data.xls
```

と入力します．**図3-7**に示すように，Excel用のデータ・ファイルができました．

データとデータの間にカンマが入っていることに注意してください．

これだけの準備をして，Excelを起動します．Excelのメニューから，[ファイル]→[開く]と選択します．[ファイルを開く]ダイアログ・ボックスが開きます(**図3-8**)．

```
>> type data.xls

0.95013,0.48598,0.45647
0.23114,0.8913,0.018504
0.60684,0.7621,0.82141
```

図3-7 MATLABで作ったExcel用の3列3行の乱数のデータ・ファイル

3.3 Excelとのデータ入出力

MATLABで作成したファイルを選択して，[開く]ボタンをクリックすると，Excelの[テキスト・ファイル・ウイザード]が開きます(図3-9).

　問題はないので，そのままの状態で，[次へ]ボタンをクリックします.

　ここで区切り文字のチェック・マークを指定します(図3-10)．タブからカンマへ変更すると，データの区切りに縦棒が入ります(図3-11)．

　これでよいので，[次へ]ボタンをクリックすると，カラムが色分けされて表示されます(図3-12)．

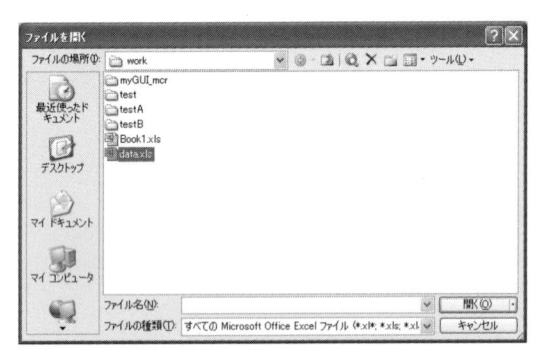

図3-8　Excelで図3-7のデータ・ファイルを開く

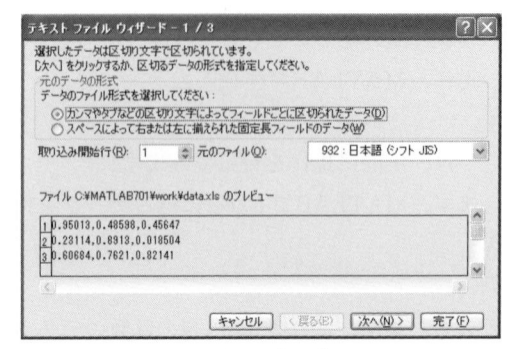

図3-9　テキスト・ファイル・ウイザード

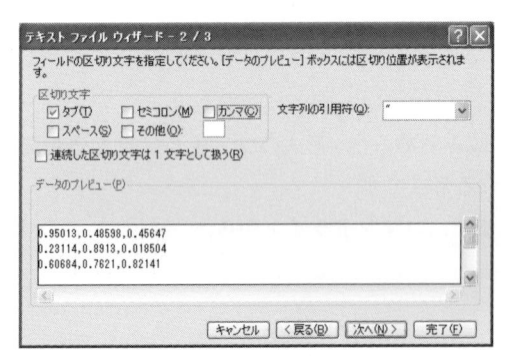

図3-10　データの区切り文字を指定する

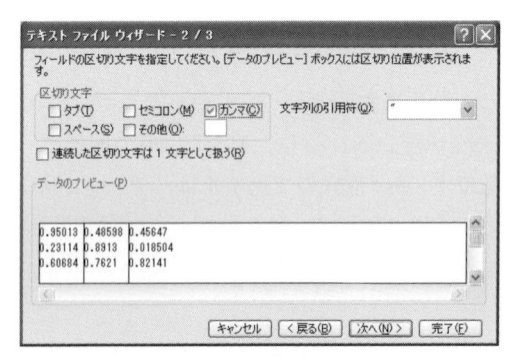

図3-11　データの区切りに縦棒が入る

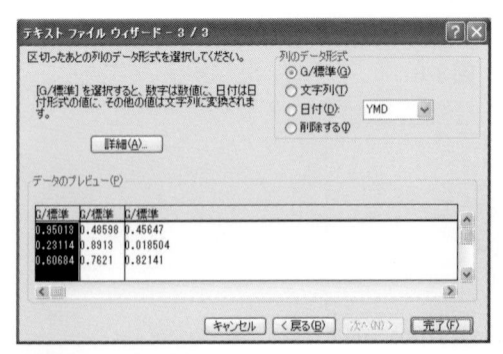

図3-12　カラムの表示

図3-13　Excelに取り込まれたMATLABで作った3列3行のデータ

60　第3章　MATLABの外部インターフェース

［完了］ボタンをクリックすると，ExcelのセルにMATLABの配列データが書き込まれました（図3-13）．

MATLABのプロダクト・ファミリ内に，Excel Linkが用意されています．

Excel Linkをインストールすると，ExcelでMATLABのコマンドを直接実行することが可能になります．

例えば，Excelはマトリックスの固有値を計算する関数がありません．こういう場合にExcel Linkを使うと，Excelの上でMATLABの関数を使って，マトリックスの固有値や固有ベクトルを計算することが可能になります．

ただし，Excelに対してExcel Linkをインストールすると，Excelの起動時に，同時にMATLABを起動するので，Excelのスタートアップの時間が大幅に長くなります．この点は特に注意してください．

ここでは，MATLABとExcelの間でファイルを介したデータの交換方法について説明しました．

もちろん，相手がExcelでなくても，データが一定のフォーマットでファイルに格納されていれば，そのフォーマットを指定してデータをMATLABとやり取りすることができます．

■ 3.4 音声データの処理

Windowsで定義されているwavフォーマットのファイルは，MATLABの関数を使って直接［Workspace］に読み込むことができます．音声認識の研究などで活用することができます．

ここでは，Windowsによって音声データを収録して，MATLABにおいてその音声データを処理する手順を説明します．

まず，最初にWindowsのレコーダを使って，マイクロホンから音声データをwavファイルに録音します．図3-14に示したように，PCのサウンド・ボードに用意されているマイクロホン入力端子に，マイクロホンを接続します．

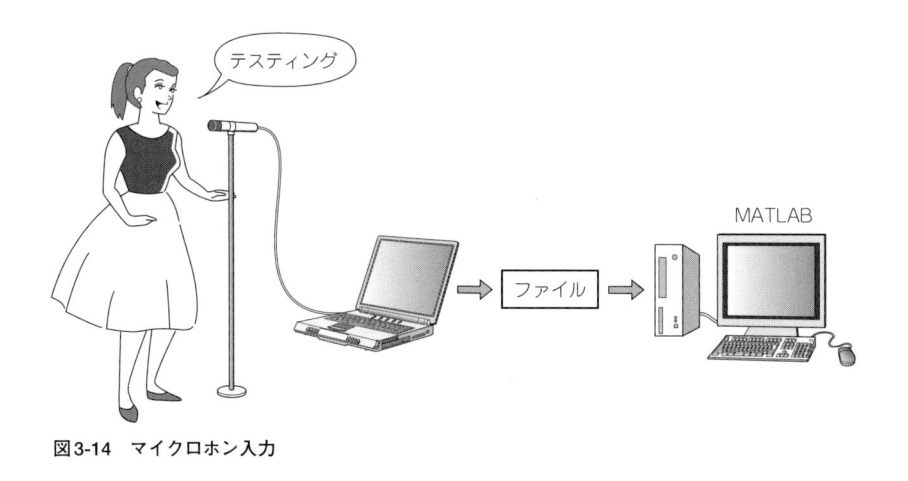

図3-14 マイクロホン入力

図3-15 サウンドとオーディオ・デバイスのダイアログ

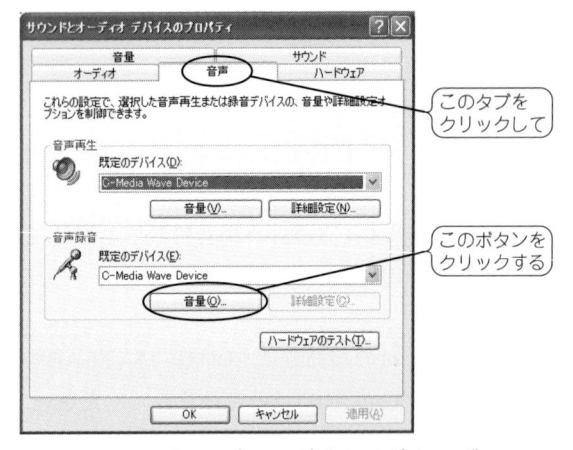

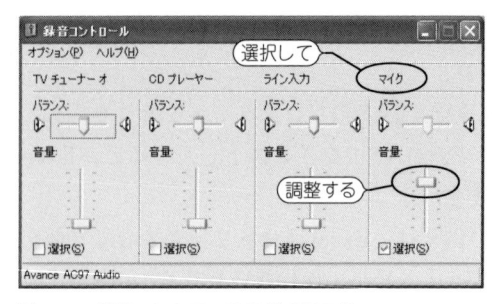

図3-16 録音コントロールのダイアログ

　現時点でマイクロホン入力を持たないPCはほとんどないと思いますが，もし皆さんのPCにマイクロホン入力がない場合は，サウンド・ボードを購入してインストールしてください．
　まず，Windows環境でマイク入力の設定がどうなっているかをチェックします．
　Windowsのコントロール・パネルを開き，［サウンドとオーディオ・デバイス］のアイコンをクリックします．すると，［サウンドとオーディオ・デバイスのプロパティ］ダイアログが開きます（図3-15）．
　［音声］タブをクリックします．［音声録音］のペインで，［音量］ボタンをクリックすると，［録音コントロール］のダイアログが開きます（図3-16）．
　［マイク］を選択して（チェック・マークを入れ），音量を適当に調整します．
　Windowsのデフォルトの設定において，マイク入力が選択されていない場合があるので，注意してください．このチェックは，一度行えば以後は設定値が保持されます．
　以上で準備ができたので，音声の録音を行います．
　Windowsにおいて，［アクセサリ］→［エンターテインメント］→［サウンド・レコーダ］とクリックすると，［Sound-サウンド・レコーダ］のダイアログが開きます．録音開始のアイコンをクリックして，マイクに向かって話すと，録音波形が表示されます（図3-17）．
　録音した波形を適当な名前を付けて保存します．ここでは，mysound.wavとしました．
　MATLABに戻り，［Current Directory］を見ると，確かにwavファイルが記録されています（図3-18）．
　コマンドラインから，

```
>> w=wavread( 'mysound.wav' );
```

と入力すると，マトリックスwに音声データがセットされます．
　また，コマンドラインから，

```
>> plot(w);
```

図3-17 Windowsのサウンド・レコーダ

図3-18 Current Directoryのファイル

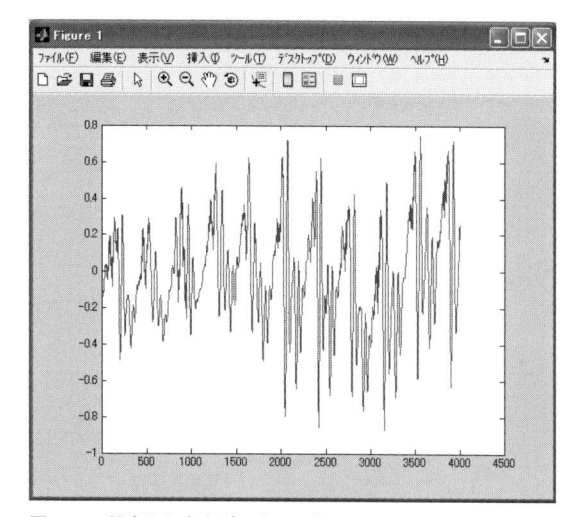

図3-19 録音した音声データの一部

と入力すると，マトリックスwに格納された音声データが表示されます（図3-19）．音声データの振幅は1に基準化され，時間軸はサンプリングの番号になっています．

以上の操作で音声データはマトリックスに格納されたので，このあとの処理はMATLABで行うことができます．

■ 3.5 画像データの処理

MATLABは画像ファイルを読み込んで，その処理を行うことができます．例として，私の研究室で開発した移動ロボットの写真をMATLABの[Workspace]に読み込んで，画像として表示します．

この画像はディジタル・カメラで撮影して，JPEG形式のファイルとして記録しました（ディジタル・カメラの写真をファイルに保存したのは別のPCで処理）．ファイル名は，DSCN0003.JPGです．

まず，JPEGファイルをMATLABの[Workspace]に読み込みます．

MATLABのコマンドラインから，

```
>> a=imread( 'DSCN0003.JPG' );
```

と入力します．これで，画像ファイルは[Workspace]内のマトリックスaに入ります．

次に，画像マトリックスをプロットします．コマンドラインから，

```
>> image(a);
```

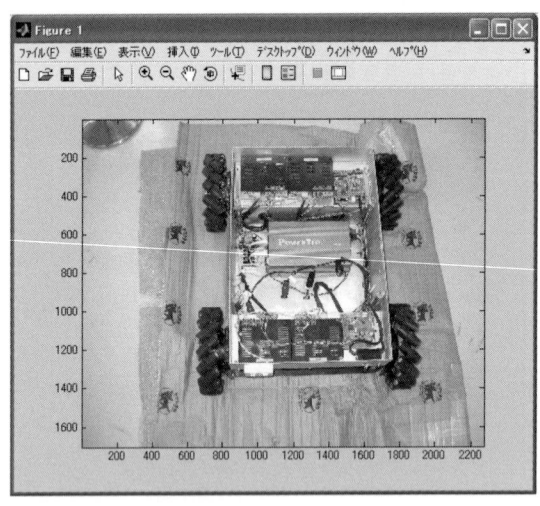

図3-20　MATLABに読み込んだ画像データを表示

と入力します.
　図3-20に示した画像がプロットされました.
　MATLABの[Workspace]に読み込んだ画像に対して画像処理を行う場合,必要なアルゴリズムをMATLABの関数を使って構築することも可能ですが,MATLABのプロダクト・ファミリに用意されているImage Processing Toolboxを購入すると,画像処理に関する多くの関数を追加できます.興味のある方は試してみてください.

■ 3.6　シリアル通信

　MATLAB本体に,PCのRS-232-Cシリアル・ポートを介して通信するための関数が用意されています.この関数を使用することによって,RS-232-Cシリアル・ポートを備えた計測器からのデータをMATLABに直接取り込むことができます(図3-21).
　リアルタイム処理ではないにしても,手作業を介さないオンライン形式によって,測定データを処理することができます.
　シリアル通信を使いこなす技術は,組み込み系のプログラマにとってとても重要な技術なので,この節では,シリアル通信に関連する取り扱い方法を検討することにします.
　解説するにあたって,読者はRS-232-Cを使ったシリアル通信に関する基礎的な知識を十分に持っているものと仮定します.この点が不十分な方は,この節を読む前に各自で勉強してください.
　ここでは,段階的に学習を進めます.
　通信に関する実験を行う場合は,まず,絶対に確実なところに橋頭堡を確保し,そこから一歩一歩,目標へ向けて前進することが肝要です.一気に目的のシステムを構築して,ウンともスンともいわないシステムを前にして泣きべそをかくよりも,はるかに能率的です.

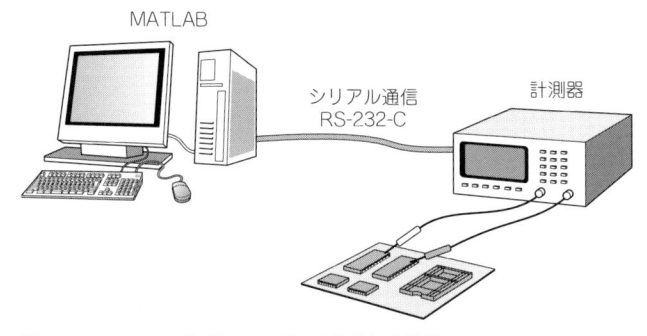

図3-21　RS-232-Cシリアル・ポートを介した接続

図3-23　クロス・ケーブルのデータ・ライン

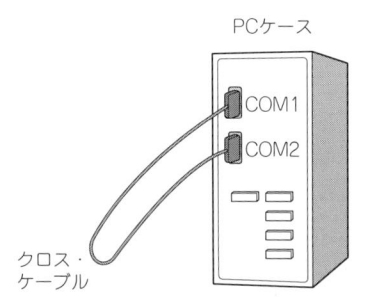

図3-22　1台のPCにおけるシリアル通信実験

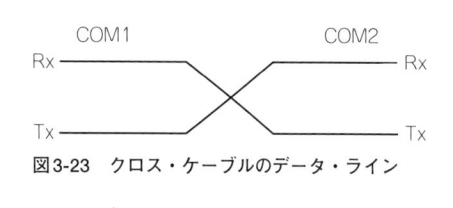

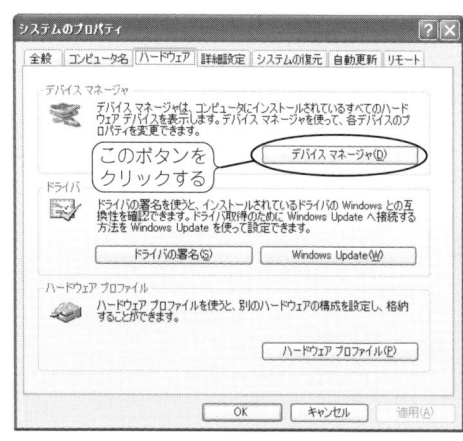

図3-24　システムのプロパティ

　急がばまわれということわざがあります．まず最初に，現在使用しているPCを使って，1台のPC内でシリアル通信を実行します．概念図を**図3-22**に示しました．

　私のPCは2個のシリアル通信ポートを持っています．このシリアル・ポートの名前は，COM1とCOM2です．PC対PCの接続なので，**図3-23**に示すRS-232-Cのクロス・ケーブルを用意します．

　最初に，PCでシリアル通信ポートの設定をチェックします．

　PCでコントロール・パネルを開き，［システム］のアイコンをクリックすると，［システムのプロパティ］ダイアログが開きます（**図3-24**）．

　［ハードウェア］のタブをクリックして，［デバイス・マネージャ］のボタンをクリックします．

　図3-25に示した，［デバイス・マネージャ］のダイアログが開きます．

　このダイアログに，COM1とCOM2が記載されていることを確認します．

　COM1をダブル・クリックすると，**図3-26**に示すように，通信ポート(COM1)のプロパティのダイアログが開きます．

　COM1の設定は，

　　　通信速度　　　　　9600 bits/sec
　　　データビット　　　8ビット

3.6　シリアル通信

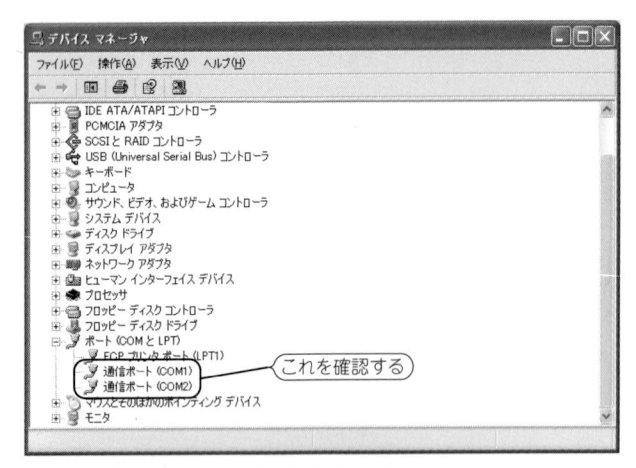

図 3-25　デバイス・マネージャのダイアログ

図 3-26　COM1 のプロパティ

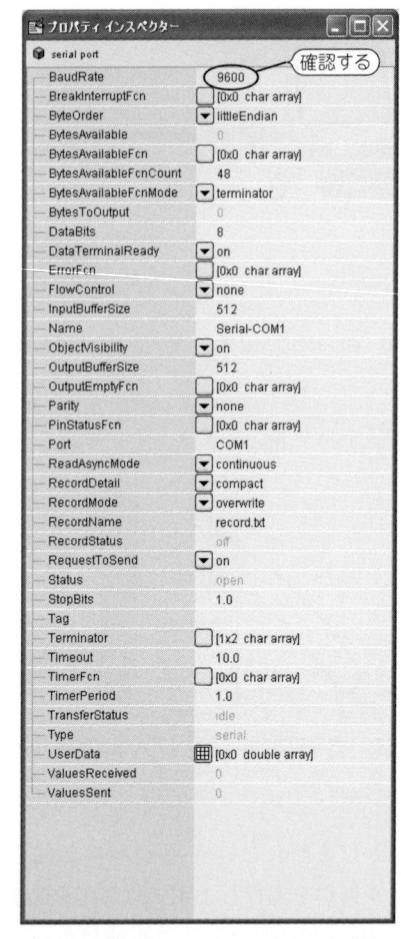

図 3-27　プロパティインスペクターのダイアログ

　　　　パリティ　　　　　なし
　　　　ストップビット　　1
　　　　フロー制御　　　　なし
となっていることがわかります．

　COM2に関しても，同じ条件で設定が行われていることを確認します．COM1とCOM2が通信するには，両ポートの設定条件が同じでなくてはなりません．

　それでは，MATLABの画面に戻ります．まず，MATLABの[Workspace]内に，シリアル通信のオブジェクトを生成します．コマンドラインから，

```
>> s=serial('COM1');
>> r=serial('COM2');
```

66　　第3章　MATLABの外部インターフェース

と入力します.

これでシリアル通信COM1とシリアル通信COM2のオブジェクト,sとrを生成できました.
生成したオブジェクトをチェックしてみます.

コマンドラインから,

```
>> whos s
```

と入力すると,

```
  Name      Size              Bytes   Class
  s         1x1                 892   serial object
```

という回答が返ってきました.

OKです.確かにオブジェクトは生成されています.

さらにチェックのため,sのプロパティを調べます.[Workspace]内のオブジェクト名を選択し,マウスを右クリックし,ポップアップ・メニューを開き,ここから[Call Property Inspector]をクリックします.

図3-27に示した[プロパティ インスペクター]のダイアログが開きます.

例えば,[BaudRate]は9,600になっています.

コントロール・パネルで調べた結果と一致していることを確認します.

別法として,コマンドラインから,

```
>> get(s,'BaudRate')
```

と入力すると,

```
ans =       9600
```

と,どちらでも同じ結果を得ます.

これでオブジェクトは生成できたので,このオブジェクトsとオブジェクトrをオープンします.

MATLABのコマンドラインから,

```
>> fopen(s);
>> fopen(r);
```

と入力します.シリアル通信のオブジェクトsとオブジェクトrがオープンできました.これで準備OKです.それでは,COM1からCOM2に向けて,データを送信します.

コマンドラインから,

```
>> fprintf(s,'*IDN?')
```

と入力します．これでCOM1からCOM2に対して，「*IDN?」という文字列を送信しました．この文字列は，通常，計測器に対して最初に送る文字列です．

シリアル・ポートに計測器を接続していると，この計測器から応答が返ってくるのですが，ここでは計測器は接続していないので，文字列は返ってきません．

COM2が受信した文字列をプリントします．コマンドラインから，

```
>> out=fscanf(r)
```

と入力します．

確かに，COM1から送信した文字列がCOM2に受信されています．

今度は，COM2からCOM1にデータを送信します．

コマンドラインから，

```
>> fprintf(r,'Hello World!')
```

と入力します．続いて，

```
>> out=fscanf(s)
```

と入力すると，

```
Hello World!
```

がプリントされます．

では，オブジェクトをクローズします．

コマンドラインから，

```
>> fclose(s)
>> fclose(r)
```

と入力します．これで両オブジェクトは，クローズできました．

オブジェクトを削除します．

コマンドラインから，

```
>> delete(s)
>> delete(r)
```

と入力します．

次に，[Workspace]内の変数を消去します．

コマンドラインから，

```
>> clear s
>> clear r
```

と入力します.

以上で，第1ステップは終わりです.

MATLABによって，1台のPCにおけるシリアル通信が正常に動作することをチェックしました.

続いて，第2ステップに入ります．今度は，PC対PC（2台のPCを使用するという意味）のRS-232-Cシリアル通信を行います（図3-28）.

ケーブルは，第1ステップと同じクロス・ケーブルです．PCは第1ステップで使用したデスクトップPCなので，MATLABはすでにインストール済みです.

相手となるPCはノートPCとし，ここにもMATLABをインストールします．MATLABのライセンスは，必ず2ライセンス取得してください[注1].

両PCにおいて，シリアル・ポートの設定は上述のように行い，両者のシリアル・ポートが同じ設定になっていればOKです.

まず最初にデスクトップPCにおいて，シリアル通信のオブジェクトを生成して，オープンします.

```
>> s=serial('COM1');
>> fopen(s);
```

ノートPCにおいても，同じ操作を行います.

```
>> s=serial('COM1');
>> fopen(s);
```

今回はPCが異なるので，同じ名前のオブジェクトを生成しても，名前の衝突は起こりません.

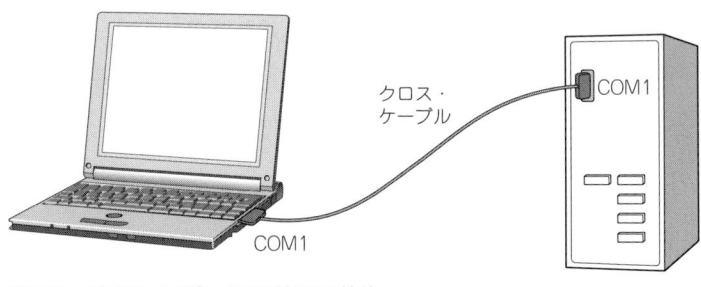

図3-28　RS-232-Cを使ったPC対PCの接続

注1：最近のノートPCの中に，RS-232-Cポートがないものがあります．そういう場合は，USBを使ったRS-232-Cアダプタなどが必要になります.

デスクトップPCから，ノートPCへデータを送信します．デスクトップPCに，

```
>> fprintf(s, 'Hello World!' );
```

と入力します．

ノートPCでデータが受信できたかチェックします．

ノートPCに，

```
>> out=fscanf(s)
```

と入力すると，

```
Hello World!
```

と表示されます．

　最後に，両PCのシリアル通信オブジェクトをクローズして，削除します．以上で，2台のPCにおけるシリアル通信のチェックは終了です．

　では，最後のステップに入ります．

　計測器をPCに接続して，シリアル通信を使ってデータをMATLABに測定データ入力する実験を行います．

　私の手元に，Hewlett-Packard社（現在は分社されて，Agilent Technologies社となっているので資料はこちらから入手）製の34401Aマルチメータがあるので，これをPCと接続してみます．

　34401Aマルチメータの表示部は，12個の表示管から構成されています（図3-29）．

　この表示管を使って，通信の設定を行います．設定の過程は計測器固有なので，これを詳述することは避け，概略だけを述べます．

　図3-30は，34401Aマルチメータの背面部を示したものです．この画面において，⑧はRS-232-C通信のコネクタ，⑦はHP-IBと印刷されていますが，いわゆるGPIBのコネクタです．

　要するにこの計測器は，RS-232-CとGPIBの二つの通信が可能ということです．しかし，二つの通信を並行して行うことはできないので，どちらかを選択しなければなりません．

　工場出荷の状態ではGPIBが選択されているので，図3-29の表示管を使ってRS-232-C通信を選択して，Baud Rate，データビット数，パリティなどを設定します．

　PCのシリアル通信のポートの設定を計測器の設定に合わせます．

　34401Aマルチメータは，RS-232-Cのクロスのケーブルを要求するので，PC対PCの際に使用したケーブルをそのまま使用します．ただし多くの計測器は，RS-232-Cのストレート・ケーブルを使用するので注意が必要です．

　34401Aマルチメータの電源を入れます．

　図3-29の表示管部に「RS-232」と表示されるので，設定が有効になっていることが確認できます．

　PCのMATLABの画面から，シリアル通信オブジェクトを生成してオープンします．この手順につ

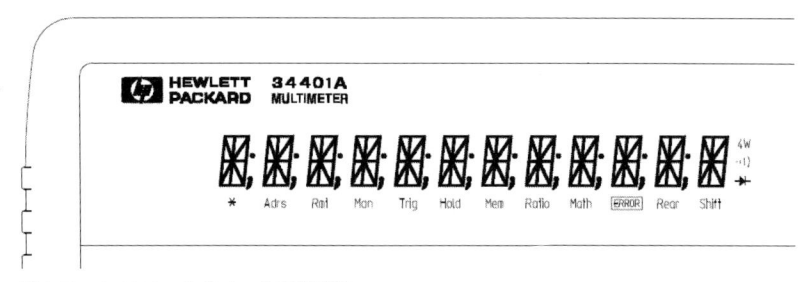

図3-29 34401Aマルチメータの表示部

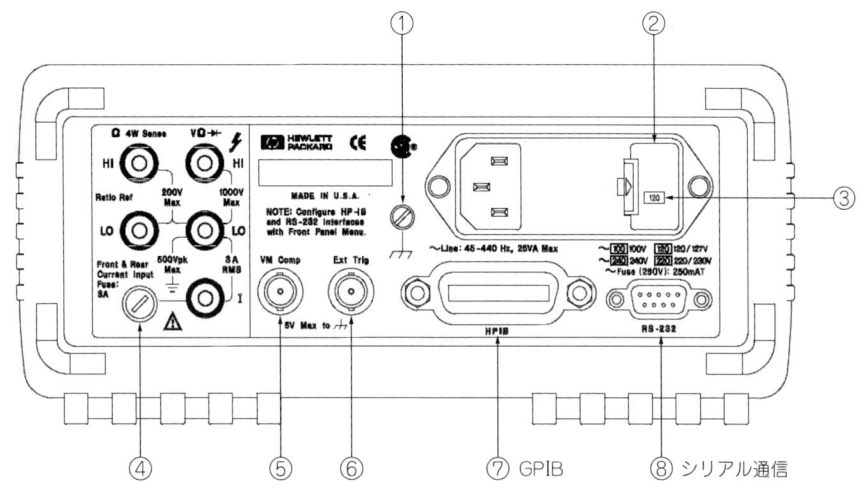

図3-30 34401Aマルチメータの背面部

いてはすでに述べました．

これから，MATLABのコマンドラインから，34401Aマルチメータに対してコマンドを送るのですが，34401AマルチメータはSCPI（Standard Commands for Programmable Instruments）言語のみを受け付けます（RS-232-Cシリアル通信の場合）．これ以外の言語は受け付けません．

では，RS-232-Cシリアル通信の初期設定を行います．まず最初に，34401Aマルチメータをリモート状態にセットします．

MATLABのコマンドラインから，

```
>> fprintf(r,'SYST:REM')
```

と入力します．ここで，rはPCにおけるCOM1オブジェクトです．

SYST：REMは，SCPI言語で，「リモート状態にせよ」というコマンドです．

注意していると，コマンドが実行されたとき34401Aマルチメータ内で，カチャカチャという音がしてリレーが切り替わり，34401Aマルチメータはリモート状態に入ります．

リモート状態に入ると，34401Aマルチメータに対するパネルを介した手操作は，いっさい受け付け

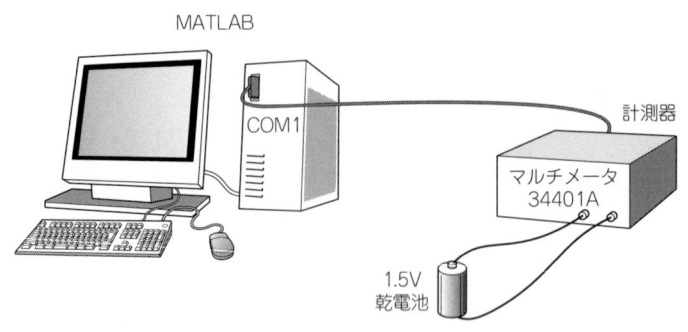

図3-31 マルチメータによる測定

なくなります.
　その状態のとき，例えばMATLABのコマンドラインから，

```
>> fprintf(r,'MEAS:VOLT:DC?')
```

と入力します.
　これは，34401Aマルチメータに対して，「直流電圧を測定して返送しろ」というコマンドです.
　コマンドの最後に"？"をつけたので，計測器は測定データを返します.
　そこで，MATLABのコマンドラインから，

```
>> out=fscanf(r)
```

と入力すると，MATLABの画面に，

```
out= 1.55596310E+00
```

とプリントされました.
　このとき私は，マルチメータのプローブに乾電池の両端にセットしていました. 出力電圧は，およそ1.5ボルトになっています(図3-31).
　以上，RS-232-Cを介して，計測器とMATLABが会話する一つの具体例を示しました.
　興味がある読者は，手持ちの計測器を使って実験してみてください.
　MATLABのプロダクト・ファミリの中に，
　　Data Acquisition Toolbox
　　Instrument Control Toolbox
があります. これらのツール・ボックスを購入すると，MATLABと計測器を直接接続して測定データの処理を行うことができます.
　これらのツール・ボックスに，皆さんが使っている計測器がサポートされていれば，計測器からのデータを直接MATLABに取り込むことができます.

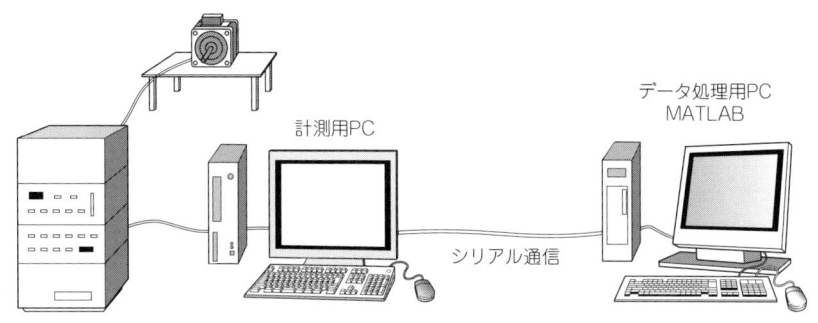

図3-32　MATLABと計測器のオンライン接続

　サポートされていない計測器の場合は，直接接続することはできませんので，必ず確認してください．
　例えば，GPIBを用いて計測器のデータをMATLABに取り込む場合，GPIBのインターフェース・ボードと計測器の両者がMATLABによってサポートされていることが必要です．この点を十分に確認してください．
　計測器の通信手段がGPIBではなくて，USBあるいはLANの場合，MATLABにおけるサポートは，私が調べた範囲内では，十分ではありません．
　私が提案する解決策は，**図3-32**に示すように，**MATLABと計測器の間に1台の中継用PCを入れる**ことです．
　MATLABと中継用PCの間は，RS-232-Cで接続します．この方法については，3.6節において説明しました．
　中継用PCと計測器は，必要な方法で接続します．中継用PCは，必ずしもPCである必要はありません．小さな組み込みマイコンで十分の場合もあるでしょう．
　これらの諸手法は，興味ある話題なのですが，これも本書のテーマからそれるので詳細は説明しません．具体的な内容に興味がある読者は，MATLABのドキュメントを参考にしてください．

■ 3.7　MATLABのコンパイラ

　MATLABのプロダクト・ファミリにMATLAB Compilerが用意されています．
　このMATLAB Compilerを使うと，ファンクションM-ファイルをコンパイルして，実行可能形式（Windowsの場合，exeファイル）にすることができます．
　この実行形式のプログラムを別のPCに持ち込んで実行すれば，MATLABの計算能力をほかのPCに移植することが可能になります（**図3-33**）．
　持ち込んだPCにMATLABをインストールする必要はありませんが，WindowsやLinuxなどのOSが必要です．
　それでは，MATLAB Compilerの使い方を紹介します．

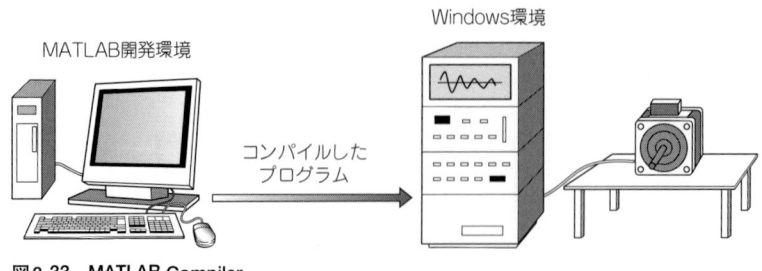

図3-33　MATLAB Compiler

例として，前章で導いたダイアログ・ボックス付きのmyGUI.mをコンパイルしてみます．MATLABコンパイラを使うためには，多少の準備が必要です．

まず，MATLABのコマンドラインから，

```
>> mex -setup
```

と入力します．MATLABの画面を図3-34に示します．

画面からわかるように，MATLABは，PCにインストールされているコンパイラをリストアップしますか？と聞いてきます．

ここで，yと入力します．画面によれば，私のPCには，

　　Visual FORTRAN
　　Visual C++ 6.0 7.0 7.1

がインストールされているようです．

FORTRANがインストールされていることは，このとき初めて知りました．

私としては，慣れているVisual C++を選択したかったのですが，すべての読者のPCにMicrosoft社のVisual Studioがインストールされているわけではないので，ここではMATLABに含まれている，LCC Cコンパイラ バージョン2.4を選択することにしました．

以上でコンパイラの設定は終わりました．続いて，ビルド過程のセットアップをします．

MATLABのコマンドラインから，

```
>> mbuild -setup
```

と入力します．図3-35のようになります．

図3-34とほぼ同じですが，今度はFORTRANは消えて，リストアップされていません．前にLCCを選択した影響です．

ここでも同じLCCを選択しました．いずれにしても，これで準備作業は終了です．

次に，前節で製作したファンクションM-ファイル，myGUI.mをコンパイルします．

MATLABのコマンドラインから，

```
Command Window

  ようこそMATLABへ。初めての方はヘルプメニューからMATLAB ヘルプ、またはデモを選択してください。

>> mex -setup
Please choose your compiler for building external interface (MEX) files:

Would you like mex to locate installed compilers [y]/n? y

Select a compiler:
[1] Digital Visual Fortran version 6.0 in C:¥Program Files¥Microsoft Visual Studio
[2] Lcc C version 2.4 in C:¥MATLAB701¥sys¥lcc
[3] Microsoft Visual C/C++ version 7.0 in C:¥Program Files¥Microsoft Visual Studio .NET
[4] Microsoft Visual C/C++ version 7.1 in c:¥Program Files¥Microsoft Visual Studio .NET 2003
[5] Microsoft Visual C/C++ version 6.0 in C:¥Program Files¥Microsoft Visual Studio

[0] None

Compiler: 2

Please verify your choices:

Compiler: Lcc C 2.4
Location: C:¥MATLAB701¥sys¥lcc

Are these correct?([y]/n): y

Try to update options file: C:¥Documents and Settings¥okawa¥Application Data¥MathWorks¥MATLAB¥R14¥mexopts.bat
From template:              C:¥MATLAB701¥BIN¥WIN32¥mexopts¥lccopts.bat

Done . . .

>>
```

図3-34　コンパイラを選択する画面

```
>> mbuild -setup
Please choose your compiler for building standalone MATLAB applications:

Would you like mbuild to locate installed compilers [y]/n? y

Select a compiler:
[1] Lcc C version 2.4 in C:¥MATLAB701¥sys¥lcc
[2] Microsoft Visual C/C++ version 7.1 in c:¥Program Files¥Microsoft Visual Studio .NET 2003
[3] Microsoft Visual C/C++ version 7.0 in C:¥Program Files¥Microsoft Visual Studio .NET
[4] Microsoft Visual C/C++ version 6.0 in C:¥Program Files¥Microsoft Visual Studio

[0] None

Compiler: 1

Please verify your choices:

Compiler: Lcc C 2.4
Location: C:¥MATLAB701¥sys¥lcc

Are these correct?([y]/n): y

Try to update options file: C:¥Documents and Settings¥okawa¥Application Data¥MathWorks¥MATLAB¥R14¥compopts.bat
From template:              C:¥MATLAB701¥BIN¥WIN32¥mbuildopts¥lcccompp.bat

Done . . .


--> "C:¥MATLAB701¥bin¥win32¥mwregsvr C:¥MATLAB701¥bin¥win32¥mwcomutil.dll"

DllRegisterServer in C:¥MATLAB701¥bin¥win32¥mwcomutil.dll succeeded

--> "C:¥MATLAB701¥bin¥win32¥mwregsvr C:¥MATLAB701¥bin¥win32¥mwcommgr.dll"

DllRegisterServer in C:¥MATLAB701¥bin¥win32¥mwcommgr.dll succeeded
```

図3-35　M-ファイルをビルドするコンパイラの選択

```
>> mcc -m myGUI
DEMO Compiler license.
The generated application will expire 30 days from today,
on Fri Mar 25 19:57:49 2005.

ようこそMATLABへ。初めての方はhelpwin、helpdesk、またはdemoと
タイプしてみてください。この製品に関する情報はwww.mathworks.com、
またはwww.cybernet.co.jpをご参照ください。
```

図3-36　ファンクションM-ファイルのコンパイル

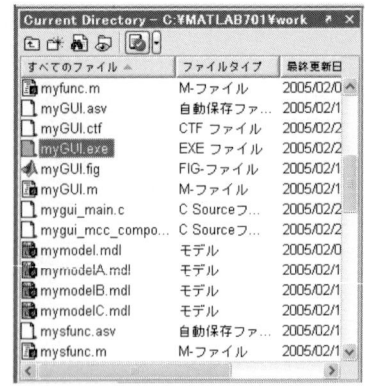

図3-37　コンパイルされた実行ファイル

```
>> mcc -m myGUI
```

と入力します。

図3-36に示したように，コンパイルは完了します．

念のためにMATLABの[Current Directory]を見ると，私のPCに（OSはWindowsなので），myGUI.exeというファイルが作られていることが確認できます（図3-37）．

MATLABを終了し，Windowsのコマンド・プロンプトにおいて，MATLABのworkディレクトリに入ります（図3-38）．

ここにmyGUI.exeがあるので，myGUIを実行します（図3-39）．

図3-40に示すように，myGUIのダイアログが開きます．

[ステップ応答]ボタンをクリックすると，1次系のステップ応答が表示されました（図3-41）．

この形式のプログラムは，小規模の組み込み系にはあまり適しません．第1に，実行速度が極端に遅いこと，第2に，組み込み系においてOSとしてWindowsやLinuxを採用することは，それほど多くないからです．

組み込み系においては，第4章以降で述べる方法が適しているので，MATLAB Compilerは考慮の対象から外します．

■ 3.8　MATLABの展望

第1章から第3章まででMATLABを駆け足で概観しました．

MATLABの本体は，組み込み系をターゲットにしてスタートしたシステムではありません．と言うよりはむしろ，MATLABは，スタート時点においては，組み込み系とは無縁だったと思います．

これまで述べたように，MATLABはマトリックスを計算するソフトウェアとして出発しました．その後，アカデミックな分野（大学の研究室や大企業の研究所など）での利用をターゲットにして開発が

図3-38 workディレクトリ内のファイル

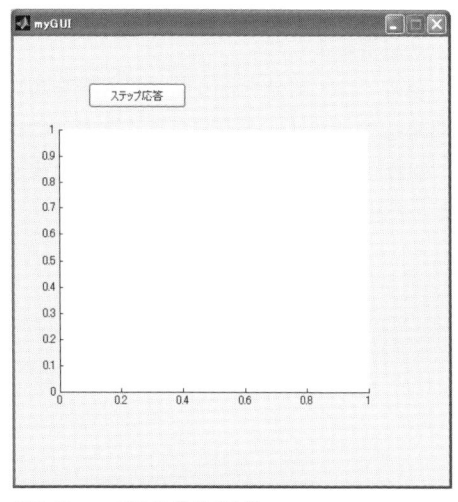

図3-40 myGUIのダイアログ

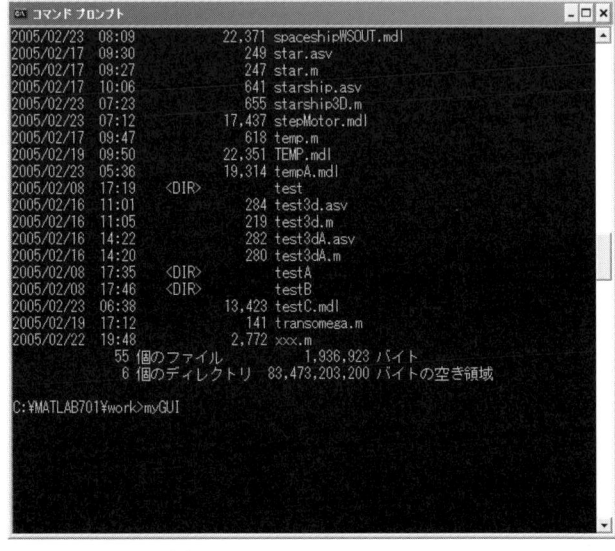

図3-39 myGUIの実行

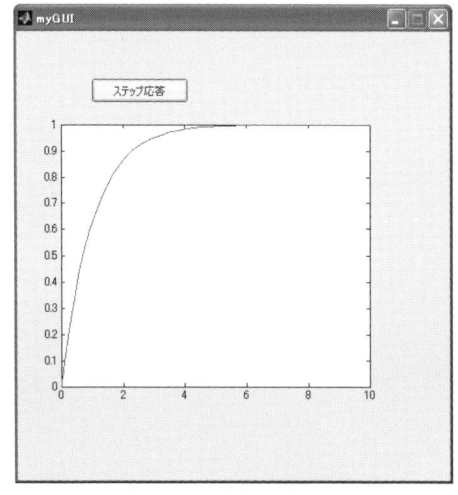

図3-41 1次系のステップ応答が表示された

進められてきました．

そして，MATLABに常微分方程式の解法が加えられました．すると，MATLABを航空機の制御機器の設計に使用する企業，あるいは複雑なフィルタ回路設計に使う企業などが出てきました．企業の技術開発，機器設計の分野において，MATLABに対する需要が増加したわけです．

3.8 MATLABの展望

The MathWorks社はこの傾向に敏感に反応して，企業の設計部門において必要となるプロダクト・ファミリを開発しました．その結果，制御，通信，回路設計などの分野においてMATLABを採用する企業が増えました．

　企業では，開発を行う際に設計図を用います．この需要に対して，The MathWorks社はSimulinkを開発して，ブロック線図を書くと同時に，シミュレーションを行うことを可能にしました．

　組み込み機器の開発においては，上流から下流までの工程を統一することが必要です．これが，モデル・ベースド・デザインの基本思想です．

第4章　ブロック線図によるシミュレーション

■ 4.1　はじめに

　組み込み系のプログラム開発は，多くの場合ブロック線図を書くことからスタートします．例えば，プロジェクト・チームの全員が会議室に集まって，黒板にブロックを書き，それらを矢印で結んだり，あるいは，既存のブロックを分割して新しいブロックを書き込んだり，別の線を引いたりして，検討に検討を重ねて，最終的な案を練りあげます．

　その昔，決戦に臨む武将は地図の上に石を置き，これを動かして作戦を練ったと言われています．このように2次元の図は，人の思考を助ける重要なツールとなります．

　MATLABのSimulinkは，ブロック線図をコンピュータの画面上に作成し，そのブロック線図に基づいてシミュレーションを行うためのツールです．

　本章では，例題を示すことによって，Simulinkの基本機能を明らかにします．アイコンを拡大縮小したり，ブロック間に線を引いたりといった操作の細かいテクニックを述べるのではなく，Simulinkによって，どのようなタイプの問題をどのような形で解けるのかについて解説します．

■ 4.2　Simulinkスタート

　Simulinkの起動は，MATLABから行います．MATLABが起動していなければ，Simulinkをスタートすることはできません．

　MATLABのコマンドラインから，

```
>> simulink
```

と入力すると，Simulinkの[Simulink Library Browser]のウィンドウが開きます(**図4-1**)．

　[Simulink Library Browser]は，Simulinkの司令塔です．

　[Simulink Library Browser]の左側のペインに，Simulinkで使用可能なブロックのライブラリが示されています．列記すると，

　　　[Commonly Used Blocks]　　　頻繁に使用するブロック

[Continuous]	連続系に関するブロック
[Discontinuities]	不連続系に関するブロック
[Discrete]	離散系に関するブロック
[Logic and Bit Operation]	論理，ビット演算に関するブロック
[Lookup Tables]	ルックアップ・テーブルのブロック
[Math Operations]	数学関数をモデル化するブロック
[Model Verification]	モデル自己診断機能のブロック
[Model-Wide Utilities]	種々の用途をもつブロック
[Ports & Subsystems]	サブシステムを作成するブロック
[Signal Attributes]	信号属性に関するブロック
[Signal Routing]	信号経路を決めるブロック
[Sinks]	出力を表示するブロック
[Sources]	信号を生成するブロック

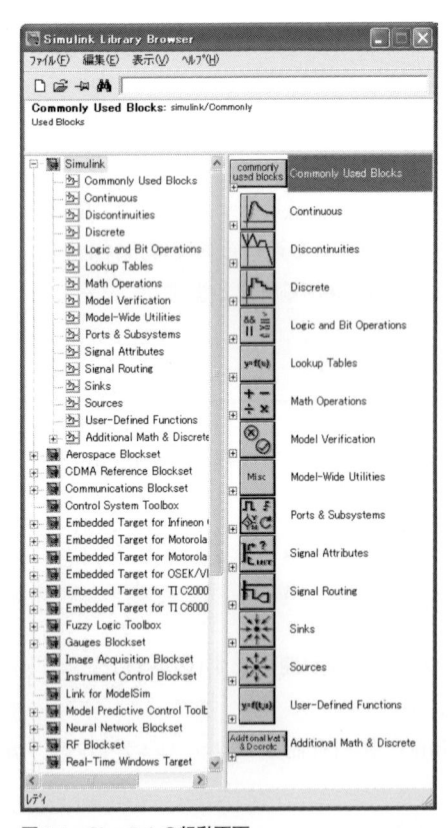

図4-1　Simulinkの起動画面

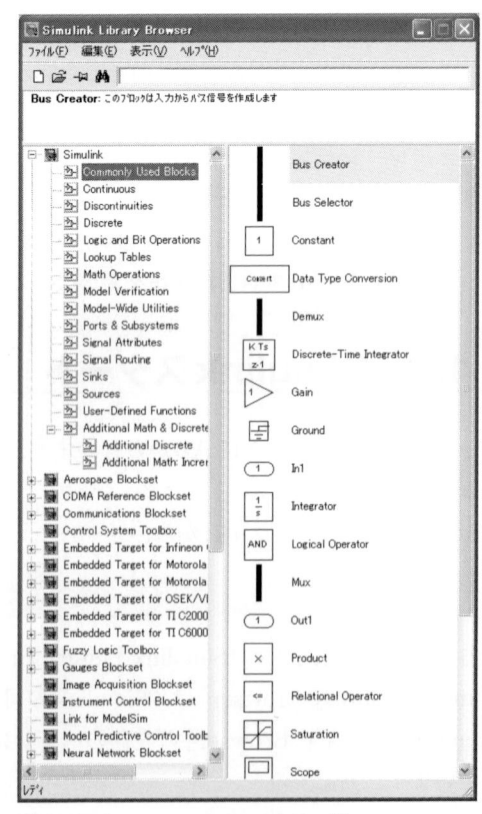

図4-2　Commonly Used Blocksの一部

［User-Defined Functions］　　　ユーザ定義可能なブロック
　　［Additional Math and Discrete］　追加したブロック
となります．
　Simulinkのモデルを構成するブロックは，これらのライブラリの中に格納されています．
　［Simulink Library Browser］の右側のペインで，例えば，最上部の［Commonly Used Blocks］をクリックすると，そのライブラリに含まれるブロックの一覧が，右側のペインに展開されます（図4-2）．
［Commonly Used Blocks］のライブラリには，使用頻度の高いブロックが集められています．
　Simulinkにおけるモデリング作業は，通常，［Commonly Used Blocks］を開いた形で進め，特殊なブロックが必要になったときに，それが属するライブラリを選択，展開して，必要なブロックを引き出して使用します．これがSimulinkにおける作業の進め方の基本的なパターンです．
　ここでは，もっとも単純な問題を想定して，Simulinkの作業の流れを説明します．
　想定した問題は，「正弦波を発生させ，その波形を観測せよ」です．Simulinkでのハロー・ワールドと考えてください．
　まず，［Simulink Library Browser］のメニューから，［ファイル］→［新規作成］→［モデル］とクリックします．すると，図4-3に示すモデルを書き込むためのウィンドウが開きます．ここがモデル（ブロック線図）を組み上げる場所です．このウィンドウを以下では，モデル・ウィンドウと呼びます．
　モデル・ウィンドウのタイトルは［untitled］になっているので名前をつけます．メニューから，［ファイル］→［名前をつけて保存］とクリックすると，［名前をつけて保存］のダイアログが開くので，例えば，「helloWorld」と入力して［保存］ボタンをクリックすると，MATLABの［Current Directory］にhelloWorld.mdlという名前のファイルができます．
　これがSimulinkのファイルです．拡張子mdlは自動的に付けられるので，名前だけを入力します．ファイルは，資料ディレクトリの¥m401¥helloWorld.mです．
　モデルに名前を付けたので，モデル・ウィンドウのタイトルは，［untitled］から［helloWorld］に変わりました．
　それでは，モデルの作成を始めます．

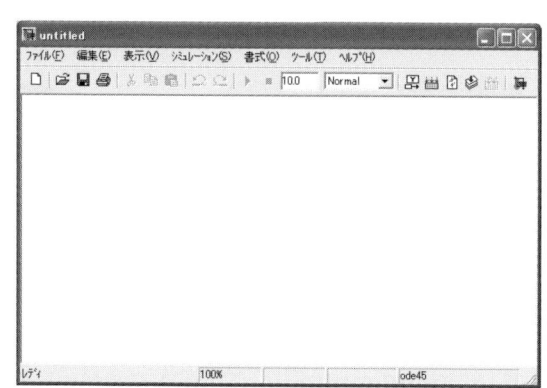

図4-3　モデル・ウィンドウ

[Simulink Library Browser]右のペインで，[Commonly Used Blocks]をダブル・クリックします．

右側のペインで，図4-4に示すように[Scope]のブロックを選択して，これをマウスでつかんでモデル・ウィンドウにドラッグ・アンド・ドロップします．

すると，モデル・ウィンドウに[Scope]のテンプレートが貼り付けられます（図4-5）．テンプレートの大きさや位置は適当に調整します．

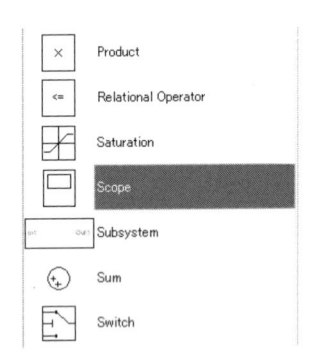

図4-4　Scopeの選択

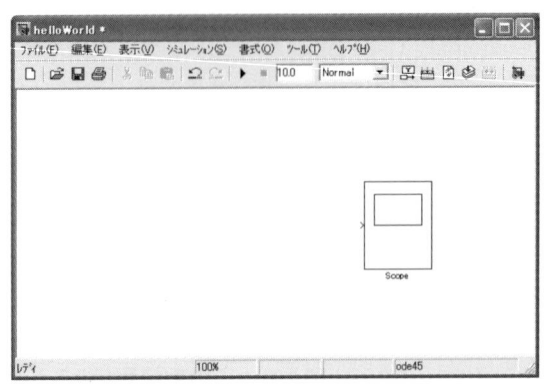

図4-5　Scopeの貼り付け

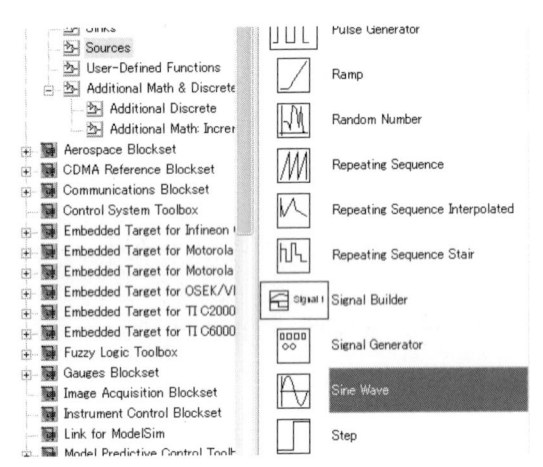

図4-6　Sin Wave

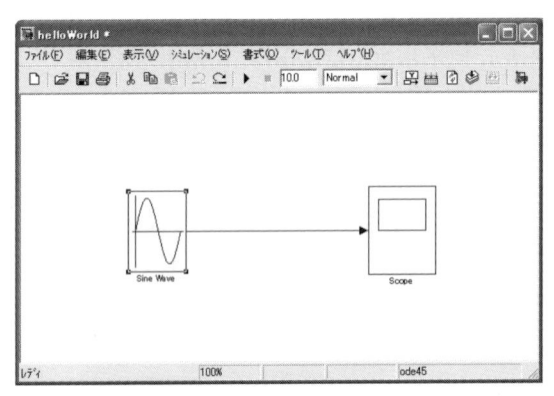

図4-7　ScopeとSin Waveだけのシンプルなモデル

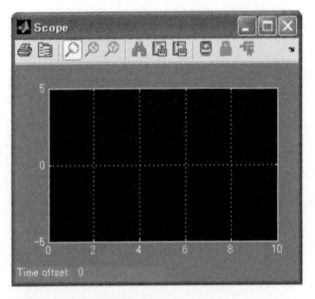

図4-8　Scopeウィンドウ

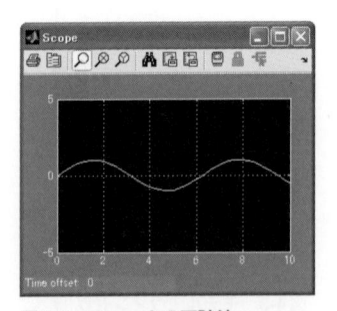

図4-9　Scope上の正弦波

82　　第4章　ブロック線図によるシミュレーション

続いて，正弦波の信号源を持ち込みます．この正弦波の信号源ブロックは，デフォルトの設定では[Commonly Used Blocks]に用意されていないので，[Simulink Library Browser]で，図4-6に示すように[Sources]のライブラリを選択し，右のペインで[Sin Wave]を選択して，[Scope]の場合と同様にアイコンをマウスでつかんでモデル・ウィンドウにドラッグ・アンド・ドロップします．

[Sin Wave]と[Scope]を結線すると，図4-7のようになります．

これで，最小規模のモデルができました．シミュレーションを実行する前に，[Scope]をダブル・クリックします．すると，図4-8に示すように[Scope]のウィンドウが開きます．[Scope]のウィンドウを開いておかないと，出力波形を見ることができません．

準備が完了したので，シミュレーションを開始します．モデル・ウィンドウのメニューから，[シミュレーション]→[開始]とクリックします．

シミュレーションは10秒間(デフォルトの設定において)実行されて，結果は図4-9に示すようになります．

これでSimulinkのハロー・ワールドは終わりです．Simulinkを操作する雰囲気をつかむことができましたか？

■ 4.3 モータの速度制御

第2章で関数M-ファイルを作成したときに使用した，モータの速度制御の問題を取り上げ，Simulinkを使ってモータのステップ応答の波形を観測します．

モータの角運動量(angular momentum)をL，回転角速度(angular velocity)をω rad/sec，入力電圧(control input)をu voltとしたとき，モータの動特性は，

$$\frac{dL}{dt} = -\omega + u \quad \cdots\cdots\cdots\cdots\cdots\cdots\cdots\cdots\cdots\cdots\cdots\cdots\cdots\cdots\cdots\cdots\cdots\cdots\cdots\cdots\cdots\cdots\cdots\cdots\cdots (4.1)$$

となりました．

ここで，問題を簡単にするために，係数はすべて1の値をとるものとします．

時刻$t=0$において，モータは停止していた，すなわち，初期条件は$\omega(0)=0$として，入力電圧uをステップ変化させ，モータの応答を[Scope]に表示します．

Simulinkを使ってこのようなタイプの問題を解く場合には，(4.1)式を積分形式に変換します．すなわち，(4.1)式の両辺を積分して，

$$L = \int (-\omega + u) dt \quad \cdots\cdots\cdots\cdots\cdots\cdots\cdots\cdots\cdots\cdots\cdots\cdots\cdots\cdots\cdots\cdots\cdots\cdots\cdots\cdots (4.2)$$

とします．

(4.2)式が意味するところは，信号$-\omega+u$を積分すれば，モータの角運動量Lが計算できるということです．

前節で述べた方法を使って，モデルを作成しシミュレーションしてみると，結果は図4-10となります．

ここでは，次のライブラリを使用しました．

　　［Integrator］　　積分ブロック ———————（［Continuous］ライブラリ）
　　［Step］　　　　　ステップ・ブロック ——（［Sources］ライブラリ）
　　［Sum］　　　　　加算ブロック ——————（［Math Operations］ライブラリ）
　　［Gain］　　　　　ゲイン・ブロック ———（［Commonly Used Blocks］ライブラリ）

［Integrator］は［Continuous］ライブラリから，［Step］は［Sources］ライブラリから，［Sum］は［Math Operations］ライブラリから，［Gain］は［Commonly Used Blocks］ライブラリからドラッグ・アンド・ドロップします．

モデルの名前をstepMotor.mdlとして，資料ディレクトリのm402に格納します．

図4-10において，最左端のブロックは［Step］ブロックです．デフォルトの設定（ライブラリからドラッグ・アンド・ドロップしたままの状態）では，時刻$t=1$において，ステップ変化します．

シミュレーションの開始時刻は$t=0$なので，シミュレーションが始まって1秒後にステップ動作が行われます．もちろん，このステップ変化を起こす時刻は変えることが可能です．

［Step］ブロックの出力は，(4.2)式における制御電圧uです．これが［Sum］ブロックに入ります．［Sum］ブロックの出力は，［Integrator］ブロックに入ります．［Integrator］ブロックの出力は，(4.2)式の角運動量Lです．

［Gain］ブロックのゲインを$\frac{1}{I}$に設定すると，［Gain］ブロックの出力はモータの回転角速度になります．

図4-10では，$I=1$としたので，［Gain］ブロックのゲインは1です．

角速度ωを［Sum］ブロックのマイナス端子に接続します．(4.2)式と図4-10のブロック線図の対応関係を確認してください．それでは，シミュレーションを開始します．

結果は［Scope］に表示されて，図4-11のようになります．1次系のステップ応答は，このような波形になります．

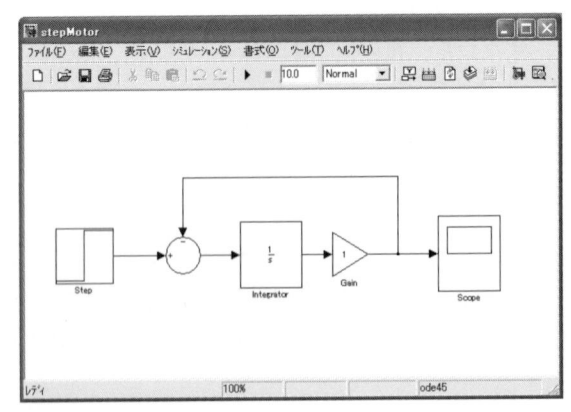

図4-10　モデルstepMotor.mdl

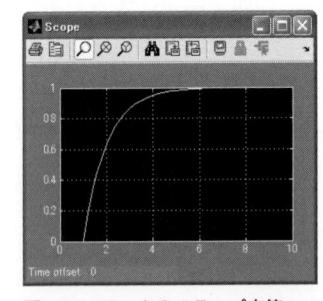

図4-11　モータのステップ応答

Simulinkの操作に慣れると，この程度の問題ならば，およそ数分でシミュレーションの結果をグラフ表示して，系の応答を目で見ることができます．

■ 4.4　宇宙船の動力学モデルの構築

　無限に広がる宇宙空間に浮かぶ宇宙船（スペース・シップ）を考えます（図4-12）．
　比較の対象が存在しないと，スペース・シップは静止しているのか，等速で移動しているか判断できません．ニュートンの運動の第1法則です．
　私が頭に描いているスペース・シップを皆さんに伝えるために，MATLABの3次元グラフを使ってスペース・シップのモデルを作りました（図4-13）．
　参考のために，このスペース・シップを描画する関数M-ファイルをリスト4-1に示します．ファイル名はspaceship3D.mです．
　MATLABのコマンドラインから，回転角度を45°として，

```
>> cs=0.5*sqrt(2)
```

を計算し，z軸に関する回転マトリックスを，

```
>> T=[cs -cs 0;cs cs 0;0 0 1]

T =
0.7071   -0.7071        0
0.7071    0.7071        0
     0         0   1.0000
```

と入力し，平行移動ベクトルを，

図4-12　宇宙空間にスペース・シップ

リスト 4-1　スペース・シップの M-ファイル（spaceship3D.m）

```
function spaceship3D(T,h)
%スペース・シップのモデル
%入力データ
%回転マトリックス
%平行移動ベクトル
%
a=[-1 0 0];
b=[0 2 0];
c=[1 0 0];
d=[0 0 0.8];
a=a*T+h;
b=b*T+h;
c=c*T+h;
d=d*T+h;
x=[a(1) b(1) c(1) a(1);d(1) d(1) d(1) d(1)];
y=[a(2) b(2) c(2) a(2);d(2) d(2) d(2) d(2)];
z=[a(3) b(3) c(3) a(3);d(3) d(3) d(3) d(3)];
colormap([1 0 0;0 1 0;0 0 1]);
c=[0 -1 1];
surf(x,y,z,c);
axis([-2 10 0 10 0 10]);
```

```
>> h=[1 2 3];
```

と入力して，最後に，

```
>> spaceship3D(T,h)
```

と入力すると，**図 4-13** が得られます．
　コマンドラインから，

```
>> help spaceship3D
```

と入力すると，画面に，

　　　　スペース・シップのモデル
　　　　入力データ
　　　　回転マトリックス
　　　　平行移動ベクトル

と用意したヘルプが日本語で表示されます．
　スペース・シップだけではちょっともの足りないので，宇宙基地を追加します（**図 4-14**）．
　参考のために，関数 M-ファイルの内容を**リスト 4-2** に示します．ファイル名は，starship3D.m です．
　時間的な余裕があれば，皆さんも MATLAB のグラフを使って，広大な宇宙に浮かぶ宇宙船を作ってみてください．難解な物理学に，多少の味つけができるかもしれません．

86　　第 4 章　ブロック線図によるシミュレーション

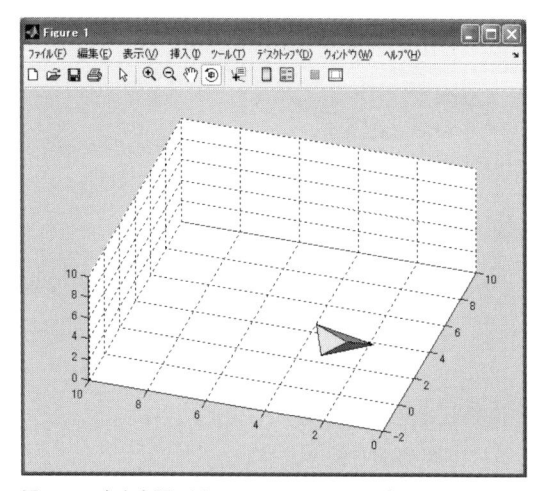

図4-13 宇宙空間に浮かぶスペース・シップ

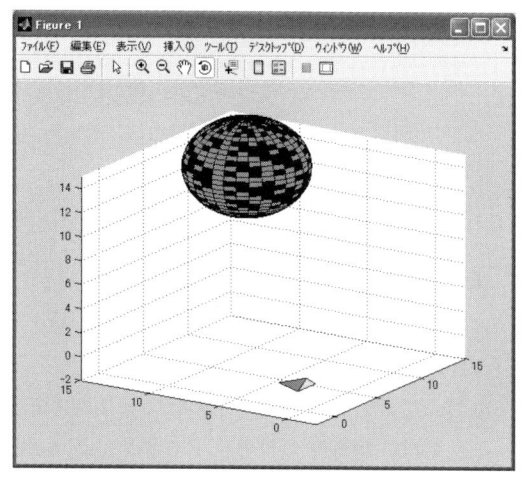

図4-14 宇宙基地とスペース・シップ

リスト4-2 宇宙基地のM-ファイル（starship3D.m）

```
function starship3D()
%
%
s=4;
d=[12 12 12];
k=5;
n=2^k-1;
theta=pi*(-n:2:n)/n;
phi=(pi/2)*(-n:2:n)'/n;
X=s*cos(phi)*cos(theta)+d(1);
Y=s*cos(phi)*sin(theta)+d(2);
Z=s*sin(phi)*ones(size(theta))+d(3);
colormap([0 0 0;1 1 1]);
C=hadamard(2^k);
surf(X,Y,Z,C);
axis([-2 15 -2 15 -2 15]);
hold on;
T=eye(3);
h=[0 0 0];
a=[-1 0 0];
b=[0 2 0];
c=[1 0 0];
d=[0 0 0.8];
a=a*T+h;
b=b*T+h;
c=c*T+h;
d=d*T+h;
x=[a(1) b(1) c(1) a(1);d(1) d(1) d(1) d(1)];
y=[a(2) b(2) c(2) a(2);d(2) d(2) d(2) d(2)];
z=[a(3) b(3) c(3) a(3);d(3) d(3) d(3) d(3)];
colormap([0 0 0;1 1 0;1 1 1;1 0 0;0 1 0;1 0 1]);
c=[0 -0.5 0.5];
surf(x,y,z,c);
hold off;
```

4.4 宇宙船の動力学モデルの構築

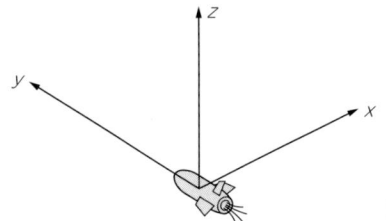

図4-15 スペース・シップの座標系

残念なことですが，MATLABのグラフはリアルタイムで動かすことが困難です．MATLABのグラフは，そのような目的で作られてはいないからです．ただし，複数の画面を合成してアニメーションを製作することは可能です．

なお，これら二つのファイルは，資料￥4章￥myfileに格納しました．参考にしてください．

それでは，物理学の世界に戻ります．図4-15に示すように，座標系を置きます．

スペース・シップは座標原点にあり，y軸正方向を向いているとします．

最初に，スペース・シップを質点(particle)と考えて，この並進運動について検討します．この場合のスペース・シップの運動方程式は，

$$m\frac{d^2 x}{dt^2} = u \quad \cdots\cdots (4.3)$$

となります．ここで，mはスペース・シップの重量，xは重心座標ベクトル，uは推力ベクトルです．

いま，記号を統一するために，重心座標ベクトルは，

$$x = (x_1, x_2, x_3) \quad \cdots\cdots (4.4)$$

と書きます．ここで，x_1は通常のx軸，x_2はy軸，x_3はz軸に対応します．

速度成分は，

$$\dot{x} = (v_1, v_2, v_3) \quad \cdots\cdots (4.5)$$

と書きます．添え字の意味は，xの場合と同じです．

前章で述べましたが，力学においては，通常，速度ではなくて，運動量を使用します．

運動量ベクトルは，

$$P = mv \quad \cdots\cdots (4.6)$$

となります．

スペース・シップの状態は，(4.4)，(4.6)式の6個の変数によって一意に決まるので，これをスペース・シップの状態変数とします．すなわち，状態変数は，

$$x = \begin{vmatrix} x_1 \\ x_2 \\ x_3 \\ P_1 \\ P_2 \\ P_3 \end{vmatrix} \quad \cdots\cdots (4.7)$$

となります．

運動方程式は，(4.3)式から，

$$\frac{dx}{dt} = \begin{vmatrix} v_1 \\ v_2 \\ v_3 \\ u_1 \\ u_2 \\ u_3 \end{vmatrix} \quad\cdots\cdots\cdots (4.8)$$

となります．

(4.8)式が，ここで考えるスペース・シップの運動方程式です．

運動方程式ができたので，Simulinkのモデルを作成します．

前節において述べましたが，Simulinkのモデルを作るときには，微分形式よりは積分形式のほうがブロック線図との対応がはっきりするので，(4.7)式を積分形式に書き換えると，

$$x = \int v\,dt$$
$$P = \int u\,dt \quad\cdots\cdots\cdots (4.9)$$

となります．

Simulinkのモデルを作成すると，図4-16となります．モデルの名前はspaceshipSTEP.mdl，格納ディレクトリはm403です．

画面に示したモデルのスペース・シップの推力はy軸方向のみに作用するとして，$u_1 = u_3 = 0$としました．

スペース・シップの重量を表すために［Gain］ブロックを入れました．この［Gain］ブロックには，$\frac{1}{m}$の値をセットします．図4-16では，理解しやすくするために，$m=1$としました．この［Gain］ブロックのゲインを調整することによって，スペース・シップの重量を変えることができます．

それでは，シミュレーションを実行します．スペース・シップのステップ応答を測定します．結果を図4-17に示しました．

理論どおりにスペース・シップの速度は直線状に増加し（画面中段のグラフ），位置は2次曲線に沿って増加する（画面上段のグラフ）ことがわかります．与えた推力は，画面下段のグラフです．力学の教科書に書いてあるとおりの結果が得られました．

スペース・シップの推力を矩形パルスにしたときの応答をシミュレーションします．モデルspaceshipPULSE.mdlの形状を図4-18に示しました．格納ディレクトリはm404です．

矩形パルスを作るために，［Step1］を新しく加えました．［Step］は前と同じ設定とし，［Step1］はシミュレーション開始2秒後に−1にステップ変化するように設定します．

このように設定すると，推力u_2は，$t=0$において$u_2=0$，$t=1$において$u_2=1$となり，$t=2$において，再度$u_2=0$となります．

別法として，[Source]ライブラリから[Signal Builder]ブロックをドラッグ・アンド・ドロップすれば，このブロックを使ってパルス入力を作ることができます．どちらでも同じ結果を得ることができます．シミュレーションの結果を**図4-19**に示します．
　スペース・シップの速度は，推力が1の間は直線的に増加し，推力が0になるとその速度を維持します．
　スペース・シップの位置は，推力が1の間は2次曲線状に上昇し，推力が0になると直線的に進むことになります．画面の細部を見ると，この推移を読み取ることができます．

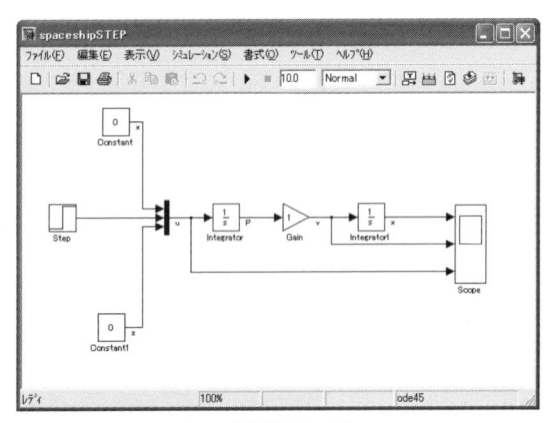

図4-16　スペース・シップ動特性のモデル

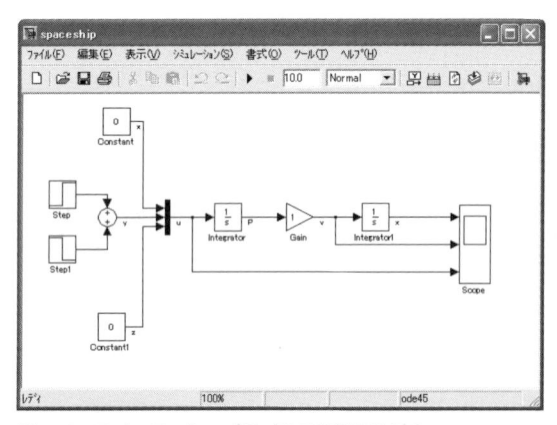

図4-18　スペース・シップのパルス応答のモデル

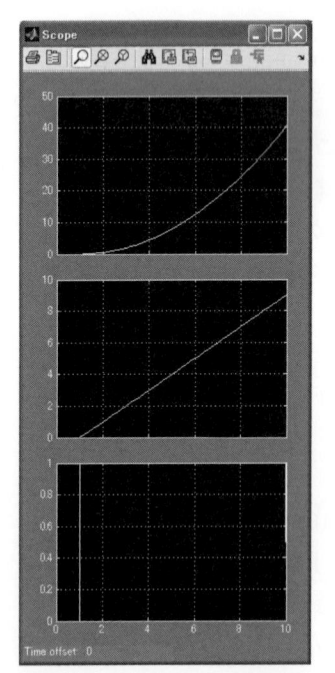

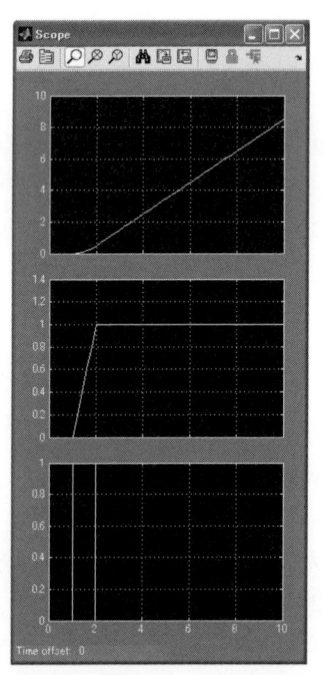

図4-17　スペース・シップのステップ応答

図4-19　スペース・シップのパルス応答

■ 4.5 データの入出力問題

　Simulinkを使うと動的な系のシミュレーションが簡単に実行できることについて，理解できたと思います．

　続いて，Simulinkのモデルの入力および出力データを外部へ拡張する方法について述べます．

　まず最初に，Simulinkのモデルの出力データをコンピュータのメモリ，すなわち，MATLABの[Workspace]に記録する方法について説明します．

　Simulinkの[Sink]ライブラリに，[To Workspace]ブロックが用意されているので，このブロックを使用します．[To Workspace]ブロックは，モデルの出力をMATLABの[Workspace]に出力するブロックです．次のような手順で作業を進めます．

　spaceshipPULSE.mdlのモデルを開きます．

　[Simulink Library Browser]の[Sink]ライブラリから，[To Workspace]ブロックをドラッグ・アンド・ドロップします．

　モデル・ウィンドウにおいて，[Scope]に出力する信号線を分岐して，[To Workspace]ブロックに接続します．

　[To Workspace]ブロックの名前は，デフォルトの[simout]とします．

　モデル・ウィンドウのメニューから，[ファイル]→[名前をつけて保存]とクリックします．

　新しいモデルを，spaceshipWSOUT.mdlとしてディレクトリm405に保存します．保存したモデルを図4-20に示します．

　このモデルは出力データを[Scope]に表示し，かつ同じデータをMATLABの[Workspace]に出力します．そのとき生成するデータの変数名は，simoutです．

　それでは，spaceshipWSOUT.mdlのシミュレーションを実行します．シミュレーションの時間は，デフォルトの10秒，サンプリング時間は0.01秒です．

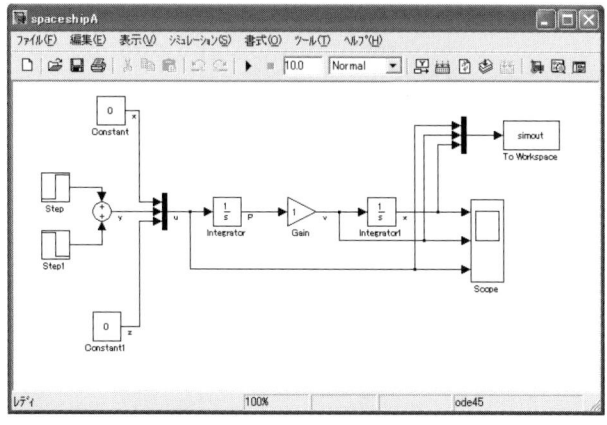

図4-20　spaceshipWSOUT.mdl

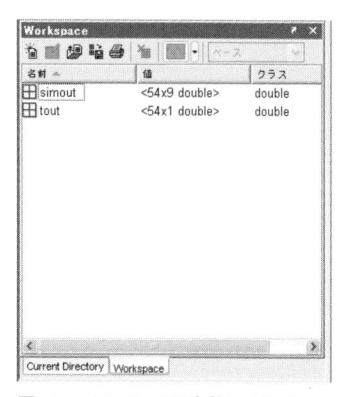

図4-21　MATLABに変数toutとsimoutが生成される

4.5　データの入出力問題　　91

出力データは0.2秒ごとにサンプリングするとしたので，10÷0.2+1=51個のデータが[Workspace]に書き込まれることになります．

シミュレーション終了後に，MATLABの[Workspace]を見ると，変数toutとsimoutが生成されています（図4-21）．

内容を見ると，toutは図4-22に示すように時間軸のデータです．

simoutは，図4-23に示すように，スペース・シップの状態変数の数値です．

データの傾向をチェックするために，MATLABのコマンドラインから，

```
>> plot(tout,simout)
```

と入力すると，図4-24が得られました．

y軸に関する制御入力u_2，速度v_2，位置x_2がプロットされていて，残りの6変数はすべてゼロなので，横軸上に重複してプロットされています．

さて，それでは生成された変数toutとsimoutの構造を調べます．

```
>> tout
tout =
         0
    0.2000
    0.4000
    0.6000
    0.8000
    1.0000
    1.0000
    1.0000
    1.2000
    1.4000
    1.6000
    1.8000
    2.0000
    2.0000
    2.2000
    2.4000
    2.6000
    2.8000
    3.0000
    3.2000
    3.4000
    3.6000
    3.8000
    4.0000
    4.2000
    4.4000
    4.6000
    4.8000
    5.0000
```

図4-22　toutの内容

```
>> simout
simout =     制御入力         速度           位置
         0      0      0      0      0      0      0      0      0
         0      0      0      0      0      0      0      0      0
         0      0      0      0      0      0      0      0      0
         0      0      0      0      0      0      0      0      0
         0      0      0      0      0      0      0      0      0
         0      0      0      0      0      0      0      0      0
         0 1.0000      0      0      0      0      0      0      0
         0 1.0000      0      0 0.0000      0      0 0.0000      0
         0 1.0000      0      0 0.2000      0      0 0.0200      0
         0 1.0000      0      0 0.4000      0      0 0.0800      0
         0 1.0000      0      0 0.6000      0      0 0.1800      0
         0 1.0000      0      0 0.8000      0      0 0.3200      0
         0 1.0000      0      0 1.0000      0      0 0.5000      0
         0      0      0      0 1.0000      0      0 0.5000      0
         0      0      0      0 1.0000      0      0 0.7000      0
         0      0      0      0 1.0000      0      0 0.9000      0
         0      0      0      0 1.0000      0      0 1.1000      0
         0      0      0      0 1.0000      0      0 1.3000      0
         0      0      0      0 1.0000      0      0 1.5000      0
         0      0      0      0 1.0000      0      0 1.7000      0
         0      0      0      0 1.0000      0      0 1.9000      0
         0      0      0      0 1.0000      0      0 2.1000      0
         0      0      0      0 1.0000      0      0 2.3000      0
         0      0      0      0 1.0000      0      0 2.5000      0
         0      0      0      0 1.0000      0      0 2.7000      0
         0      0      0      0 1.0000      0      0 2.9000      0
         0      0      0      0 1.0000      0      0 3.1000      0
         0      0      0      0 1.0000      0      0 3.3000      0
         0      0      0      0 1.0000      0      0 3.5000      0
         0      0      0      0 1.0000      0      0 3.7000      0
         0      0      0      0 1.0000      0      0 3.9000      0
         0      0      0      0 1.0000      0      0 4.1000      0
         0      0      0      0 1.0000      0      0 4.3000      0
         0      0      0      0 1.0000      0      0 4.5000      0
```

図4-23　simoutの内容

MATLABのコマンドラインから,

```
>> whos
```

と入力すると,**図4-25**となります.

toutとsimtoutともに,54行のマトリックスです.サンプル間隔は0.2秒,シミュレーションは10秒間実行したので,データ数は51のはずですが,54個のデータがサンプルされています.

図4-21を,もう一度見てください.シミュレーション開始から1秒後と2秒後のデータが重複してサンプルされています.さらにtoutのデータを詳しく調べます.MATLABのコマンドラインから,

```
>> format long
```

と入力します.このコマンドによって,MATLABのウィンドウに表示されるデータの桁数が16桁のフル表示になります.

そして,コマンドラインから,

```
>> tout
```

と入力します.**図4-26**のデータが表示されます.

問題になっているデータを見ると,制御入力u_2がステップ変化した時刻$t=1$の前後では,

0.99999999999999

1.00000000000000

1.00000000000002

というdoubleの精度ぎりぎりの点で,データがサンプルされていることがわかります.

私がSimulinkに与えたサンプル・レートは0.2秒,シミュレーションの時間は10秒です.したがって,

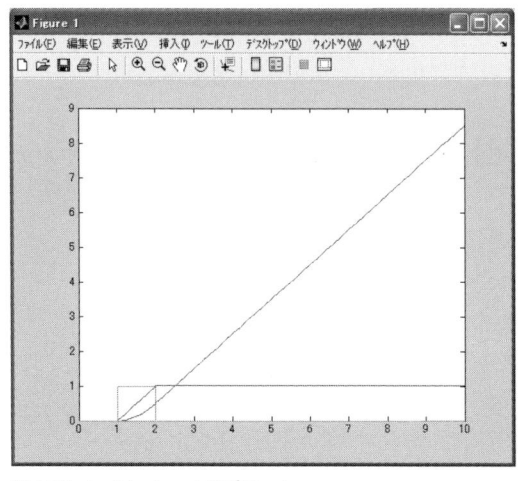

図4-24 toutとsimoutのプロット

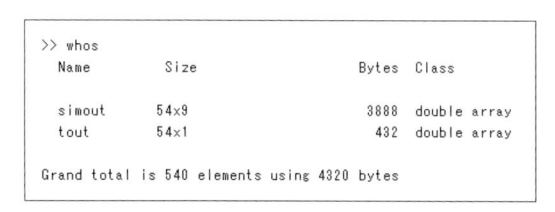

図4-25 toutとsimoutの構造

4.5 データの入出力問題

```
>> tout

tout =

                    0
    0.200000000000000
    0.400000000000000
    0.600000000000000
    0.800000000000000
    0.999999999999999
    1.000000000000000
    1.000000000000002
    1.200000000000002
    1.400000000000002
    1.600000000000002
    1.800000000000002
    1.999999999999999
    2.000000000000002
```

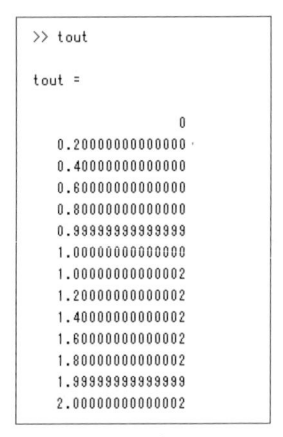

図4-26　toutのデータ

```
Command Window
0.8400        0        0        0
0.8500        0        0        0
0.8600        0        0        0
0.8700        0        0        0
0.8800        0        0        0
0.8900        0        0        0
0.9000        0        0        0
0.9100        0        0        0
0.9200        0        0        0
0.9300        0        0        0
0.9400        0        0        0
0.9500        0        0        0
0.9600        0        0        0
0.9700        0        0        0
0.9800        0        0        0
0.9900        0        0        0
1.0000        0   1.0000        0
1.0100        0   1.0000        0
1.0200        0   1.0000        0
1.0300        0   1.0000        0
1.0400        0   1.0000        0
1.0500        0   1.0000        0
1.0600        0   1.0000        0
1.0700        0   1.0000        0
1.0800        0   1.0000        0
1.0900        0   1.0000        0
1.1000        0   1.0000        0
1.1100        0   1.0000        0
1.1200        0   1.0000        0
1.1300        0   1.0000        0
1.1400        0   1.0000        0
1.1500        0   1.0000        0
```

図4-27　シミュレーションの制御入力として使用するデータ

51個のデータがサンプルされれば，それでよいのですが，Simulinkはステップ変化の前後において，データを余分にサンプルしています．

　実はこのようにしないと，Simulinkの外挿機能が働いて，例えばグラフにしたときにステップ変化が縦の線から斜めの線に変化してしまいます．Simulinkが，ステップ変化を忠実に実現するために，懸命に努力しているというようすがくみ取れます．

　今度は，制御入力のデータをMATLABの［Workspace］内に用意し，このデータをSimulinkのモデルに入力してシミュレーションを行います．

　シミュレーションを始める前に，制御データを準備します．データのプリントの桁数を元に戻すために，コマンドラインから，

```
>> format short
```

と入力します．これでプリントの桁数は元の6桁に戻りました．
　そこで，コマンドラインから，

```
>> data
```

と入力すると，**図4-27**に示したデータがプリントされます．

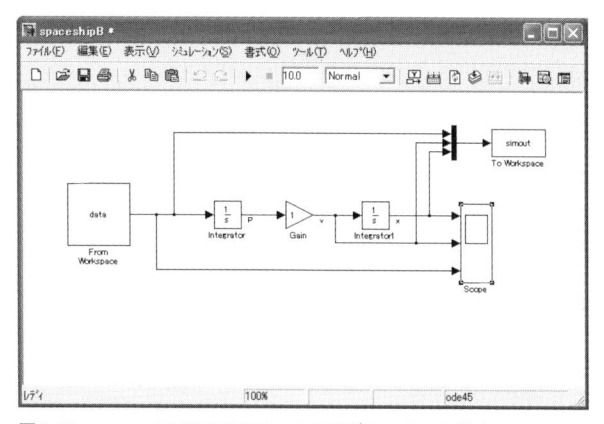

図4-28 spaceshipWSINOUT.mdlのモデル・ウィンドウ

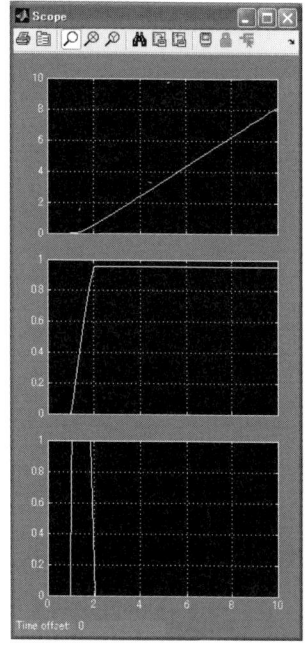

図4-29 シミュレーションを実行したときのScope上の観測波形

　このデータは，私が作成したデータです．サンプル間隔0.01秒で，10秒間シミュレーションを行うために1001個の人工的なデータを作りました．

　spaceshipWSOUT.mdlにおいて，入力信号を作っていた[Step]，および[Step1]ブロックを削除して，[Source]ライブラリから，[From Workspace]ブロックをドラッグ・アンド・ドロップします．

　モデルの名前は，spaceshipWSINOUT.mdl，格納ディレクトリはm406とします．モデル・ウィンドウを図4-28に示しました．

　[From Workspace]ブロックの名前は，[data]としました．この名前は，MATLABの[Workspace]内に格納したデータの変数名に一致させる必要があります．

　それではシミュレーションを実行します．[Scope]の波形は，図4-29となりました．前の結果と同じです．

　[Workspace]内に生成されたデータをプロットします．時間データはtout，状態変数はsimoutです．

　プロットの結果を図4-30に示しました．期待した結果が得られていることがわかります．

　モデル・ウィンドウのデータを[Current Directory]のファイルに入出力する操作（PCのディスクへの書き込み，またはディスクからの読み出し）は，同様のパターンで実行できます．出力の場合は，[To Workspace]ブロックを[To File]ブロックで置き換えます．とても簡単です．

　組み込み系のプログラマの立場から言うと，MATLABのファイルに読み書きできるだけでは不十分

4.5　データの入出力問題

であり，外部の機器とデータを通信する方法を知りたい，ということになるのですが，現在の段階ではまだ準備不足です．

この話は，この後のテーマとして残しておくことにします．

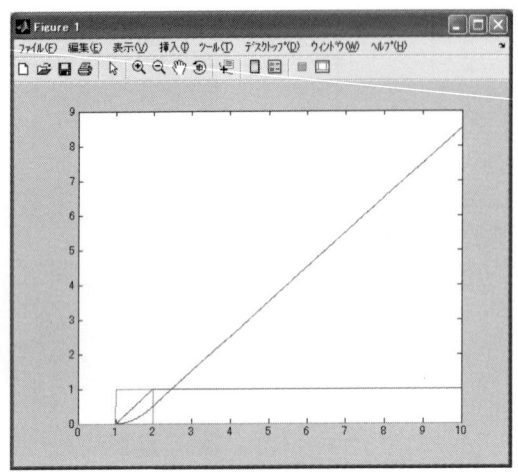

図4-30　観測波形のプロット

$t=0$ のデータを得るためには

データを収集したときに $t=0$ のデータも含めて得るためには，次のような操作が必要です．

［シミュレーション］→［コンフィギュレーション・パラメータ］→［データのインポート/エクスポート］→［データ点の制限］で，このチェック・マークを外します（図-A）．

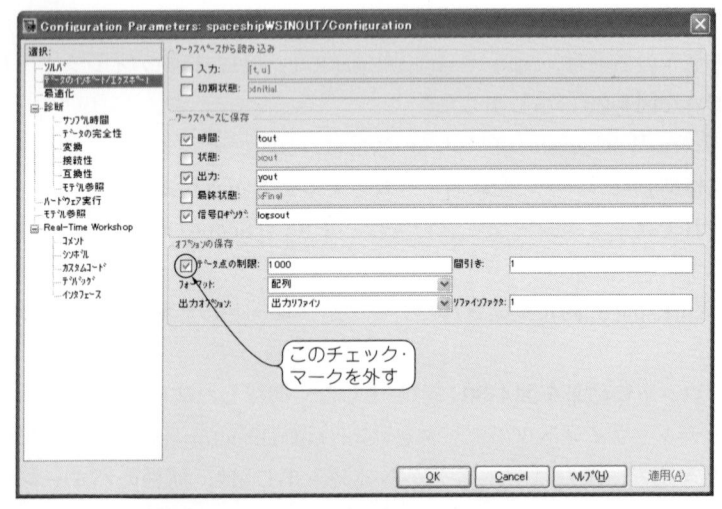

図-A　データ点の制限のチェック・マークを外す

4.6 時間最適制御の解

スペース・シップのモデルを製作したので，これを制御するプログラムを作ってシミュレーションを行い，スペース・シップの状態をグラフ表示します．

最初に，時間最適制御（time optimum control）問題の解を組み込みます．時間最適制御問題とは，簡単に言うと「目標の状態に最短時間で到達せよ」ということです．

ここでは，スペース・シップは，時刻 $t=0$ では原点に静止していたとして，(0, 1, 0)の地点へ行き，そこで停止するとします．スペース・シップの最大推力は1，逆推力は-1です．宇宙空間で逆推力を持たないと，スペース・シップは停止することができません．

時間最適制御問題の解は，すでに数学的に求められているので，その結果を使用します．

スペース・シップは，まず，最大推力 $u=1$ で $y=0.5$ の地点まで行き，そこで推力を切り替えて $u=-1$ として，最大ブレーキをかけて $y=1$ の地点で静止します．これをバン・バン制御（bang-bang control）といいます．

それではSimulinkを使って，スペース・シップのバン・バン制御のモデルを構築してみます．モデル名はbangbang.mdl，格納ディレクトリはm407です．製作したモデルを図4-31に示しました．

三つの［Step］ブロックを使って，図4-32に示した推力を作りました．スペース・シップの動特性の構造は，前節で述べた構造と同様で変化はありません．

シミュレーションを実行すると，図4-33となります．スペース・シップは前進して，停止しました．

時間最適制御の解はまことに明快ですが，現実に実施することは困難です．この事実を示すために，スペース・シップの推力にノイズを乗せてみます．実際，スペース・シップの推力は化学反応を含み，微妙に変化しています．推力が微妙に変化するスペース・シップの動特性をシミュレーションするモデルを図4-34に示しました．

モデル名はbangbangN.mdl，格納ディレクトリはm408です．

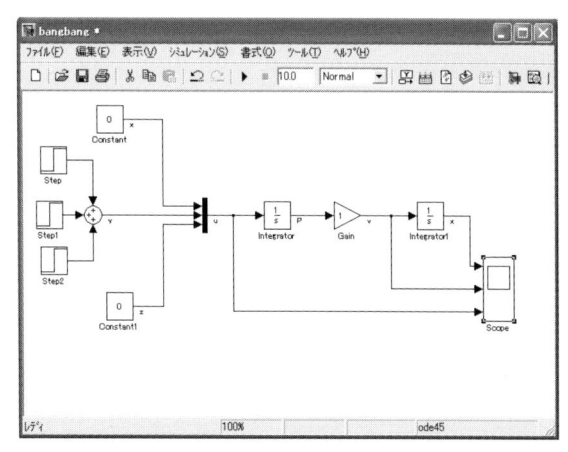

図4-31 時間最適制御モデル

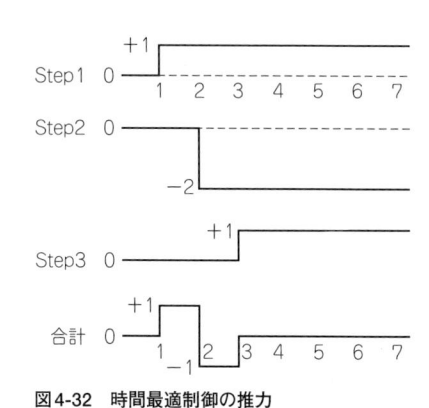

図4-32 時間最適制御の推力

今回は，[Sources]ライブラリから[Uniform Random Number]ブロック，[Math Operations]ライブラリから[Product]ブロックを引き出して使用しました．[Uniform Random Number]ブロックは，スペース・シップの推力に対して，[-0.1 0.1]の一様乱数を加算するように設定しました．[Product]ブロックは，スペース・シップの推力がゼロの場合に，ノイズをゼロにするために使用しました．

それでは，シミュレーションを実行します．結果は，図4-35になりました．

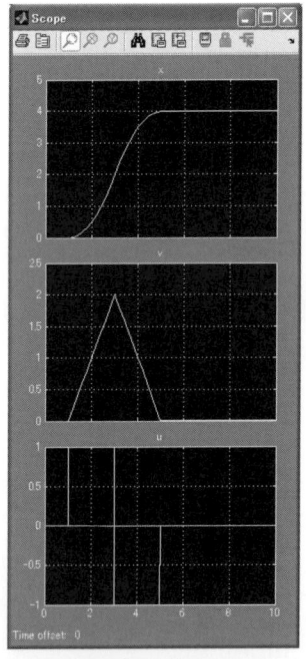

図4-33 時間最適制御のシミュレーション結果

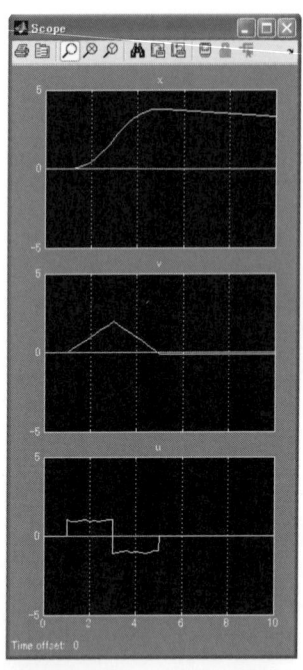

図4-35 推力にノイズをもつ場合のモデルのシミュレーション結果

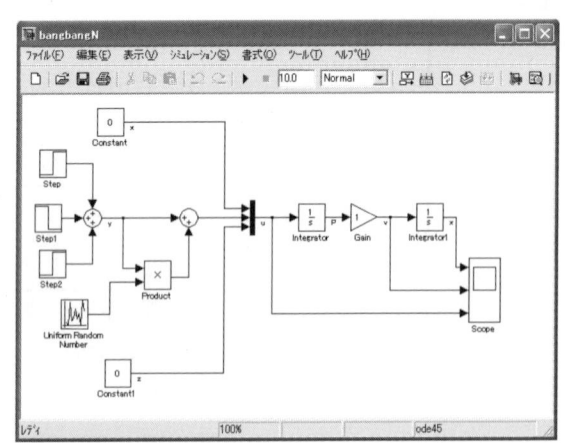

図4-34 推力にノイズをもつ場合のモデル

98　第4章　ブロック線図によるシミュレーション

画面から，確かに，推力にノイズが乗っていることがわかります．ノイズの影響によって，スペース・シップの最終速度はゼロにならないので，スペース・シップの位置は変化を続けます．このまま手をこまぬいていると，スペース・シップは宇宙空間を永遠にさまようことになります．ちょうどオペラの「さまよえるオランダ人」のように，永遠に航海を続ける運命になります．

■ 4.7　PID制御

最大加速度で出発して，最強のブレーキをかけて停止すれば，それが最短時間で目的地点に到達する制御になるということは，バン・バン制御の理論の帰結であり，その妥当性は否定することはできません．

しかし，現実と理論は一致しません．現実の状況では，いろいろな意味で，いろいろな場所に対して，モデル化できなかった誤差が入り込んできます．

例えば，スペース・シップの推力は流体の流れと燃焼化学反応によって起こりますが，これが一定値を取るとは考えられません．当然，揺らぎ(変動)があります．

また，推力を発生すると燃料が消費されて，スペース・シップの重量が減るので，力学モデルの係数が時間変化するなど，多くのランダム要因を考えることができます．

とはいえ，時間最適制御の理論がまったく役に立たないものなのかというと，必ずしもそうではありません．私たちが自動車を運転していて交差点で停止する場合，適当な距離まではある程度のスピードで接近し，交差点に近づいたらブレーキを踏んで，目標位置で停止する制御を行います．

ほとんどの行程を時間最適制御で運転し，目的の状態に接近したとき，そこで制御方式を切り替えて，目標の状態に到達するようにします．この場合，二つの制御方式を切り替えて使います．後者の制御方式を，通常，フィードバック制御(feedback control)といいます．

それでは，スペース・シップのモデルを使ってフィードバック制御のシミュレーションを行います．スペース・シップの位置(position)をフィードバックして制御を行うモデルを図4-36に示しました．これをP制御(position feedback control)といいます．

モデル名はfeedbackP.mdl，格納ディレクトリはm409です．シミュレーションでは，目標状態を(0, 0, 0)から(0, 1, 0)にステップ変化します．スペース・シップの位置をフィードバックして，目標の状態と比較して，これにゲインをかけて推力を作ります．

スペース・シップは，図4-37に示すように，メイン・エンジンと別の小型の逆噴射エンジンを搭載していて，微妙な調整が可能とします．

ゲインを1としたときのシミュレーション結果を図4-38に示します．

スペース・シップは，あたかも酔っ払い運転のように，目標位置を挟んで揺れ動いて，停止しません．正常なドライバが自動車を運転して交差点手前で停止する場合，意識しているかどうかは別として，自動車の速度を計算に入れてブレーキを踏みます．自動車の速度が大きければ，それだけ強くブレーキを踏みます．そうしないと，オーバランする可能性が大きいからです．

図4-36 位置をフィードバックするモデル

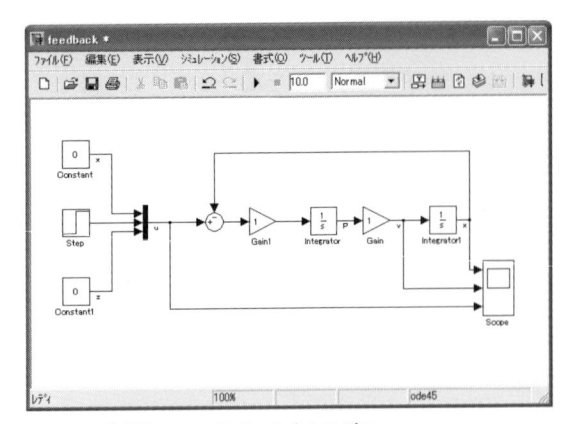

図4-37 微調整可能な推力

図4-39 飲酒はドライバの予測機能を低下させる

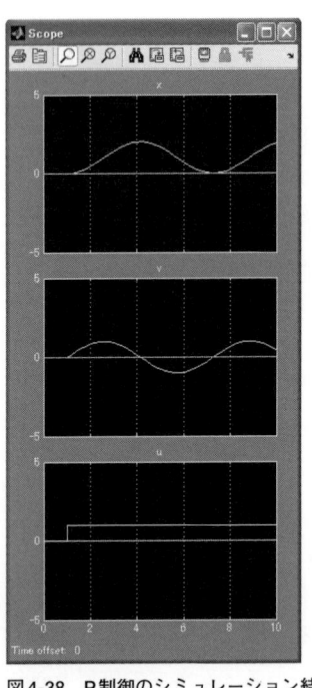

図4-38 P制御のシミュレーション結果

　位置のフィードバック制御のモデルには，この速度に関する因子が考慮されていません．このため，酔っ払い運転のような結果が得られました．逆に言うと，酔っ払った状態になると，速度の制御が外れた状態になるとも言えるかもしれません（図4-39）．速度を検知するということは，数学的にいうと，先を予測することになります．飲酒は，人の予測機能を著しく低下させるのでしょう．

　モデルを補正して，位置と速度の両者を考慮した制御を行います．これを**PDフィードバック制御**（positional and derivative feedback control）といいます．PD制御のモデルを図4-40に示します．

　速度を検出して，それにゲインをかけてフィードバックします．モデル名は`feedbackPD.mdl`，格納ディレクトリはm410です．シミュレーションを実行すると，結果は図4-41となりました．

　画面を見ると，スペース・シップは，一度は目標位置を通り過ぎますが，そこで訂正動作が入って，次のステップではほぼ目標状態に到着します．

100　　第4章　ブロック線図によるシミュレーション

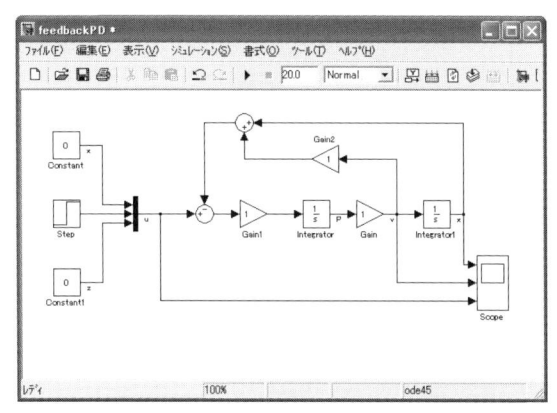

図4-40　PD制御のモデル

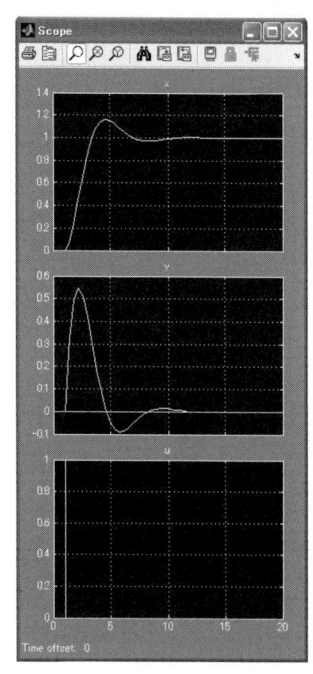

図4-41　PD制御のシミュレーション結果

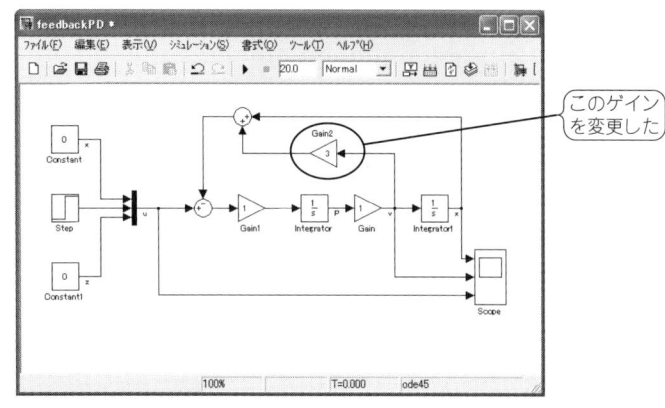

図4-42　Dのゲインを変更したモデル

　目標位置を通り過ぎる動作をオーバシュート(over shoot)といいます．速度フィードバックのゲインを，1→3と変化させます．このモデルを図4-42に示します．シミュレーションの結果を図4-43に示します．

　このようにDのゲインを上げると，オーバシュートなしの状態になることがわかります．

　最後に，積分値のフィードバックのシミュレーションを行います．仮に，スペース・シップの位置検出にジャイロ・スコープを使用していたとして，アンプ部に温度によるドリフトが発生したとします．このドリフトの影響で位置の検出に誤差が発生します．実際にモデルを構築すると，図4-44となります．

　モデル名はfeedbackDrift.mdl，格納ディレクトリはm411です．スペース・シップの位置検出において，y軸に対して，0.05のドリフトを挿入しました．このシミュレーション結果を図4-45に示します．

　偏差をキャンセルするために，フィードバック路に対して，積分要素を挿入します．これで位置のフィードバック，速度のフィードバック，位置を積分した量のフィードバックの3者を総合したフィー

4.7　PID制御　　101

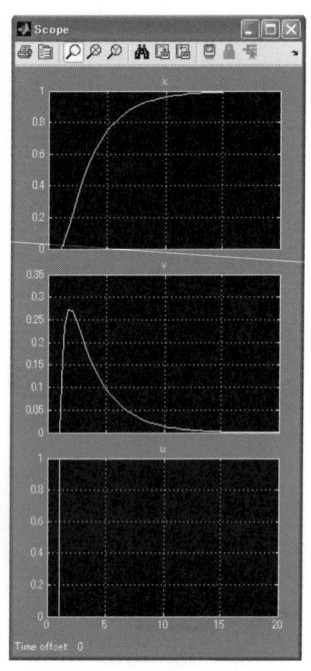

図4-43 Dのゲインを3としたシミュレーション結果

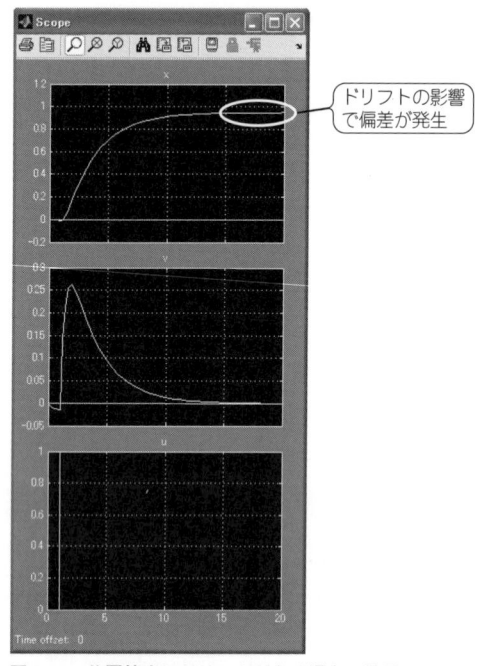

図4-45 位置検出にドリフトがある場合の結果

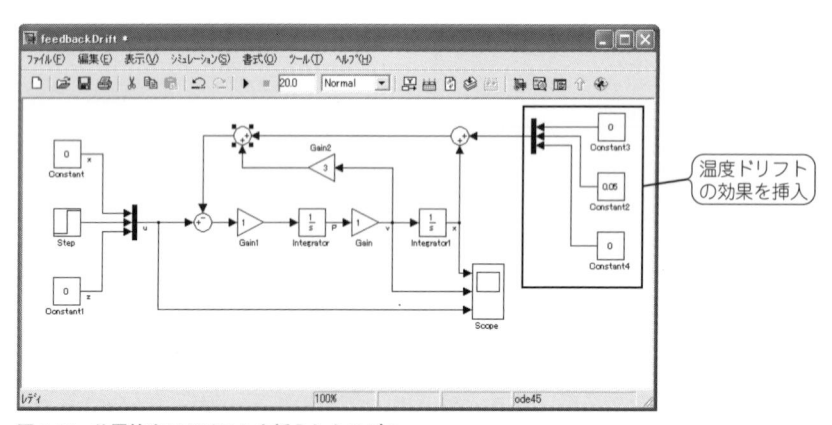

図4-44 位置検出にドリフトを挿入したモデル

ドバック制御ができました．これをPID制御（proportional integral and derivative control）といいます．PID制御のモデルを図4-46に示します．

　モデル名はfeedbackPID.mdl，格納ディレクトリはm412です．画面に示したように，偏差を積分してフィードバックします．このシミュレーションの結果を図4-47に示します．

　スペース・シップは，目標値に対して接近していることがわかります．

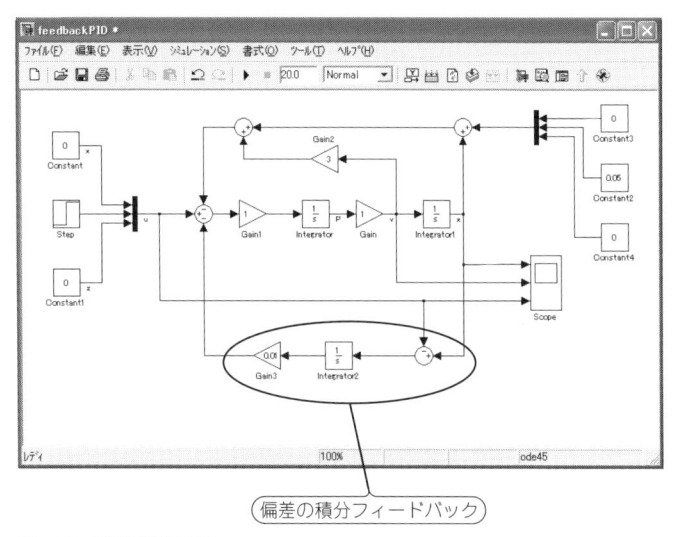

図4-46　PID制御モデル

（偏差の積分フィードバック）

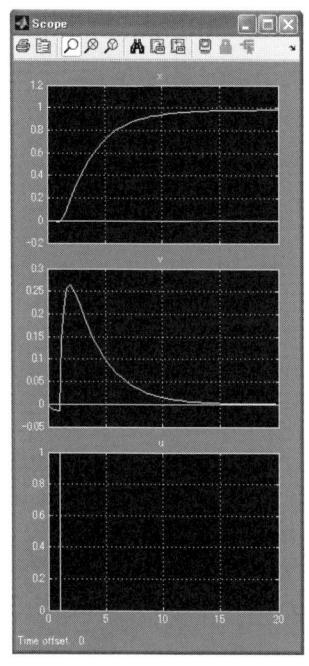

図4-47　PID制御モデルのシミュレーション結果

■ 4.8　制御理論からの考察

　ここまでは，シミュレーションを行う方法に関して述べてきました．今度は立場を変えて，制御理論の立場から解析を行います．初等制御理論に詳しい人は，本節をスキップしても構いません．

　まず，対象にしたスペース・シップの動特性は，

$$m\frac{d^2y}{dt^2} = u \quad \cdots\cdots(4.10)$$

です．

　ここで，yは，スペース・シップのy座標とし，1次元問題として取り扱います．比例制御の場合，コントロールは，

$$u = k(y_0 - y) \quad \cdots\cdots(4.11)$$

となります．

　ここで，y_0は目標位置，kはゲインです．(4.10)式を(4.11)式に代入すると，

$$m\frac{d^2y}{dt^2} = k(y_0 - y)$$

となりますが，これを整理すると，

$$\frac{d^2y}{dt^2}+k_P y = k_P y_0 \qquad (4.12)$$

となります．

ここで，

$$k_P = \frac{k}{m} \qquad (4.13)$$

と置きました．(4.12)式は線形の常微分方程式なので，初期値ゼロという条件のもとで，ラプラス変換をすると，

$$s^2 Y(s) + k_P Y(s) = k_P Y_0(s) \qquad (4.14)$$

となります．

ここで，$Y(s)$ は $y(t)$ のラプラス変換，$Y_0(s)$ は $y_0(t)$ のラプラス変換です．(4.14)式を整理すると，

$$\frac{Y(s)}{Y_0(s)} = \frac{k_P}{s^2 + k_P} \qquad (4.15)$$

となります．(4.15)式の左辺は，制御対象の出力のラプラス変換を入力のラプラス変換で割ったものです．(4.15)式を，制御対象の伝達関数(transfer function)といいます．

前節のシミュレーションにおいて，スペース・シップに対してステップ入力を与えました．この解を計算します．ステップ入力のラプラス変換は，

$$Y_0(s) = \frac{1}{s} \qquad (4.16)$$

となります．(4.16)式を(4.15)式に代入して整理すると，

$$Y(s) = \frac{k_P}{s^2 + k_P}\frac{1}{s} \qquad (4.17)$$

となります．

逆ラプラス変換するために，(4.17)式を部分分数に展開すると，

$$Y(s) = \frac{1}{s} - \frac{1}{2}\left(\frac{1}{s - i\sqrt{k_P}} + \frac{1}{s - i\sqrt{k_P}}\right) \qquad (4.18)$$

となります．

ここで，i は虚数単位 $\sqrt{-1}$ です．(4.18)式を逆ラプラス変換すると，

$$y(t) = 1 - \frac{1}{2}(e^{i\sqrt{k_P}t} + e^{-i\sqrt{k_P}t})$$

となります．

ここで，オイラー(Euler)の定理を適用すると，

$$y(t) = 1 - \cos\omega t \qquad (4.19)$$

となります．すなわち，

$$\omega = \sqrt{k_P} \qquad (4.20)$$

となります.

図4-38に示したように,スペース・シップの位置は角速度ωで変動する三角関数になりました.

PD制御に関して,同様の計算をします.制御を考慮した動特性方程式は,

$$m\frac{d^2y}{dt^2} = k\{(y_0 - y) + k_D\frac{d(y_0 - y)}{dt}\} \quad \cdots (4.21)$$

となります.

ここで,k_Dは速度フィードバックのゲインです.(4.13)式の記号を使って(4.21)式を整理すると,

$$\frac{d^2y}{dt^2} + k_P k_D \frac{dy}{dt} + k_P y = k_P k_D \frac{dy_0}{dt} + k_P y_0 \quad \cdots (4.22)$$

となります.(4.22)式を初期条件ゼロの仮定のもとにラプラス変換すると,

$$Y(s)(s^2 + k_P k_D s + k_P) = (k_P k_D s + k_P)Y_0(s) \quad \cdots (4.23)$$

となります.(4.23)式を整理すると,PD制御の伝達関数は,

$$\frac{Y(s)}{Y_0(s)} = \frac{k_P k_D s + k_P}{s^2 + k_P k_D s + k_P} \quad \cdots (4.24)$$

となります.

PD制御のステップ応答を計算します.(4.16)式と同様に,

$$Y_0(s) = \frac{1}{s}$$

と置いて,(4.24)式に代入すると,

$$Y(s) = \frac{k_P k_D s + k_P}{s^2 + k_P k_D s + k_P} \frac{1}{s} \quad \cdots (4.25)$$

となります.

いま,(4.25)式の分母に着目して,

$$s^2 + k_P k_D s + k_P = 0 \quad \cdots (4.26)$$

と置き,この根をα,βと置くと,

$$\alpha, \beta = \frac{-k_P k_D \pm \sqrt{(k_P k_D)^2 - 4k_P}}{2} \quad \cdots (4.27)$$

となります.とくに,根と係数の関係は,

$$\alpha + \beta = -k_P k_D \quad \cdots (4.28)$$
$$\alpha\beta = k_P \quad \cdots (4.29)$$

となります.

逆ラプラス変換を行うために,(4.24)式を部分分数に展開すると,

$$Y(s) = \frac{1}{s} - \frac{\alpha}{\alpha - \beta}\frac{1}{s - \alpha} + \frac{\beta}{\alpha - \beta}\frac{1}{s - \beta} \quad \cdots (4.30)$$

となります.(4.30)式の逆ラプラス変換を行うと,

$$y(t) = 1 - \frac{\alpha}{\alpha - \beta} e^{\alpha t} + \frac{\beta}{\alpha - \beta} e^{\beta t} \quad \cdots \cdots (4.31)$$

となります.

ここで，判別式が負ならば，すなわち，

$$(k_P k_D)^2 - 4k_P < 0 \quad \cdots \cdots (4.32)$$

のとき α, β は共に複素数となるので，$y(t)$ は振動的な解になります.

判別式が，

$$(k_P k_D)^2 - 4k_P \geq 0 \quad \cdots \cdots (4.33)$$

ならば，$y(t)$ は目標値に漸近的に接近することになります.

オーバシュートを避けるのであれば，微分フィードバックの係数を強くするということになります．電車が駅で停車するときに，目標位置を通り越すとバックすることになるので，手前でブレーキを強くかけて電車のスピードを十分に落とし，目標位置で正しく停車するようにするのと同じ原理です.

最後に，PID制御について考察します．制御を考慮した動特性方程式は，

$$m \frac{d^2 y}{dt^2} = k \{ (y_0 - y) + k_D \frac{d(y_0 - y)}{dt} + k_I \int (y_0 - y) dt \} \quad \cdots \cdots (4.34)$$

となります．(4.13)式の記号を使って整理すると,

$$\frac{d^2 y}{dt^2} + k_P k_D \frac{dy}{dt} + k_P y + k_P k_I \int y \, dt = k_P k_D \frac{dy_0}{dt} + k_P y_0 + k_P k_I \int y_0 \, dt \quad \cdots \cdots (4.35)$$

となります.

初期条件ゼロの仮定のもとにラプラス変換すると，

$$Y(s)(s^2 + k_P k_D s + k_P + k_P k_I \frac{1}{s}) = (k_P k_D s + k_P + k_P k_I \frac{1}{s}) Y_0(s) \quad \cdots \cdots (4.36)$$

となります．これを整理すると伝達関数は，

$$\frac{Y(s)}{Y_0(s)} = \frac{k_P k_D s^2 + k_P s + k_P k_I}{s^3 + k_P k_D s^2 + k_P s + k_P k_I} \quad \cdots \cdots (4.37)$$

となります.

次に，ステップ応答を計算します.

$$Y_0(s) = \frac{1}{s}$$

と置くと，

$$Y(s) = \frac{k_P k_D s^2 + k_P s + k_P k_I}{s^3 + k_P k_D s^2 + k_P s + k_P k_I} \frac{1}{s} \quad \cdots \cdots (4.38)$$

となります.

いま，

$$s^3 + k_P k_D s^2 + k_P s + k_P k_I = 0 \quad \cdots \cdots (4.39)$$

の根を α, β, γ と置くと，

$$s^3 + k_P k_D s^2 + k_P s + k_P k_I = (s-\alpha)(s-\beta)(s-\gamma) \quad \cdots\cdots (4.40)$$

となります．

逆ラプラス変換を行うために，部分分数に展開すると，

$$Y(s) = \frac{1}{s} + \frac{A}{s-\alpha} + \frac{B}{s-\beta} + \frac{C}{s-\gamma} \quad \cdots\cdots (4.41)$$

となります．

ここで，A，B，C は定数です．これを逆ラプラス変換すると，

$$y(t) = 1 + Ae^{\alpha t} + Be^{\beta t} + Ce^{\gamma t} \quad \cdots\cdots (4.42)$$

となります．

ここで，3次方程式の根に関する定理により，三つの根 α, β, γ の中の一つの根は，必ず実根になります．

いま，仮に，γ は実数とします．そこで，

$$\frac{s^3 + k_P k_D s^2 + k_P s + k_P k_I}{s-\gamma} = s^2 + as + b \quad \cdots\cdots (4.43)$$

という割り算を行うと，結果は2次式になり，

$$s^2 + as + b = (s-\alpha)(s-\beta) \quad \cdots\cdots (4.44)$$

ということになります．

これでPD制御の場合に帰着できました．

判別式が負ならば，α, β は共に複素数となるので，$y(t)$ は振動的な解になります．

判別式が正ならば，$y(t)$ は目標値に漸近的に接近することになります．

問題は，フィードバック制御におけるゲイン係数，

k_P, k_D, k_I

をどのような値に決めればよいかということです．これは，「制御系の設計問題」と呼ばれています．この解は，数学的な立場だけから決めることはできません．制御対象に対してどのようなふるまいを要求するかによって，係数 k_P, k_D, k_I の値は異なります．

例えば，オーバシュートしてもよいから早く目標の状態に到着することを望む場合と，オーバシュートは許されない場合とでは，設計方式は異なります．

フィードバックのゲインは，現実からの要求を満足するように決める必要があります．このために，シミュレーションを行って，フィードバックのゲインの値を調整する作業が必要になります．

4.8 制御理論からの考察

第5章　Simulinkにおける剛体運動のモデリング

■ 5.1　はじめに

　ブロック線図から組み込みプログラムを自動的に生成するにあたって，カスタム・ブロックのプログラミング技術を習得することは重要です．

　本章では，第4章で行ったスペース・シップの並進運動に関するモデルを剛体モデルへ拡張します．スペース・シップの剛体モデルをシミュレーションするにあたって，Simulinkに用意されているブロックに加えて，この問題固有のカスタム・ブロックが必要になります．このカスタム・ブロックを使ってスペース・シップのモデルを構築して，シミュレーションを行います．

■ 5.2　宇宙船の剛体モデル

　4.4節において，スペース・シップを質点(particle)と考えて，スペース・シップの並進運動に関する運動方程式を導きました．

　本節では，スペース・シップを剛体(rigid body)と考えて，運動方程式を導きます．スペース・シップを剛体として考えるということは，その並進運動と回転運動を同時に考えるということです．

　ニュートンの運動の法則によると，剛体の運動は，重心まわりの並進運動と回転運動に分離して処理してよいことになります．両者の間に相互作用は存在しません．ニュートンの運動の法則にしたがえば，4.4節で導いた運動方程式の(4.7)式，および(4.8)式は修正する必要ありません．このままの形で成立します．

　この両式に対して，新たに剛体の回転運動を記述する運動方程式を導入します．並進と回転の運動方程式は，互いに影響をおよぼしません．

　回転運動の方程式を導入するにあたって，スペース・シップの姿勢をどのように表現するかが一つの問題点になります．ここでは最初に，剛体の姿勢を代表する変数として回転マトリックスを採用し，この場合の運動方程式を導き，次に，回転マトリックスをクオタニオン(quaternion)によって置き換えた場合の動特性方程式を導きます．なにしろ，力学の世界は400年の歴史をもつ由緒ある研究分野です．これまでの研究成果は山と積まれています．

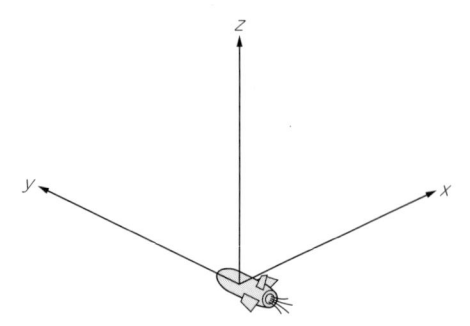

図5-1　モデルを記述するローカル座標系 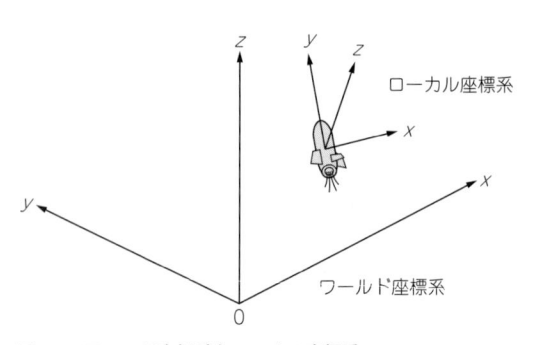　　図5-2　ワールド座標系とローカル座標系

しかし，本書において，初等力学の入門からスタートするわけにはいきません．読者は，力学の素養を十分に持っていると仮定します．もしこの分野の最近の状況を知りたいのであれば，参考文献(3)，(4)，(5)，(6)などを参考にしてください．

ここでは，3Dグラフィックスなどに適用されている最新の理論について解説し，Simulinkのブロック線図を用いてモデルを構築し，シミュレーションを行います．

制御対象のシステム（ここではスペース・シップ）は，通常，それ自身の座標系において記述します．この座標系をローカル座標系(local coordinate system)といいます（**図5-1**）．

このシステムに対して，何らかの力(force)を作用させます．これらの力を外力(external force)といいます．

外力の働きによって，制御対象は運動を始めます．この運動を記述する座標系をワールド座標系(world coordinate system)，あるいはグローバル座標系(global coordinate system)と呼びます（**図5-2**）．

ワールド座標系（またはグローバル座標系）に対して，ローカル座標系がどのような姿勢と位置にあるかを記述すれば，制御対象の現在の状態は確定します．

いま，制御対象上の点のローカル座標系における座標を p_0，同じ点のワールド座標系における座標を $p(t)$ とします．ローカル座標系は，ワールド座標系の原点において，回転 $R(t)$ を行い，その後に平行移動 $x(t)$ を行ったとすると，

$$p(t) = R(t)p_0 + x(t) \quad \cdots\cdots (5.1)$$

の関係が成立します．(5.1)式の記号の意味は，

　p_0　　制御対象のローカル座標系上における位置を表すベクトル
　$R(t)$　時刻 t における制御対象の姿勢を表す回転マトリックス
　$x(t)$　時刻 t における平行移動ベクトル
　$p(t)$　時刻 t における制御対象のワールド座標系上におけるベクトル

となります．

(5.1)式を目にするのが初めてだという人は，参考文献(5)，(6)を参照してください．(5.1)式における $x(t)$ は，ローカル座標系の原点のワールド座標系における位置ベクトルと考えることができます．

$x(t)$ に関する微分方程式は，すでに導きました．

図5-3　回転運動の速度ベクトル

剛体の姿勢，すなわち，$R(t)$ の微分方程式に関して考えます．$R(t)$ に関する微分方程式は，

$$\frac{dR(t)}{dt} = \omega \times R(t) \quad \cdots\cdots (5.2)$$

となります．

ここで，右辺の演算子はベクトル積の演算子です．導出の過程は，参考文献(5)，(6)を参照してください．

$R(t)$ は，ローカル座標系の座標軸を構成する3本のベクトルが，時刻 t において，ワールド座標系でどのような姿勢をとるかを示します．実際に，$R(t)$ の列（カラム）は，この3本のベクトルを並べたものです．

(5.2)式の根拠は，幾何学的な事実に基づいています．すなわち，回転運動において，速度ベクトルは，回転の角速度ベクトル $\omega(t)$ と位置ベクトルの直交する方向へ向くということです．位置ベクトルを姿勢のマトリックス $R(t)$ によって置き換えると，(5.2)式になります．

いま，ひもに小石を結び付けて，そのひもをぐるぐると回転させたと仮定します（図5-3）．この状態で手を離すと，小石は円周方向に飛んで行きます．この現象を力学的に表現すると(5.2)式になります．

さて，(5.2)式によって角速度と回転角の関係が得られました．もう一つ必要な式は，力と角速度の関係です．

剛体の回転運動は，基本的にいえば力によって起こりますが，回転運動を引き起こす力はトルク(torque)です．剛体に力が作用してもトルクがゼロならば，並進運動は起こりますが回転運動は起こりません．剛体にトルクが作用すると，剛体は回転運動を始めます．

回転する剛体の運動量を角運動量(angular momentum)といいます．

角運動量と回転角速度の関係は，

$$L(t) = I(t)\omega(t) \quad \cdots\cdots (5.3)$$

となります．(5.3)式において，

$L(t)$　角運動量ベクトル

$I(t)$　慣性テンソル

$\omega(t)$　角速度ベクトル

です．慣性テンソル $I(t)$ は，対象の姿勢が変わるとそれにつれて変化します．しかし，心配することはありません．ローカル座標における慣性テンソル I_{local} をあらかじめ計算しておくと，それから $I(t)$ を計算することができます（対象の形状は固定と考えた場合，対象の形状が変化する場合は以下の議論は適用できない）．計算式は，

$$I(t) = R(t) I_{local} R^T(t) \quad\quad\quad\quad (5.4)$$

となります．実際に必要な値は角速度 $\omega(t)$ なので，(5.3)式を変形して，

$$\omega(t) = I^{-1}(t) L(t) \quad\quad\quad\quad (5.5)$$

となります．(5.4)式の両辺の逆行列を計算すると，

$$I^{-1}(t) = R(t) I_{local}^{-1} R^T(t) \quad\quad\quad\quad (5.6)$$

となります．ここで，$R(t)$ は正規直交行列なので逆行列は転置行列となる，という定理を適用しました．

最後に，トルクと角運動量の関係は，

$$\frac{dL(t)}{dt} = \tau(t) \quad\quad\quad\quad (5.7)$$

となります．これで，スペース・シップの回転運動を定める微分方程式が得られました．

■ 5.3　問題の整理

前節で導いた運動方程式を Simulink のブロックを使ってモデル化し，そのブロック線図に基づいてシミュレーションを行います．

取り扱う問題が複雑になってきたので，まず最初に，ここで考える問題を整理します．

スペース・シップの重心は，ローカル座標系の原点にあるとします．

ここしばらくの間，スペース・シップの重心に作用する並進力はゼロ，トルクだけが作用すると仮定します(図5-4)．

並進力が作用しないので，剛体の重心は常にワールド座標の原点にあって動きません．すなわち，

　　$x(t) = (0,0,0)$，　$v(t) = (0,0,0)$

となります．

本節において，並進に関する運動方程式は考えません．

スペース・シップのローカル座標系における慣性テンソル I_{local} を計算する必要があります．現実の問題を取り扱う場合は，スペース・シップの形状や重量分布などのデータを用いて，I_{local} を計算します．

ここではモデル構築の過程を示すことが目的なので，例えば，

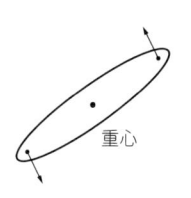

図5-4　トルクだけが作用する力

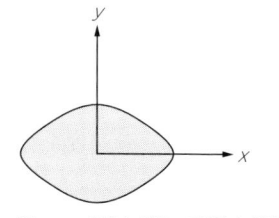

図5-5　各軸に関して対称な形状

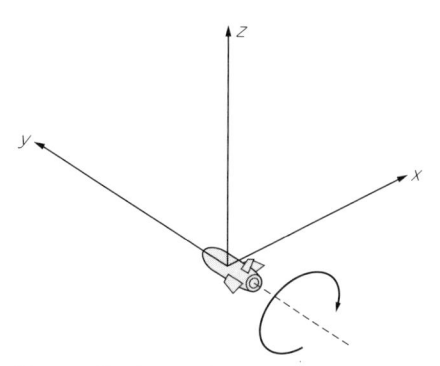

図5-6　y軸まわりの回転

$$I_{local} = \begin{vmatrix} 1 & 0 & 0 \\ 0 & 2 & 0 \\ 0 & 0 & 3 \end{vmatrix} \quad \cdots\cdots\cdots(5.8)$$

とします．(5.8)式において，右辺のマトリックスの主対角要素だけに数値を入れたので，対象は，**図5-5**に示すように，球や楕円体のように，座標軸に関して対称な形状になる必要があります．

現実のスペース・シップは，当然この条件を満足していませんが，とりあえず(5.8)式が成立するとします．

トルクの初期値は，

$$\tau = (0,0,0) \quad \cdots\cdots\cdots(5.9)$$

として，シミュレーションを開始し，時刻$t=1$秒において，

$$\tau = (0,1,0) \quad \cdots\cdots\cdots(5.10)$$

とステップ変化すると仮定します．

y軸に関するトルクを与えたので，スペース・シップは**図5-6**に示すように，y軸まわりの回転を行います．

スペース・シップの状態は，

回転マトリックス　　$R(t)$
角運動量ベクトル　　$L(t)$

によって表示します．

状態の変化を記述する微分方程式は，(5.2)式，(5.7)式です．再記すると，

$$\frac{dR(t)}{dt} = \omega \times R(t) \quad \cdots\cdots\cdots(5.2)$$

$$\frac{dL(t)}{dt} = \tau(t) \quad \cdots\cdots\cdots(5.7)$$

となります．

これまでも述べたように，Simulinkのモデルを作る際には，積分形式のほうが扱いやすいので，(5.2)

5.3　問題の整理

式，(5.7)式の両辺を積分して，

$$R(t) = \int \omega \times R(t) dt \quad \cdots\cdots\cdots\cdots\cdots\cdots\cdots\cdots\cdots\cdots\cdots\cdots\cdots\cdots\cdots\cdots\cdots\cdots\cdots\cdots\cdots\cdots\cdots (5.11)$$

$$L(t) = \int \tau(t) dt \quad \cdots\cdots\cdots\cdots\cdots\cdots\cdots\cdots\cdots\cdots\cdots\cdots\cdots\cdots\cdots\cdots\cdots\cdots\cdots\cdots\cdots\cdots\cdots\cdots (5.12)$$

と変形します．(5.11)式に角速度$\omega(t)$が含まれているので，角速度を算出する必要があります．この計算式は，(5.5)式，(5.6)式です．再記すると，

$$\omega(t) = I^{-1}(t) L(t) \quad \cdots\cdots\cdots\cdots\cdots\cdots\cdots\cdots\cdots\cdots\cdots\cdots\cdots\cdots\cdots\cdots\cdots\cdots\cdots\cdots\cdots\cdots (5.5)$$

$$I^{-1}(t) = R(t) I_{local}^{-1} R^T(t) \quad \cdots\cdots\cdots\cdots\cdots\cdots\cdots\cdots\cdots\cdots\cdots\cdots\cdots\cdots\cdots\cdots\cdots\cdots (5.6)$$

となります．

スペース・シップの初期状態は，原点に静止していたとして，

$$R(0) = \begin{vmatrix} 1 & 0 & 0 \\ 0 & 1 & 0 \\ 0 & 0 & 1 \end{vmatrix} \quad \cdots\cdots\cdots\cdots\cdots\cdots\cdots\cdots\cdots\cdots\cdots\cdots\cdots\cdots\cdots\cdots\cdots\cdots\cdots\cdots (5.13)$$

$$L(0) = \begin{vmatrix} 0 \\ 0 \\ 0 \end{vmatrix} \quad \cdots\cdots\cdots\cdots\cdots\cdots\cdots\cdots\cdots\cdots\cdots\cdots\cdots\cdots\cdots\cdots\cdots\cdots\cdots\cdots\cdots\cdots\cdots\cdots (5.14)$$

とします．これで，Simulinkのモデルを製作するための準備は完了しました．

■ 5.4　剛体モデルの構築

それでは，剛体の回転運動に関する動的モデルを製作する過程に入ります．

今回のモデルは少し複雑なので，最初にシンプルなブロックを作り，それに必要なブロックを追加していく方法でモデルを構築していきます．

最初に，(5.2)式の右辺の演算を行うブロックを製作します．(5.2)式の右辺は，

$$\omega \times R(t) \quad \cdots\cdots\cdots\cdots\cdots\cdots\cdots\cdots\cdots\cdots\cdots\cdots\cdots\cdots\cdots\cdots\cdots\cdots\cdots\cdots\cdots\cdots\cdots\cdots\cdots\cdots (5.15)$$

です．

この式の計算は，角速度ωと$R(t)$を構成する3本のベクトル(すなわちローカル座標系の座標軸)とのベクトル積の計算です．数学の教科書にはいろいろな方法が書かれていますが，ここでは角速度ベクトル，

$$\omega = (\omega_1, \omega_2, \omega_3)$$

を，

$$\begin{vmatrix} 0 & -\omega_3 & \omega_2 \\ \omega_3 & 0 & -\omega_1 \\ -\omega_2 & \omega_1 & 0 \end{vmatrix} \quad \cdots\cdots\cdots\cdots\cdots\cdots\cdots\cdots\cdots\cdots\cdots\cdots\cdots\cdots\cdots\cdots\cdots\cdots (5.16)$$

と，マトリックス展開する方法を採用します．検算すると，確かに，

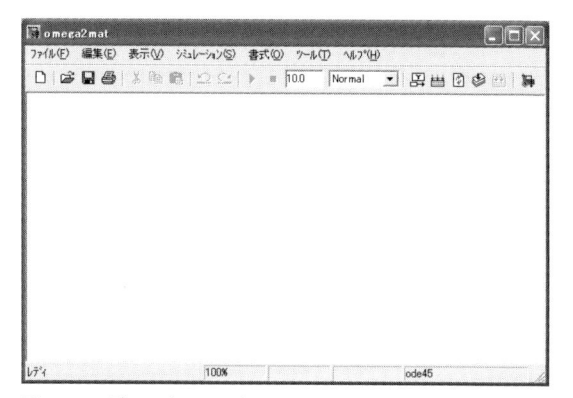

図5-7 モデル・ウィンドウ

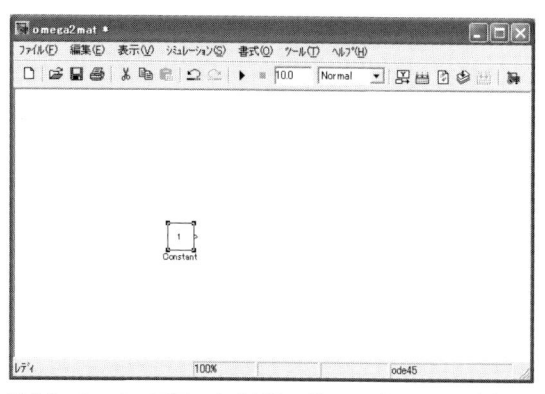

図5-8 Constantブロックをドラッグ・アンド・ドロップする

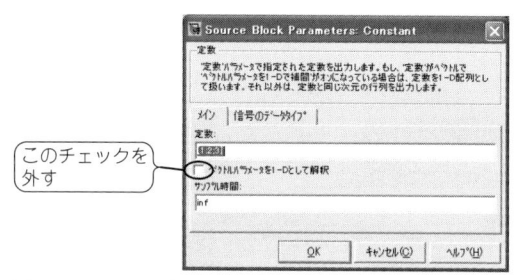

図5-9 Constantブロックのダイアログ

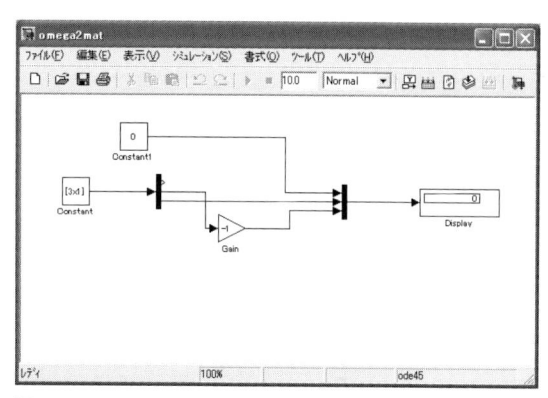

このチェックを外す

図5-10 マトリックスの1行目

$$\begin{Vmatrix} 0 & -\omega_3 & \omega_2 \\ \omega_3 & 0 & -\omega_1 \\ -\omega_2 & \omega_1 & 0 \end{Vmatrix} \begin{Vmatrix} a_1 \\ a_2 \\ a_3 \end{Vmatrix} = (\omega_2 a_3 - \omega_3 a_2, \omega_3 a_1 - \omega_1 a_3, \omega_1 a_2 - \omega_2 a_1)$$

となるので,(5.16)式のマトリックスを使うことによって,ベクトル積が計算できることがわかります.

それでは,Simulinkを使ってモデルを構築します.[Simulink Library Browser]を立ち上げて,新規のモデル・ウィンドウを生成して,名前をomega2mat.mdlとします(図5-7).モデルを格納するディレクトリはm501です.

[Commonly Used blocks]ライブラリから[Constant]ブロックをドラッグ・アンド・ドロップします(図5-8).

[Constant]ブロックをダブル・クリックすると,図5-9に示したダイアログが開くので,[ベクトル・パラメータを1-Dとして解釈]のチェック・マークを外して(デフォルトでは,ここにチェック・マークがついている),[定数]のテキスト・ボックスに[1;2;3]と書き込みます.

これで,この[Constant]ブロックから,[1;2;3]という3行1列のベクトルが出力されることになり

5.4 剛体モデルの構築

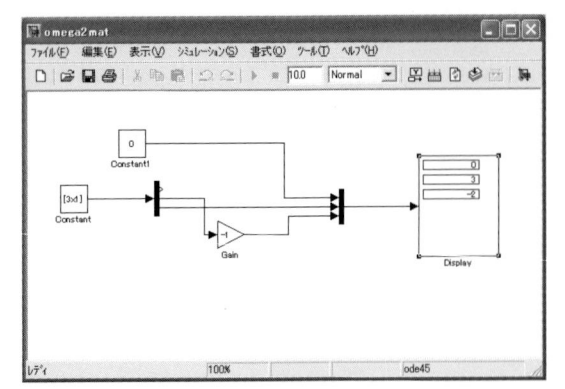

図5-11 シミュレーションの実行結果（マトリックスの第1列が得られた）

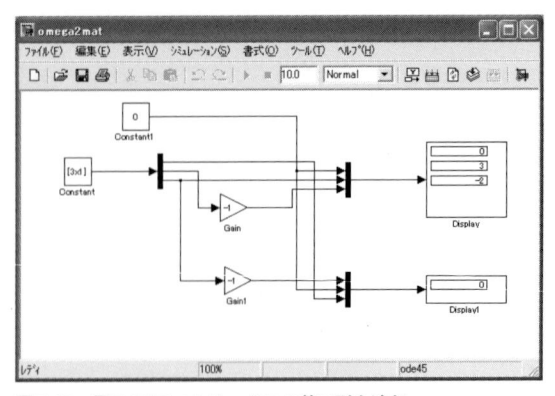

図5-12 図5-11にマトリックスの第2列を追加

ます．

続いて，図5-10に示すように，ブロックを組みます．

ここでは，入力ベクトルを[Demux]ブロックによって，

$$\begin{vmatrix} \omega_1 \\ \omega_2 \\ \omega_3 \end{vmatrix}$$

という要素に分解して，これらを適当に結線することによって，(5.16)式のマトリックスの第1コラムを作ります．

チェックのために，シミュレーションを実行します．図5-11に示したように，確かに，マトリックスの第1列が得られました．

同様に，(5.16)式の第2列を追加すると，図5-12となります．

チェックのために，シミュレーションを実行します．図5-13に示したように，確かに，マトリックスの第1列，第2列が得られました．

続けて，(5.16)式の第3列を追加すると，図5-14となります．

チェックのために，シミュレーションを実行します．図5-15に示したように，確かに，マトリックスが得られました．

最後に，3本のコラムをまとめてωのマトリックスを作ります．[Math Operations]ライブラリから[Matrix Concatenation]ブロックをドラッグ・アンド・ドロップして，マトリックスを合成します（図5-16）．

チェックのために，シミュレーションを実行します．図5-17に示したように，確かに目的のマトリックスが得られました．

角速度ωを(5.16)式のマトリックスに展開するブロック線図ができたので，このブロックをサブシステム化します．図5-16において，ωをマトリックスに展開する部分を選択します．モデル・ウィンドウのメニューから，[編集]→[サブシステム化]とクリックします．すると，選択したブロック線図が

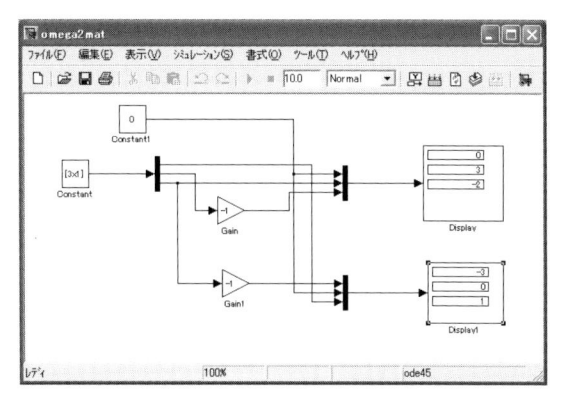

図5-13　図5-12のシミュレーションの実行結果

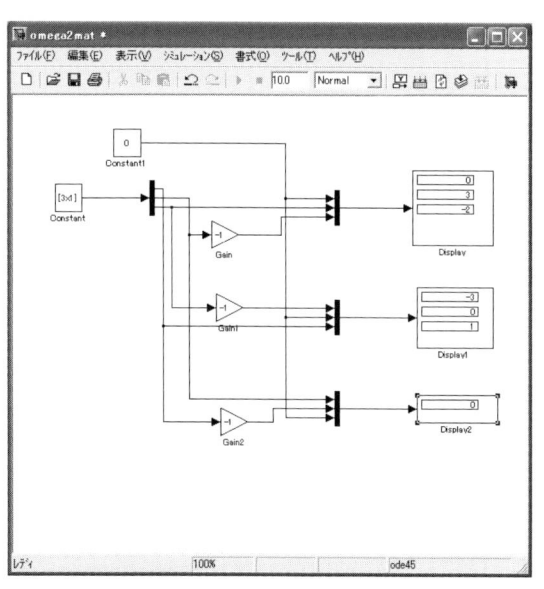

図5-14　図5-13にマトリックスの第3列を追加

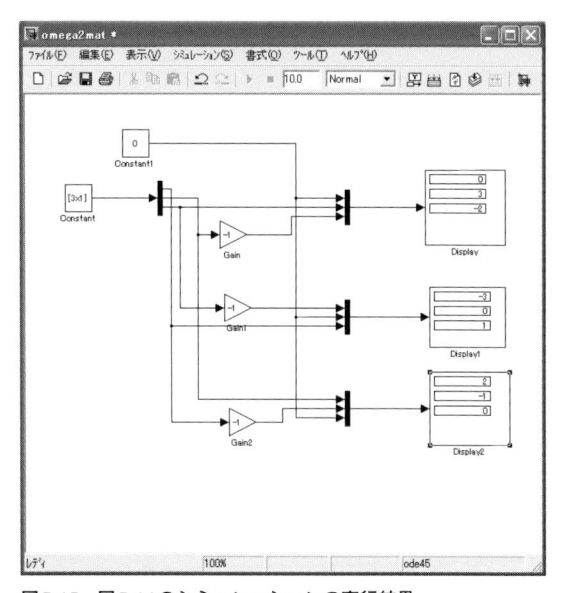

図5-15　図5-14のシミュレーションの実行結果

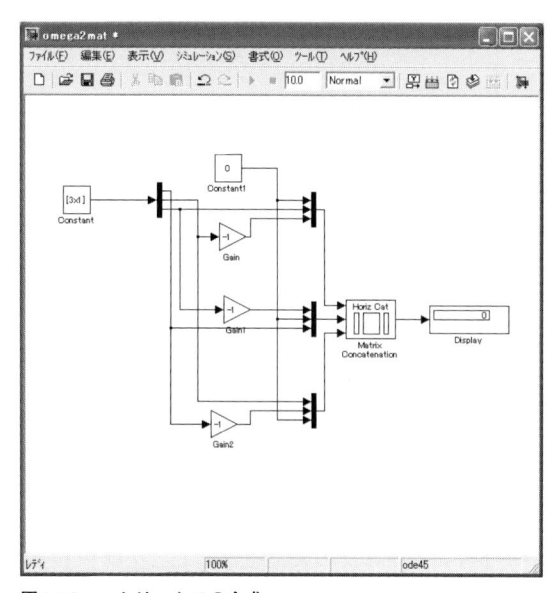

図5-16　マトリックスの合成

サブシステム化されて一つのブロックになります(**図5-18**)．

　ここで，サブシステムの名前をomega2matとし，ディレクトリm502に格納します．念のために，シミュレーションを実行します．[Display]の値は変わりません．これでOKです．

　サブシステムのブロックをダブル・クリックすると，元のブロック線図(**図5-17**)が表示されます．

5.4　剛体モデルの構築　　117

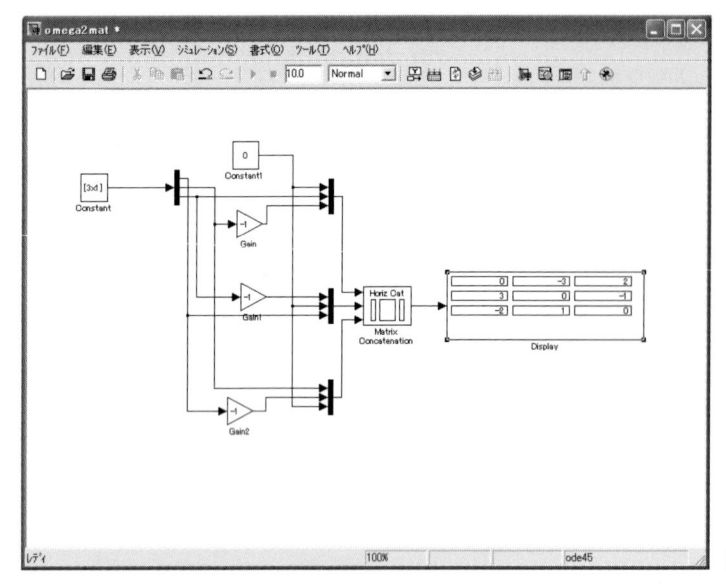

図5-17　マトリックスへの展開

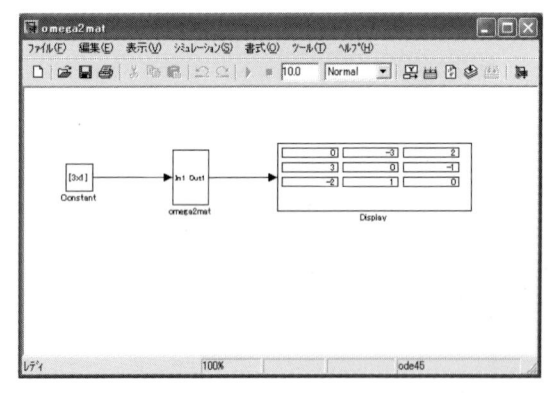

図5-18　図5-16のブロックをサブシステム化して一つのブロックにした

サブシステムができたので，本体のブロック線図を作ります．作成したモデルを**図5-19**に示します．モデル名はrigidBodyA.mdlです．ディレクトリm503に格納します．

ここで**図5-19**におけるブロックの配置について説明します．

一番左に，トルクの入力を生成するブロックを置きます．ここでは，y軸の回転トルクに対してステップ入力を与えます．スペース・シップは，y軸を回転軸として回転します（**図5-6**）．

図5-19の中央下部に，(5.6)式を計算するブロックを配置しました．(5.6)式を再記します．

$$I^{-1}(t) = R(t)I_{local}^{-1}R^T(t) \quad \cdots\cdots\cdots\cdots\cdots\cdots\cdots\cdots\cdots\cdots\cdots\cdots\cdots\cdots\cdots\cdots\cdots\cdots\cdots\cdots\cdots (5.6)$$

この出力 $I^{-1}(t)$ を角運動量 $L(t)$ に左からかけると，角速度 $\omega(t)$ が得られます．

角運動量 $L(t)$ よりは，角速度 $\omega(t)$ のほうが直感的に把握しやすいので，**図5-19**では角速度 $\omega(t)$ の値を表示します．

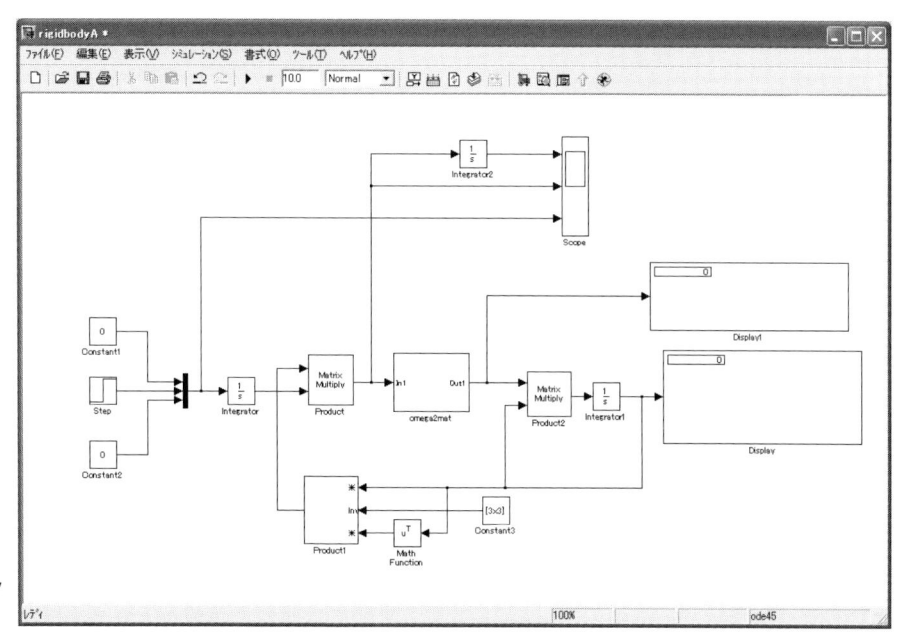

図5-19 スペース・シップの剛体モデル

　ベクトル$\omega(t)$をサブシステムに入力して(5.16)式のマトリックスに展開します．これに$R(t)$をかけて積分すると，$R(t)$が計算できます．ブロック線図の細部は，皆さんで検討してみてください．

　このように出力変数がフィードバックのループを通って，そのブロックの入力に入る構造は要注意です．この問題については，次章で詳しく解説します．

　それでは，シミュレーションを実行します．[Scope]で観測した結果を図5-20に示します．

　図5-20の最下段のグラフは，トルク入力を示します．あたりまえのことですが，ステップ変化しています．

　中央のグラフは，角速度$\omega(t)$です．$\omega(t)$はベクトルですが，x軸とz軸に関する値は常時0なので，y軸に関する値が表示されます．角速度は直線的に増加します．

　最上段のグラフは，角速度を積分したので，回転角にあたる量ですが，当然，放物線状に増加します．これもあたりまえのことですが，回転の動特性は，直線運動の動特性と同じ傾向を示します．

　角速度$\omega(t)$をマトリックスに展開した結果（最終状態における数値）を図5-21に示します．

　図5-21に示したマトリックスの1行3列と3行1列に，確かに，ω_2の値がセットされています．それ以外の要素は，全部ゼロです．

　回転マトリックス$R(t)$の最終値を図5-22に示します．

　スペース・シップはy軸に関して回転しているので，回転マトリックス$R(t)$は，

$$\begin{vmatrix} * & 0 & * \\ 0 & 1 & 0 \\ * & 0 & * \end{vmatrix}$$

5.4　剛体モデルの構築　　119

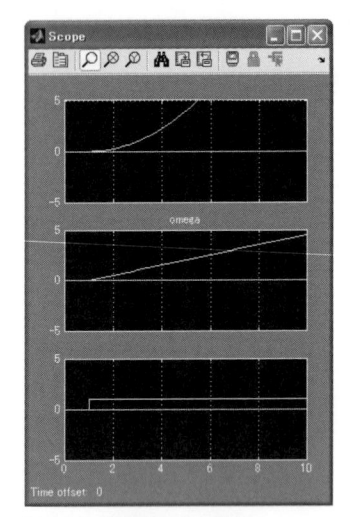

図5-20　角速度 $\omega(t)$ の変化

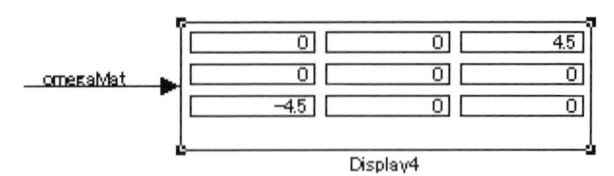

図5-21　角速度 $\omega(t)$ の最終値

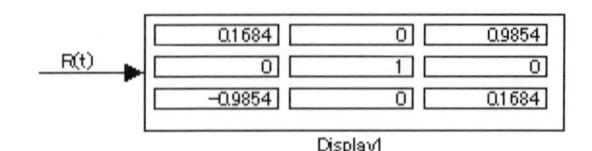

図5-22　マトリックス $R(t)$ の最終値

という形式になっています．これでOKです．＊印には適当な数値が入ります．

また，$R(t)$ は正規直交行列でなければいけません．これをチェックします．x軸とz軸が直交することは，

$$0.1684 \times 0.9854 - 0.9854 \times 0.1684 = 0$$

によって確認できます．x軸あるいはz軸のノルムを計算すると，

$$\sqrt{0.9854^2 + 0.1684^2} = 0.9994$$

となって，1になりません．$R(t)$ の正規性が破綻して，正規直交行列になりません．明らかに，$R(t)$ にシミュレーションの計算誤差が入り込んでいます．

計算誤差の推移を見るために，シミュレーションの時間を，10，20，……100秒と変えて，シミュレーションを実行しました．そのときの単位ベクトルのノルムの変化を図5-23に示しました．

計算時間が長くなるにしたがって，誤差は増加する傾向を示しています．

3Dグラフィックスの世界でいえば，対象のオブジェクト（ここでは，スペース・シップ）の形状は，時間が進むにしたがって，歪み変形することになります．

剛体の姿勢に関する自由度は3です．これに対して，回転マトリックス $R(t)$ は 3×3＝9個の変数を持ちます．マトリックスの正規直交の条件は，6個の制約を課します．すなわち，9−6＝3なので，収支は合いますが，実際に計算すると計算誤差が入り込んできて，$R(t)$ は正規直交行列から離脱していきます．

この問題を回避するために，通常，回転マトリックス $R(t)$ の代わりに，クオタニオンを使います．次節において，クオタニオンを採用した場合のシミュレーション・モデルを導きます．

あとで比較のために使用するので，rigidbodyA.mdl のスペース・シップの部分をサブシステム化します．サブシステム化したモデルを図5-24に示します．整理されて，とても簡単なモデルになり

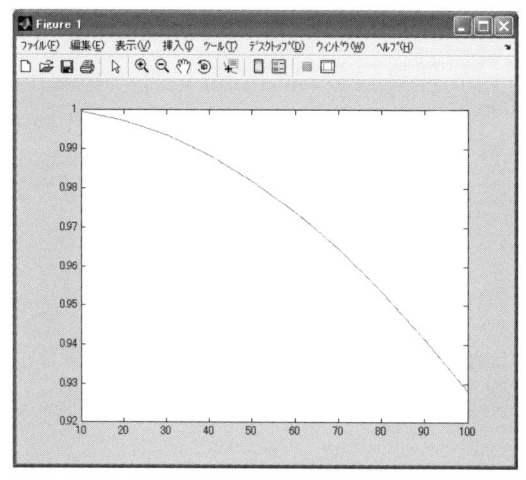

図5-23 シミュレーション時間と誤差

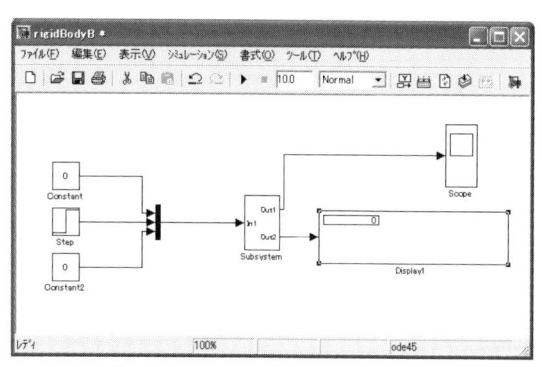

図5-24 サブシステム化したモデル

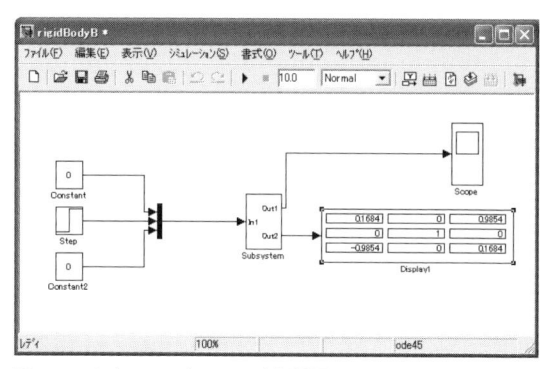

図5-25 シミュレーションの実行結果

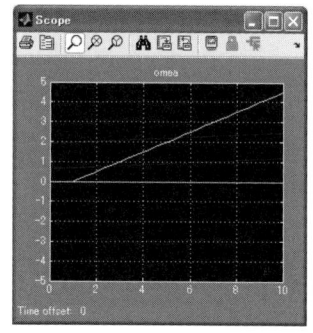

図5-26 Scopeのグラフ

ました．

モデルの名前はrigidBodyB.mdlとし，ディレクトリm504に格納しました．入力は，トルク$\tau(t)$，出力は，角速度$\omega(t)$とマトリックス$R(t)$です．チェックのためにシミュレーションを実行すると，図5-25のようになります．[Scope]は，図5-26となります．

以上で，サブシステム化は正常に行われました．

■ 5.5 クオタニオンによるモデル

クオタニオンが初めてという読者は，参考文献(3)の3.10節を勉強してから，本節に入ってください．読者はクオタニオンに関する基礎的な知識を持っていることとして話を進めます．

前節と同様に，剛体の重心まわりの角速度ベクトルを$\omega(t)$とし，回転角θをとします．対象の姿勢を

表すクオタニオン $q(t)$ は，

$$q(t) = (\cos\frac{\theta}{2}, \sin\frac{\theta}{2}\frac{\omega}{|\omega|}) \quad\cdots\cdots(5.17)$$

となります．
　ここで，$\frac{\omega}{|\omega|}$ は，角速度ベクトルのノルムを1とした単位ベクトルです．もし，$\omega(t)$ が単位ベクトルならば，(5.17)式は，

$$q(t) = (\cos\frac{\theta}{2}, \sin\frac{\theta}{2}\omega) \quad\cdots\cdots(5.17')$$

となります．厳密に言うと，クオタニオンはベクトルではないので，(5.17)式の表現は正確ではありませんが，Simulinkはクオタニオンの表現を持たないので，ここではSimulinkのモデルと一致させるために，クオタニオンを4元のベクトルとして表します．
　いま，時刻 t' を基準にして，そこから微小時間経過した時刻 t を考えます．すなわち，

$$t = t' + \Delta t$$

ということです．クオタニオンにおいて二つの回転を連続して行うと，それらのクオタニオンの積になるので，

$$q(t) = q(t - t')q(t') \quad\cdots\cdots(5.18)$$

となります．
　t' を固定して，(5.18)式の両辺を時刻 t に関して微分すると，

$$\dot{q}(t) = \dot{q}(t - t')q(t') \quad\cdots\cdots(5.19)$$

となります．(5.19)式の右辺第1項を計算するために，(5.17)式を時刻 t に関して微分すると，

$$\dot{q}(t) = (-\frac{1}{2}\sin\frac{\theta}{2}\dot{\theta}, \frac{1}{2}\cos\frac{\theta}{2}\dot{\theta}\frac{\omega}{|\omega|}) \quad\cdots\cdots(5.20)$$

となりますが，ここで，

$$\dot{\theta} = |\omega|$$

と置くと，(5.20)式は，

$$\dot{q}(t) = (-\frac{1}{2}\sin\frac{\theta}{2}|\omega|, \frac{1}{2}\cos\frac{\theta}{2}\omega) \quad\cdots\cdots(5.21)$$

となります．ここで，

$$\theta = t - t'$$

と置くと，(5.21)式は，

$$\dot{q}(t) = (-\frac{1}{2}\sin\frac{t-t'}{2}|\omega|, \frac{1}{2}\cos\frac{t-t'}{2}\omega)$$

となりますが，ここで，

$$t' \to t$$

とすると，

$$\dot{q}(t-t') = (0, \frac{\omega}{2}) \quad \cdots\cdots\cdots\cdots\cdots\cdots\cdots\cdots\cdots\cdots\cdots\cdots\cdots\cdots\cdots\cdots\cdots\cdots\cdots\cdots\cdots (5.22)$$

となります．(5.22)式を(5.19)式に代入すると，

$$\dot{q}(t) = (0, \frac{1}{2}\omega) q(t) \quad \cdots\cdots\cdots\cdots\cdots\cdots\cdots\cdots\cdots\cdots\cdots\cdots\cdots\cdots\cdots\cdots\cdots\cdots (5.23)$$

となります．この(5.23)式は通常，

$$\dot{q}(t) = \frac{1}{2}\omega\, q(t) \quad \cdots\cdots\cdots\cdots\cdots\cdots\cdots\cdots\cdots\cdots\cdots\cdots\cdots\cdots\cdots\cdots\cdots\cdots\cdots\cdots (5.24)$$

と書きます．(5.24)式の右辺の演算は，**クオタニオンの積の演算である**という点に注意してください．ωは，ベクトルをクオタニオン化したものと考えます．

以上をまとめると，回転マトリックスを使う場合は，

$$\frac{dR(t)}{dt} = \omega \times R(t) \quad \cdots\cdots\cdots\cdots\cdots\cdots\cdots\cdots\cdots\cdots\cdots\cdots\cdots\cdots\cdots\cdots\cdots\cdots\cdots (5.2)$$

を使いましたが，クオタニオンを使う場合は，

$$\frac{dq(t)}{dt} = \frac{1}{2}\omega\, q(t) \quad \cdots\cdots\cdots\cdots\cdots\cdots\cdots\cdots\cdots\cdots\cdots\cdots\cdots\cdots\cdots\cdots\cdots\cdots (5.25)$$

を使えばよい，ということになります．

(5.2)式の右辺はベクトル積の演算です．これに対して，(5.25)式の右辺はクオタニオンの積の演算です．両式において，演算の内容は異なりますが，形式は良く似ているので覚えやすいという特徴があります．

剛体の運動方程式のもう一つの式は，角運動量に関する式ですが，この式をクオタニオン化するのは，ちょっとやっかいです．

通常，「クオタニオン」→「回転マトリックス」と変換して，マトリックスを使って計算を行います．そうすると，計算式は前節と同じです．

クオタニオン $q = (c, x, y, z)$ を回転マトリックス R に変更する式は，

$$R = \begin{vmatrix} 1-2y^2-2z^2 & 2xy-2cz & 2xz+2cy \\ 2xy+2cz & 1-2x^2-2z^2 & 2yz-2cx \\ 2xz-2cy & 2yz+2cx & 1-2x^2-2y^2 \end{vmatrix} \quad \cdots\cdots\cdots\cdots\cdots (5.26)$$

となります．

それでは，Simulinkのモデルを作成します．最初に，必要なサブシステムを作ります．

(5.25)式の右辺を計算するために，二つのクオタニオンの積を計算します．二つのクオタニオンを，

$q_1 = (w_1, u_1)$

$q_2 = (w_2, u_2)$

と置いたときに，これらの積は，

$$q_1 q_2 = (w_1 w_2 - u_1 \cdot u_2,\ w_1 u_2 + w_2 u_1 + u_1 \times u_2) \quad \cdots\cdots\cdots\cdots\cdots\cdots (5.27)$$

5.5 クオタニオンによるモデル

となります[3].

(5.22)式に示したように,ここでは,

$w_1 = 0$

なので,これを(5.27)式に代入すると,

$$q_1 q_2 = (-u_1 \cdot u_2, w_2 u_1 + u_1 \times u_2) \quad \cdots\cdots\cdots\cdots\cdots\cdots\cdots\cdots\cdots\cdots\cdots\cdots\cdots\cdots (5.28)$$

となります.(5.28)式を計算するサブシステムを作ります.モデルの名前は,`omegaXquat.mdl`とし,ディレクトリm505に格納します.この手順で作成したモデルを図5-27に示します.

角速度ωは,3行1列の縦ベクトル,姿勢を表すクオタニオンqは4行1列のベクトルとして入力します.クオタニオンqは,定数部w_2とベクトル部u_2に分解します.(5.28)式の公式に従って,

$-\omega \cdot u_2$　二つのベクトルのスカラ積

$w_2 \omega$　　定数とベクトルの積

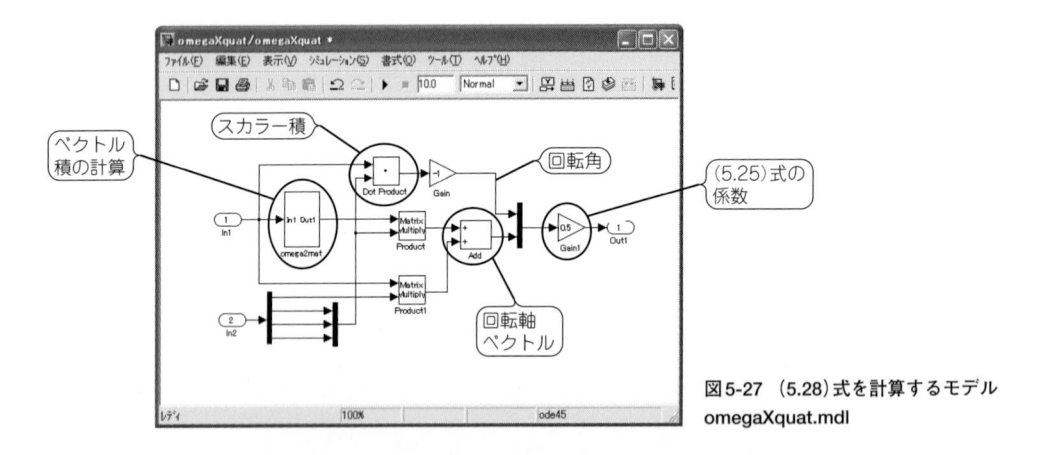

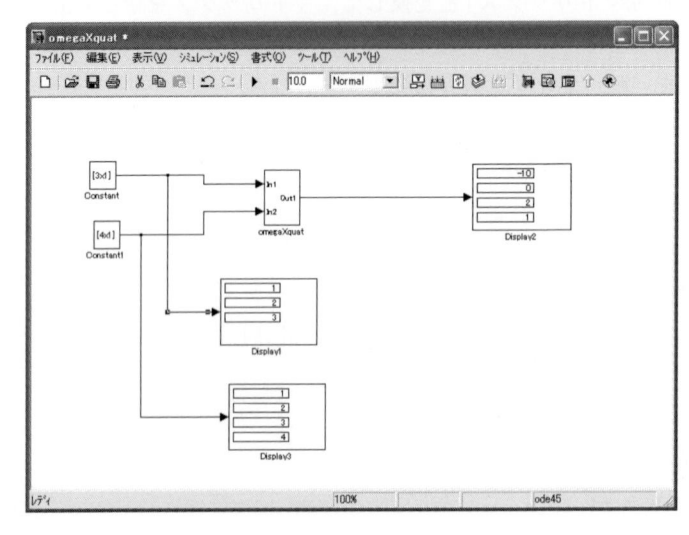

図5-27　(5.28)式を計算するモデル omegaXquat.mdl

図5-28　サブシステム化して動作をチェックする

124　第5章　Simulinkにおける剛体運動のモデリング

$\omega \times u_2$　二つのベクトルのベクトル積

を計算して，その結果を4行1列のベクトルに合成します．

最後に，(5.25)式の右辺の係数 $\frac{1}{2}$ をかけます．

モデルが完成したので，サブシステム化してチェックします．図5-28に示したように，計算結果は正しく出力されています．

これで，(5.25)式の右辺の計算過程をブロック化しました．

続いて，クオタニオンをマトリックスに変換するルーチンを作成します．(5.26)式のモデル化です（図5-29）．モデル名をquat2mat.mdlとし，ディレクトリm506に格納します．

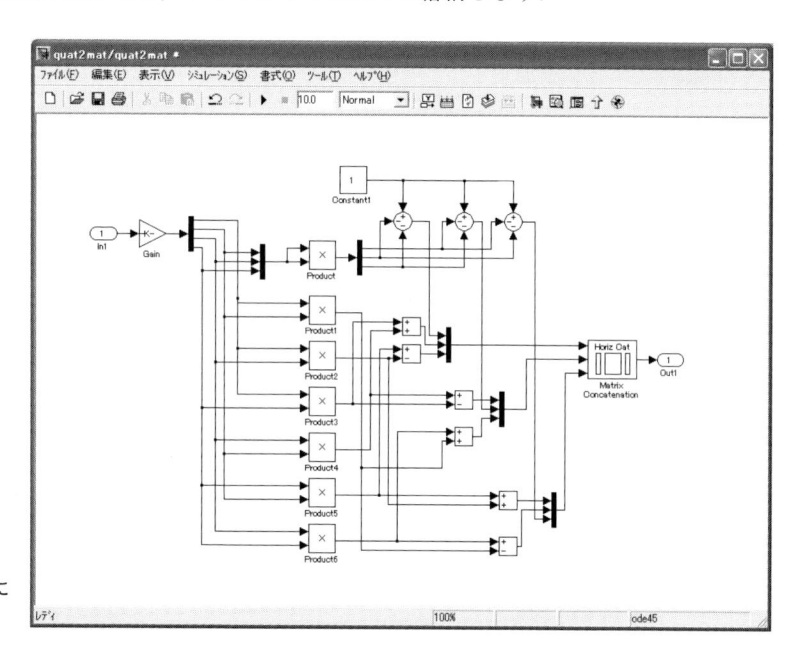

図5-29　クオタニオンをマトリックスに変換するモデルquat2mat.mdl

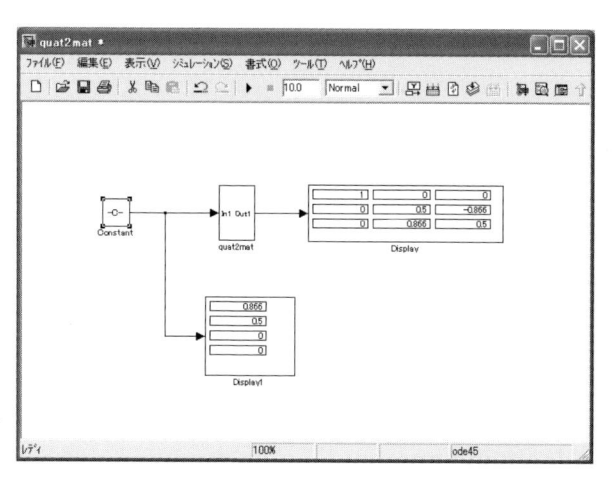

図5-30　サブシステム化して動作をチェックする

5.5　クオタニオンによるモデル　　125

(5.26)式のマトリックスを3本の縦ベクトルに分けて計算して，結果をマトリックスにまとめました．モデルの内容は単純な代数計算なので，皆さんでチェックしてみてください．

サブシステム化してチェックしたときの状況を，図5-30に示します．

ここでは，x軸に関して30°回転するクオタニオンを入力しました．マトリックスは，確かに，正しく得られています．

準備ができたので，クオタニオンを使ったスペース・シップ・モデルを作成します(図5-31)．

モデル名は，rigidBodyQ.mdlとし，ディレクトリm507に格納します．

図5-19に示したモデルのマトリックスをクオタニオンで置き換えました．

二つのモデルの骨格は同じです．詳細は，皆さんで解読してみてください．

[Scope]ブロックを加えて，シミュレーションを実行します．シミュレーションの結果を図5-32に

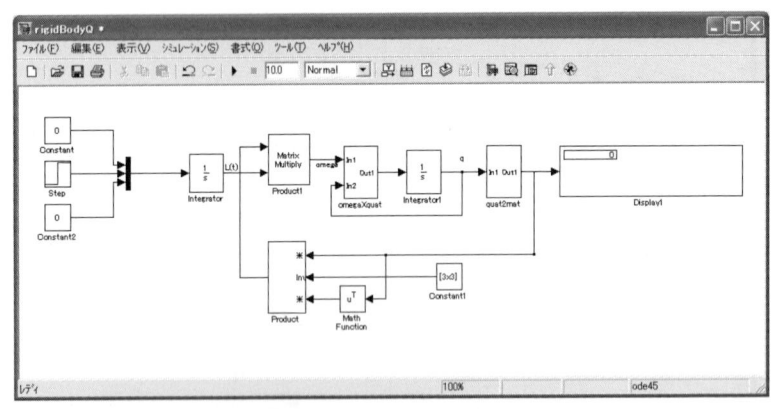

図5-31 クオタニオンの剛体モデル

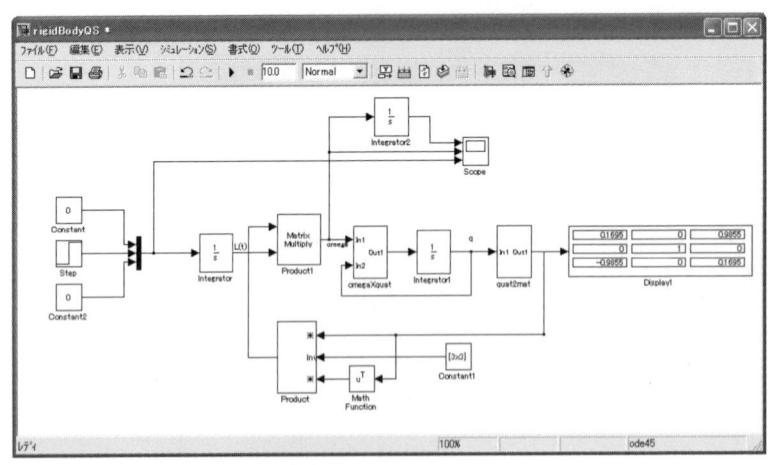

図5-32 シミュレーションの実行結果

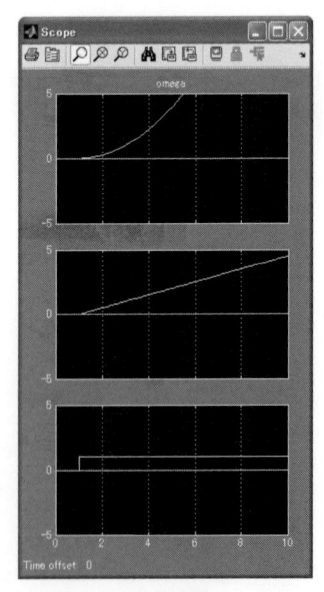

図5-33 Scopeの画面

126　第5章　Simulinkにおける剛体運動のモデリング

示します．

［Scope］の画面を図5-33に示します．

マトリックスを使ったモデルの場合と同じ結果が得られました．

図5-32に表示されたマトリックスからx軸ベクトルを切り出して，そのベクトルのノルムを計算します．

$$\sqrt{0.1695^2 + 0.9855^2} = 1.0000$$

となりました．

クオタニオンを使わない場合は，0.9994でした．

クオタニオンを使用することによって，計算精度が向上しました．

次に，シミュレーションの時間を10倍して，100秒間計算を行います．

結果は，

$$\sqrt{0.169^2 + 0.9845^2} = 0.9989$$

となりました．

図5-23と比較すれば，クオタニオンを採用することによって，計算誤差が大幅に減少することは明らかです．

しかし，クオタニオンを採用した場合でも，計算が進行するにしたがって計算誤差が増加してしまうので，クオタニオンのノルムは1から離脱して行きます．

そこで，クオタニオンをマトリックスに変換する直前に，強制的にクオタニオンのノルムを1に修正します．

実際にモデルを作ってみます．モデル名はrigidBodyQN.mdlとし，ディレクトリm508に格納します．

このサブシステム（図5-34）は，クオタニオンのスカラ積を計算して，その平方根をとることによってノルムを算出し，その値を使ってクオタニオンの各要素を正規化します．このサブシステムを，クオタニオンをマトリックスに展開する直前に挿入しました．図5-34のサブシステムを組み込んだモデルを図5-35に示します．

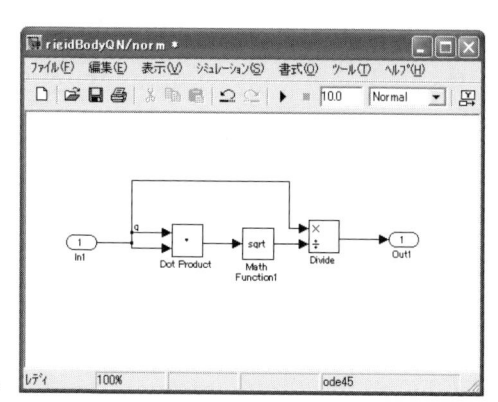

図5-34 ノルムを計算するサブシステム

5.5 クオタニオンによるモデル

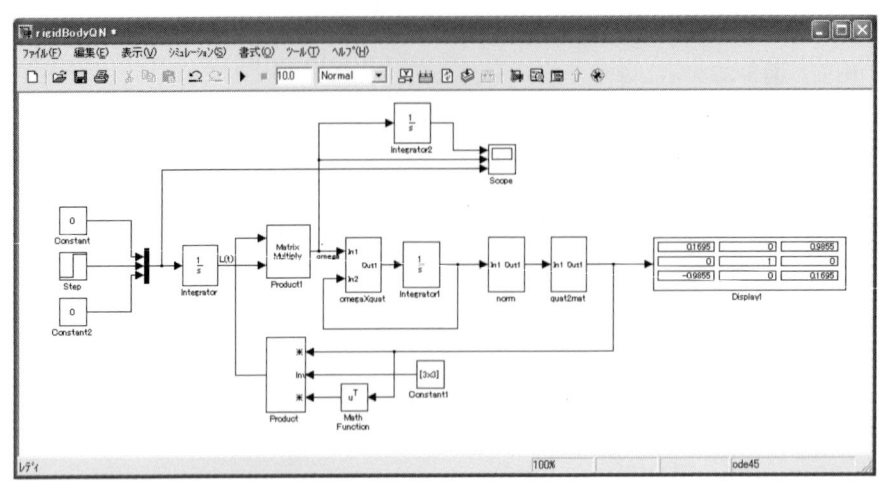

図 5-35 クオタニオンの正規化モデル

■ 5.6 統合モデルによるシミュレーション

　スペース・シップの並進運動と回転運動に関する運動方程式が得られたので，この二つのモデルを統合します．統合したモデルを図5-36に示します．モデル名は`rigidBodyC.mdl`とし，ディレクトリm509に格納します．

　並進運動と回転運動のモデルは，Simulinkのサブシステムとしました．

　回転運動のサブシステムは，クオタニオンを正規化するモデルを使用しました．

　サブシステムのブロックをダブル・クリックすると，サブシステムの構造を調べることができます．

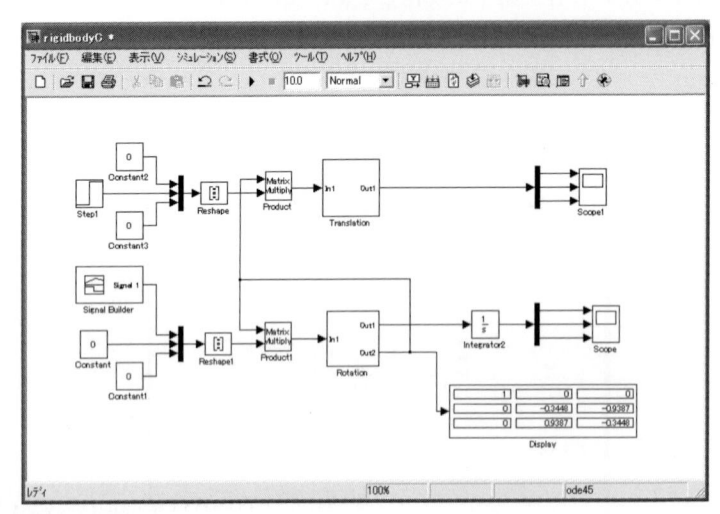

図5-36 並進運動と回転運動を統合したモデル

128　第5章　Simulinkにおける剛体運動のモデリング

スペース・シップの推力は，スペース・シップの姿勢によって変化するので（推力のブースタはスペース・シップ固定とする），スペース・シップの姿勢を決めるマトリックス $R(t)$ をかけます．

シミュレーションで使用したスペース・シップの推力は，

$$u(t) = R(t) \begin{vmatrix} 0 \\ 1 \\ 0 \end{vmatrix}$$

という形式になります．

スペース・シップの離陸時の動作をシミュレーションするとして，回転トルクは x 軸トルクを与え，そのあとに逆トルクを与え，回転角速度にブレーキをかけ，水平航行に移行します．

このときのトルクの具体的な状態を**図5-37**に示します．

スペース・シップの重心の座標と姿勢のデータは，ワーク・スペースに記録します．

それでは，シミュレーションを実行します．シミュレーションを10秒実行した際のスペース・シップの重心座標の変化を**図5-38**に示します．

確かに，y 軸と z 軸の座標が2次曲線状で増加しています．

スペース・シップの姿勢に関する角度の変化を**図5-39**に示します．

図5-40にスペース・シップの発射直前の状態を示します．

スペース・シップが走り出した状態を**図5-41**に示します．

スペース・シップが上昇を開始した状態を**図5-42**に示します．

スペース・シップは，ほぼ，垂直 z 軸に平行な状態になりました（**図5-43**）．

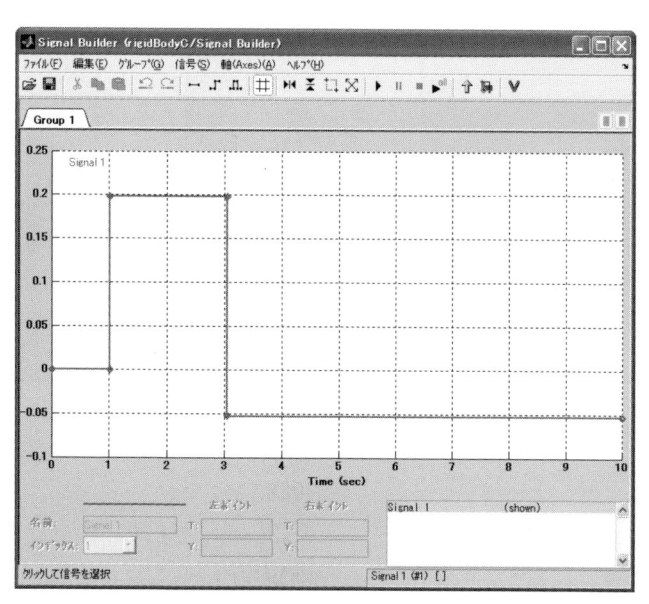

図5-37　スペース・シップの x 軸トルクの状態

5.6　統合モデルによるシミュレーション

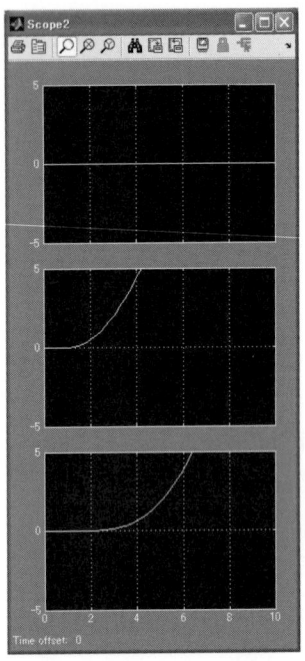

図5-38　スペース・シップの重心座標の変化

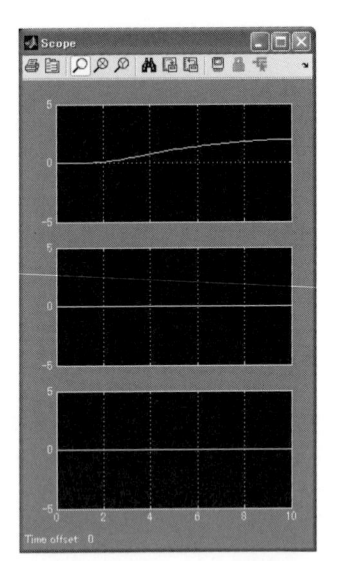

図5-39　スペース・シップの角度の変化

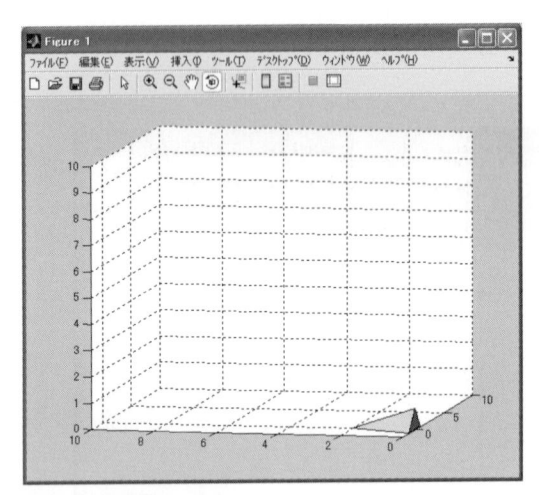

図5-40　発射直前の状態

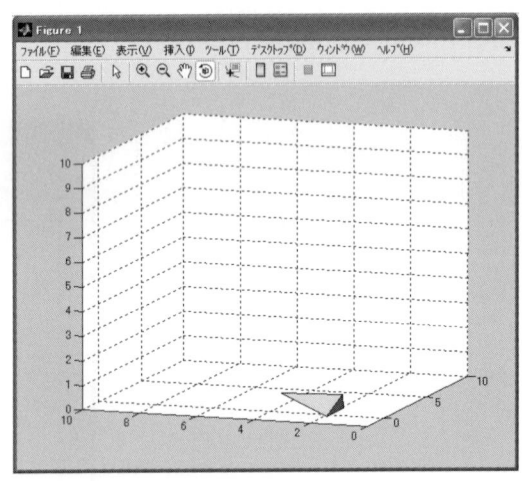

図5-41　走り出した状態

130　第5章　Simulinkにおける剛体運動のモデリング

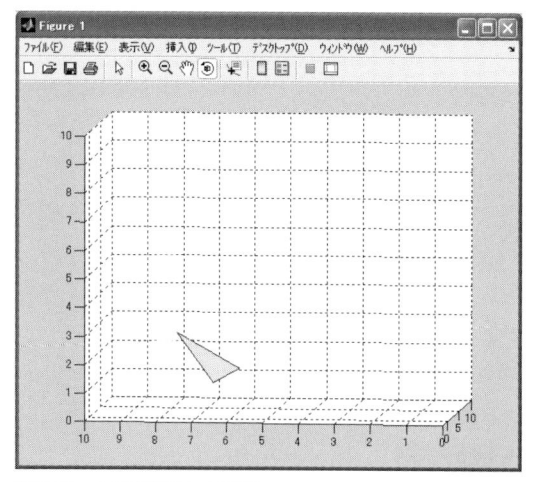

図5-42 上昇を開始した状態

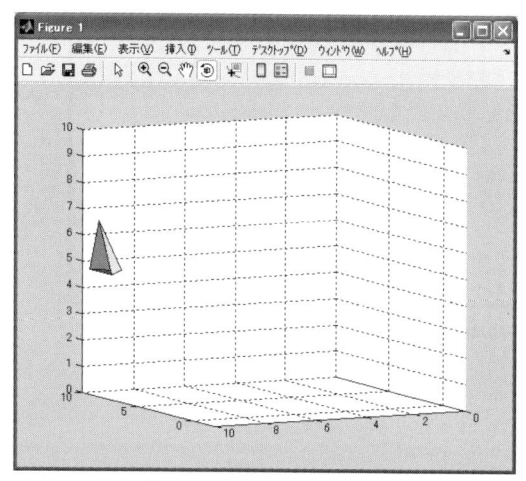

図5-43 垂直の状態

　これらの図は，シミュレーションの時間を適当に設定して，シミュレーション終了後の画面をオフラインで描画したものです．シミュレーションの進行と同期して，グラフをリアルタイム表示したものではありません．

■ 5.7 統合モデルによるPD制御

　宇宙船の動力学モデルができたので，このモデルを使ってPDフィードバック制御のシミュレーションを行います．
　このモデルを図5-44に示します．モデル名はrigidBodyPD.mdlとし，ディレクトリm510に格

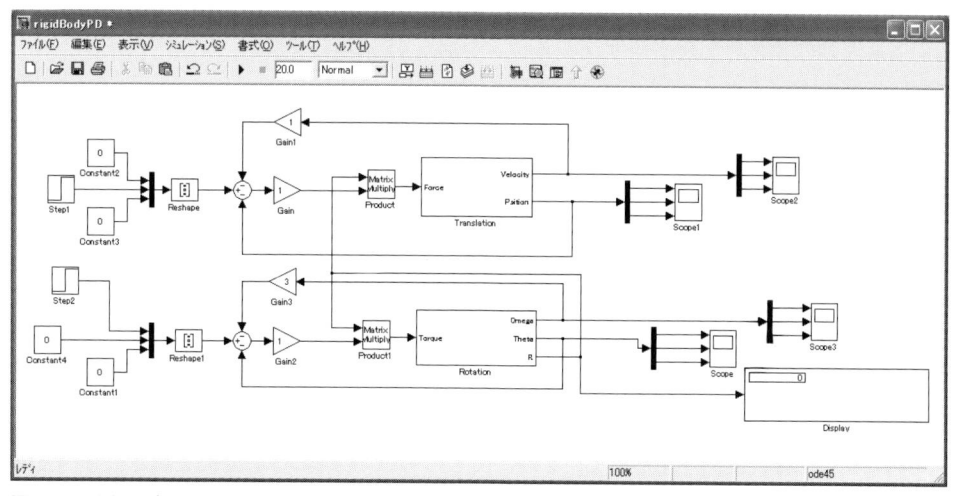

図5-44 統合モデルのPD制御

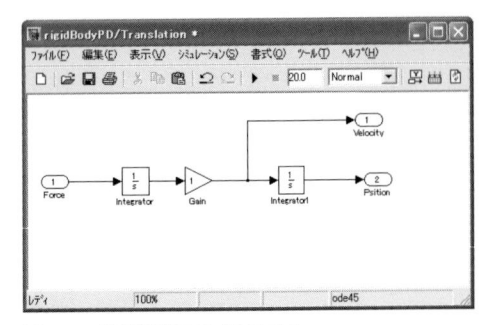

図5-45　並進運動のサブシステム

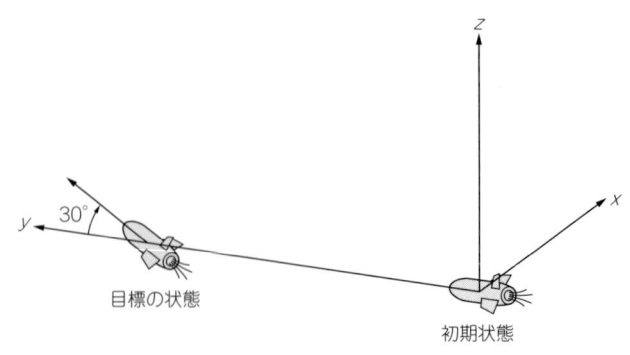

図5-47　初期状態と目標の状態

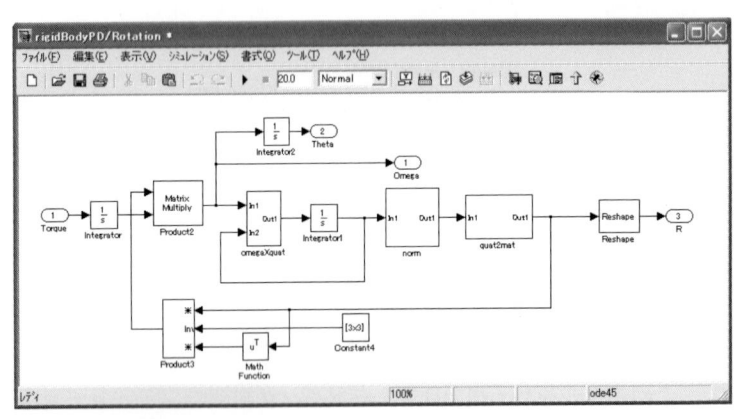

図5-46　回転運動のサブシステム

納します．

　宇宙船の並進運動の変化を記述するサブシステムを図5-45に示します．

　宇宙船の回転運動を記述するサブシステムを図5-46に示します．

　マトリックスRを安定化するために，Rの出力部に対して[Reshape]ブロックを挿入して，マトリックスの次元を3x3に固定しました．

　それでは，シミュレーションを行います．

　目標値は，
　　　重心位置　　　(0,1,0)
　　　角度　　　　　(0.5,0,0)　ラジアン
とします．

　宇宙船は，図5-47に示すように最初は原点に位置します．

　制御を開始して，y軸に関して1走って，x軸に関して約30度回転した姿勢を取れと命令します．宇宙船に対して，少しばかり難しい問題を課してみました．

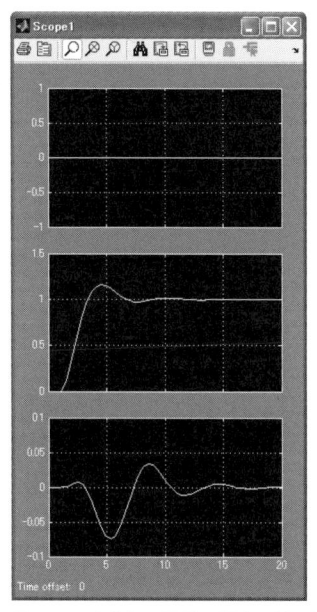

図5-48　宇宙船の位置に関する計測結果

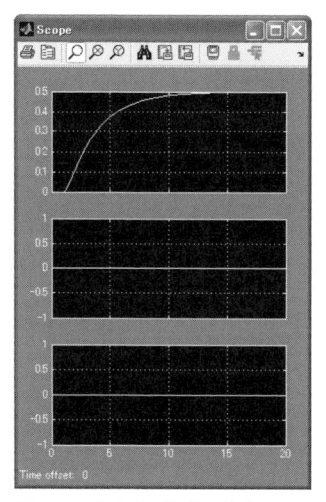

図5-49　宇宙船の姿勢の変化

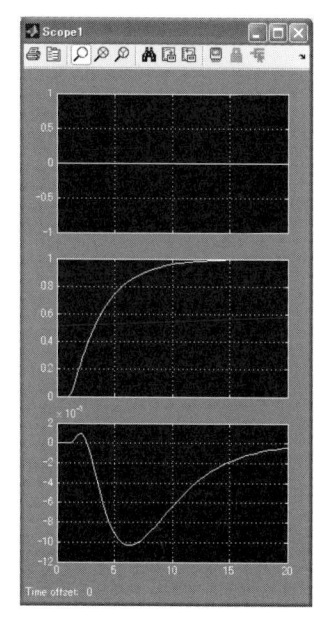

図5-50　宇宙船の位置の変化

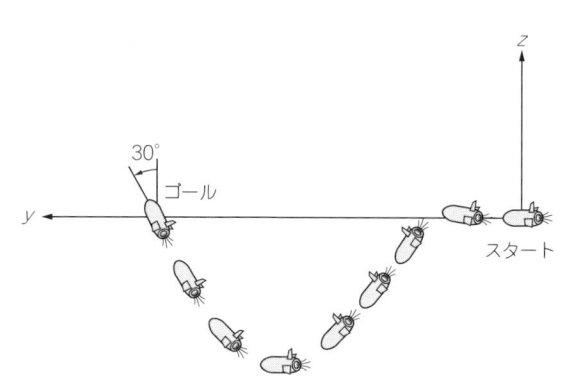

図5-51　宇宙船の軌道

シミュレーションを行います．

図5-48に，宇宙船の位置に関する計測結果を示します．

この画面から判断すると，宇宙船は，スタートして最初はy軸方向に走り出しますが，同時にx軸にトルクを加えて回転を始めるために，z軸方向に偏差が出て，これを打ち消すためにフィードバック制御を行っているという状況がわかります．

図5-49に，宇宙船の姿勢のデータを示します．

宇宙船の姿勢は，1時遅れ系のパターンで，目標値に接近します．

図5-46において，宇宙船の速度のフィードバックのゲインを1→3に変更して，シミュレーションを

行います．

　図5-50に宇宙船の位置の変化を示します．

　微分フィードバックのゲインを大きくしたので，宇宙船の動作は1次系の動作に接近しました．

　要するに，宇宙船はスタートし，回転運動を始めるのですが，それによってz軸方向の位置が増加するので，x軸方向の回転力を使って位置を沈め，そのあとに目標の状態に接近するという方法をとっています(図5-51)．

　シミュレーションを続けることによって，多くの興味ある結果を引き出すことができるのですが，それは本書の主たる目的ではないので，ここまでとします．興味ある読者は，このモデルを使ってさらにシミュレーションを続けてみてください．

第6章　カスタム・ブロックのプログラミング

■ 6.1　はじめに

第5章では，Simulinkの標準ブロックを組み合わせてモデルを作りました．

Simulinkには多くのブロックが用意されていますが，それらのブロックの組み合わせだけでユーザの要求のすべてをカバーすることはできません．この弱点を補強するために，Simulinkはユーザが自由にプログラムできるカスタム・ブロックを提供しています．

本章では，カスタム・ブロックの作り方のイントロダクションとして，MATLABのプログラミング言語を用いてカスタム・ブロックを作り，カスタム・ブロックの基本的な構造を理解します．

■ 6.2　Simulinkのカスタム・ブロック

これまで述べてきたように，Simulinkはモデルを記述するために多くの標準ブロックを用意しています．これらの標準ブロックに対して，オプションのブロック・セットを追加すると，さらに多くのブロックが利用できるようになります．

しかし私の経験から言うと，実用的な問題を解く場合，モデルの主要部は標準のSimulinkブロックによって構築できたとしても，残りのいくつかのブロックはどうしても標準のSimulinkブロックでは構築できない，というような状況に追い込まれることがあります．

これは，Simulinkの対応が不十分なのではなく，現実の世界で起こる問題は複雑であり，そのすべてをSimulinkという一つの製品でカバーすることは不可能であるということだと思います．

メーカが用意した標準ブロックを組み合わせるだけで，組み込み系のプログラムが完成するなんて甘い考えをもつ人は，まず，いないでしょう．

The MathWorks社もこの事実をよく理解していて，Simulinkに対して，ユーザが独自のブロックを追加する方法を用意し，これを利用することを推奨しています．

ユーザが対象をモデル化するために追加するブロックをカスタム・ブロック(custom block)と呼びます．MATLABとSimulinkを組み込み系において使用する際に，カスタム・ブロックを作成する技術を身につけることは必修です．

Simulinkのカスタム・ブロックを作成する方法は，大別して，次の2通りあります．
　① MATLABのファンクションM-ファイルを利用する
　② C言語によるプログラム（C++，FORTRANなども使用できる）を作る

組み込み系では，当然，後者のCプログラムが本命になりますが，これは次章で検討することにして，ここではまず，前者のファンクションM-ファイルの作り方について解説します．

実は，ファンクションM-ファイルのプログラミングは簡単なので，カスタム・ブロックの入門に適しています．ただし，MATLABのフレームワークの外に出ることはできないので，適用の範囲は限定されます．

この形式のカスタム・ブロックは，MATLABが動作していることを前提にしているので，コンパイルして組み込み系に移植することはできません．

■ 6.3　M-ファイルのカスタム・ブロック

Simulinkのカスタム・ブロックを作るにあたって，MATLABに用意されているサンプル・プログラムを検討することは必修です．百聞は一見にしかず，サンプル・プログラムを見てみましょう．

MATLABが用意しているカスタム・ブロックの中で，もっとも簡単な timestwo.m ファイルを**リスト6-1**に示します．資料としては，¥資料¥6章¥mfileディレクトリに入っています．

まず，このファイルを解読します．

timestwo.m は，ブロックに入力された数値uを2倍してsysに出力するファンクションM-ファイルです．

カスタム・ブロックの入出力を図で表すと**図6-1**となります．

これ以上簡単なカスタム・ブロックを考えることはできません．カスタム・ブロックのハロー・ワールドといえます．

プログラムの内容を説明するために，**リスト6-1**からコメント文を削除し，圧縮したものを**リスト6-2**に示します．**リスト6-2**の行番号は私が記入したもので，プログラム本体とは関係ありません．

それでは，**リスト6-2**のプログラムを検討します．

1行目は，関数の宣言をしています．

```
[sys,x0,str,ts] = timestwo(t,x,u,flag)
```

これは，これまでに述べたように，MATLABのファンクションM-ファイルの書式にしたがって関数を宣言するところです．

u ─→ カスタム・ブロック ─→ sys=u * 2

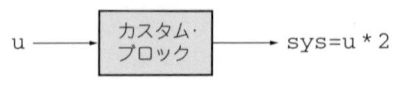

図6-1　カスタム・ブロックの入力と出力

リスト6-1　MATLABのtimestwo.mファイル

```
function [sys,x0,str,ts] = timestwo(t,x,u,flag)
%TIMESTWO S-function whose output is two times its input.
%   This M-file illustrates how to construct an M-file S-function that
%   computes an output value based upon its input.  The output of this
%   S-function is two times the input value:
%
%      y = 2 * u;
%
%   See sfuntmpl.m for a general S-function template.
%
%   See also SFUNTMPL.

%   Copyright 1990-2002 The MathWorks, Inc.
%   $Revision: 1.7 $


%
% Dispatch the flag. The switch function controls the calls to
% S-function routines at each simulation stage of the S-function.
%
switch flag,
  %%%%%%%%%%%%%%%%%%
  % Initialization %
  %%%%%%%%%%%%%%%%%%
  % Initialize the states, sample times, and state ordering strings.
  case 0
    [sys,x0,str,ts]=mdlInitializeSizes;

  %%%%%%%%%%%
  % Outputs %
  %%%%%%%%%%%
  % Return the outputs of the S-function block.
  case 3
    sys=mdlOutputs(t,x,u);

  %%%%%%%%%%%%%%%%%%%%
  % Unhandled flags %
  %%%%%%%%%%%%%%%%%%%%
  % There are no termination tasks (flag=9) to be handled.
  % Also, there are no continuous or discrete states,
  % so flags 1,2, and 4 are not used, so return an emptyu
  % matrix
  case { 1, 2, 4, 9 }
    sys=[];

  %%%%%%%%%%%%%%%%%%%%%%%%%%%%%%%%%%%%%
  % Unexpected flags (error handling)%
  %%%%%%%%%%%%%%%%%%%%%%%%%%%%%%%%%%%%%
  % Return an error message for unhandled flag values.
  otherwise
    error(['Unhandled flag = ',num2str(flag)]);

end
```

リスト6-1　MATLABのtimestwo.mファイル（つづき）

```
% end timestwo

%
%=============================================================================
% mdlInitializeSizes
% Return the sizes, initial conditions, and sample times for the S-function.
%=============================================================================
%
function [sys,x0,str,ts] = mdlInitializeSizes()

sizes = simsizes;
sizes.NumContStates  = 0;
sizes.NumDiscStates  = 0;
sizes.NumOutputs     = -1;   % dynamically sized
sizes.NumInputs      = -1;   % dynamically sized
sizes.DirFeedthrough = 1;    % has direct feedthrough

sizes.NumSampleTimes = 1;

sys = simsizes(sizes);
str = [];
x0  = [];
ts  = [-1 0];   % inherited sample time

% end mdlInitializeSizes

%
%=============================================================================
% mdlOutputs
% Return the output vector for the S-function
%=============================================================================
%
function sys = mdlOutputs(t,x,u)

sys = u * 2;

% end mdlOutputs

% Copyright 1990-2002 The MathWorks, Inc.
```

　関数の名前はtimestwoで，通常，ファンクションM-ファイルのファイル名と一致させます．この関数の引き数は，

　　t　　　時刻　　timestwo.mにおいて使用していない
　　x　　　状態　　timestwo.mにおいて使用していない
　　u　　　ブロックへの入力データ
　　flag　　フラグ

となります．

リスト6-2　timestwo.mの実行部

```
1    function [sys,x0,str,ts] = timestwo(t,x,u,flag)
2    switch flag,
3      case 0
4        [sys,x0,str,ts]=mdlInitializeSizes;
5      case 3
6        sys=mdlOutputs(t,x,u);
7      case { 1, 2, 4, 9 }
8      otherwise
9        error(['Unhandled flag = ',num2str(flag)]);
10   end
11   function [sys,x0,str,ts] = mdlInitializeSizes()
12   sizes = simsizes;
13   sizes.NumContStates  = 0;
14   sizes.NumDiscStates  = 0;
15   sizes.NumOutputs     = -1;
16   sizes.NumInputs      = -1;
17   sizes.DirFeedthrough = 1;
18   sizes.NumSampleTimes = 1;
19   sys = simsizes(sizes);
20   str = [];
21   x0  = [];
22   ts  = [-1 0];
23   function sys = mdlOutputs(t,x,u)
24   sys = u * 2;
```

これらの引き数は，シミュレーションの管理プログラムから，ブロックに対して送られてきます．2行目は，switch文です．

switch flag,

となっていて，ここで，管理プログラムから送られてきたコード(flag)にしたがって場合分けをします．

MATLABのプログラミング言語はC言語に似ていますが，細部は異なります．しかし，Cプログラムに慣れた人なら容易に理解できると思います．

flag=0は初期化の指令です．ここに，カスタム・ブロックに必要な構造体の初期化の手続きを書き込みます．実際は，mdlInitializeSizes()という関数を呼び出します．

関数mdlInitializeSizes()は，このtimestwo.mファイルの後半部分に記述されています．

初期化の処理は，絶対に必要です．flag=3は計算実行の指令です．ここには，このブロックの主体となる計算式を記述します．

実際は，sys=mdlOutputs(t,x,u)という関数を呼び出します．関数sys=mdlOutputs(t,x,u)は，このtimestwo.mファイルの最後の部分に記述されています．

flag=1,2,4,9は終了処理も含めて，このブロックではno operationです．これ以外のflagがきた場合は，エラー処理となります．

それでは，初期化処理を行う関数mdlInitializeSizes( )の内容を見ます．まず，

```
sizes = simsizes;
```

によって，MATLABの構造体を作ります．

　この構造体に対して，ブロックのデータをセットします．このファンクションM-ファイルでは，状態を使用しないので，

```
    sizes.NumContStates  = 0;      連続系の状態の数
    sizes.NumDiscStates  = 0;      離散系の状態の数
```
として，構造体の状態の数の設定値をゼロとします．

　次に，ブロックの入出力の数に-1を設定して，前のブロックの出力プロパティを引き継ぐことを宣言します．

```
    sizes.NumOutputs     = -1;
    sizes.NumInputs      = -1;
```
このように，設定値を-1にすると，前のブロックの出力が3要素のベクトルならば，このブロックの入力は同じ3要素のベクトルになり，前のブロックの出力がスカラーならば，このブロックの入力は同じくスカラーになります．

　要するに，前のブロックと必ず接続できることになります．

　次の，直接フィードスルー(direct feedthrough)は，コンピュータ・シミュレーションにおける最重要の概念ですが，この概念については，本章最後の節において詳述します．

　ここでは，「このようにするもの」としておきます．

```
sizes.DirFeedthrough = 1;
```

直接フィードスルーが不明の場合は，1とするほうが安全です．直接フィードスルーがあるのに，0と書くとエラーになります．直接フィードスルーがないときに，誤って1と書いてもエラーになりません．

　サンプル時間の定義をします．

```
sizes.NumSampleTimes = 1;
```

構造体の準備が整ったので，

```
    sys = simsizes(sizes);      構造体
    str = [];                   文字列
    x0  = [];                   状態の初期値
    ts  = [-1 0];               サンプル時間の間隔
```
として，ソルバ側へ返すデータを準備します．

　ここでも，ts=[-1 0]として，-1を設定することによって，前のブロックのサンプル時間を引き

継ぎます．

続いて，計算処理の部分を見ます．

関数 function sys = mdlOutputs(t,x,u) の中に記述されているプログラムは，

```
sys = u * 2;
```

となっているので，入力データを2倍して，出力データとしていることがわかります．

このブロックにおいて，引き数の時刻 t と状態 x は使用しません．

それでは，このサンプル timestwo.m に習って，カスタム・ブロックのハロー・ワールドを作ります．**リスト6-2**のファンクションM-ファイルの2ヵ所を変更したプログラムを**リスト6-3**に示します．

関数の名前を，

```
timestwo -> timesthree
```

と変更し，最後のセンテンスの計算式を，

リスト6-3 入力信号を3倍して出力するプログラム

```
function [sys,x0,str,ts] = timesthree(t,x,u,flag)
switch flag,
  case 0
    [sys,x0,str,ts]=mdlInitializeSizes;
  case 3
    sys=mdlOutputs(t,x,u);
  case { 1, 2, 4, 9 }
    sys=[];
  otherwise
    error(['Unhandled flag = ',num2str(flag)]);
end

function [sys,x0,str,ts] = mdlInitializeSizes()
sizes = simsizes;
sizes.NumContStates  = 0;
sizes.NumDiscStates  = 0;
sizes.NumOutputs     = -1;
sizes.NumInputs      = -1;
sizes.DirFeedthrough = 1;
sizes.NumSampleTimes = 1;

sys = simsizes(sizes);
str = [];
x0  = [];
ts  = [-1 0];

function sys = mdlOutputs(t,x,u)
sys = u * 3;
```

```
sys = u * 3;
```

としました.

ファイル名は，当然，

```
timestwo.m → timesthree.m
```

と変更します.

要するに，オリジナルの「2をかける」を「3をかける」と変更しました．

リスト6-3を`timesthree.m`という名前でMATLABの[Current Directory]に格納します.

新しいモデル・ウィンドウを開いて，名前を`tempA.mdl`とします.

資料としては，`timesthree.m`と一緒に，`m601`ディレクトリに格納します.

[Simulink Library Browser]の[User-Defined Functions]ライブラリから，**図6-2**に示したように，[S-Function]ブロックをドラッグ・アンド・ドロップします.

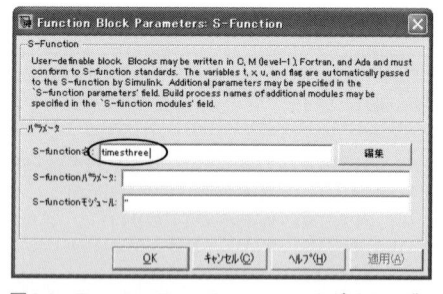

図6-3 Function Block Parametersのダイアログ

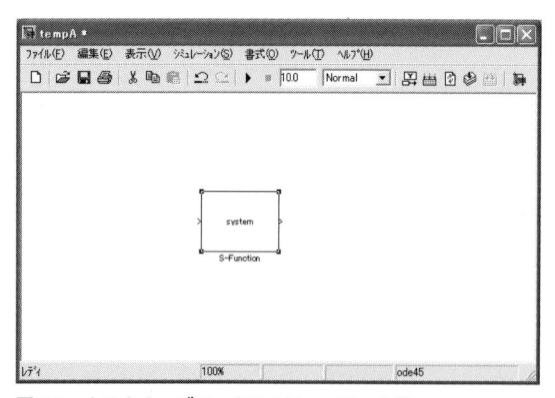

図6-2 カスタム・ブロックのハロー・ワールド

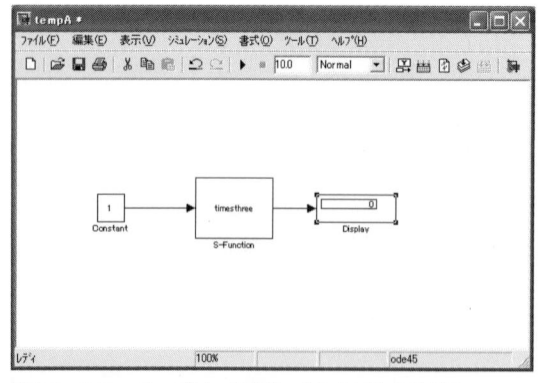

図6-4 S-Functionブロックを使ったシンプルなモデル

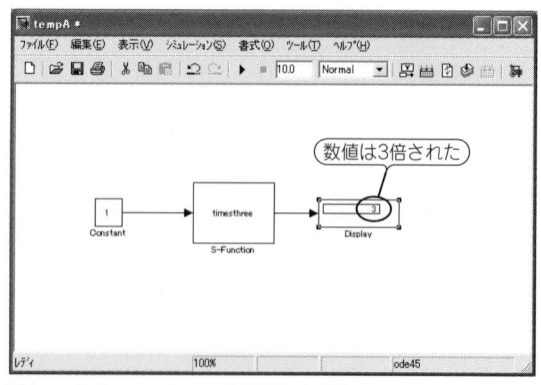

図6-5 シミュレーションを実行した結果

[S-Function]ブロックをダブル・クリックすると，図6-3に示した[Function Block Parameters]のダイアログが開くので，[S-function名]のテキスト・ボックスに timesthree.m と書き込み，[OK]ボタンをクリックします．

　これで，S-Functionブロックの設定ができました．図6-4に示すように，[Constant]ブロックと[Display]ブロックをドラッグ・アンド・ドロップして接続します．

　これで準備完了です．シミュレーションを実行すると，図6-5の結果が得られました．

　入力u=1に対して，出力は3となります．[Constant]ブロックをダブル・クリックして，入力をベクトルに変更します（図6-6）．

　シミュレーションを実行すると，カラム・ベクトルが出力されます（図6-7）．

　今度は，入力の平方根を計算するカスタム・ブロックを作ります．

　関数名を，

```
function [sys,x0,str,ts] = squareroot(t,x,u,flag)
```

とします．

　リスト6-3の，

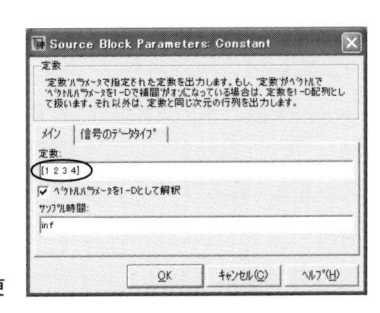

図6-6　入力をベクトルに変更

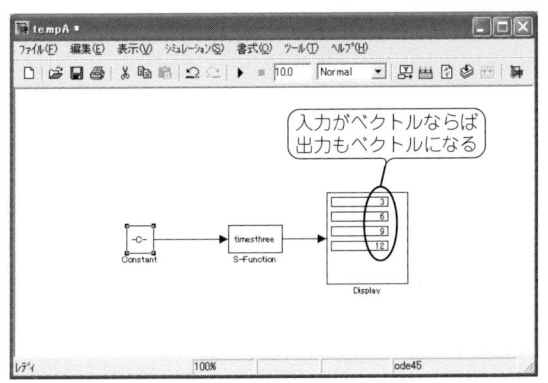

図6-7　入力をベクトルに変更してシミュレーションを実行したときの出力

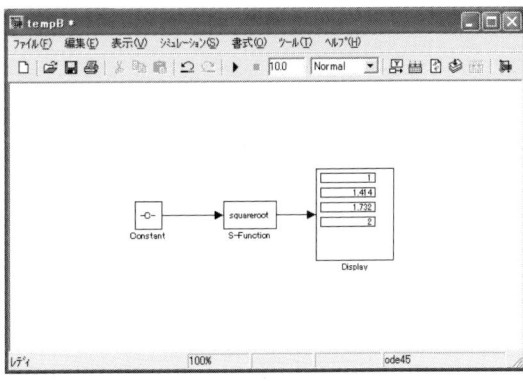

図6-8　S-Functionでベクトルの平方根を計算させた結果

6.3　M-ファイルのカスタム・ブロック

```
sys = u * 3;
```

を変更して，

```
sys=sqrt(u);
```

とします．

　ファンクション M-ファイルの名前を，squareroot.mとして保存します．
　前と同様にモデルを作り，実行すると**図6-8**となります．
　資料として，m602ディレクトリに格納します．
　以上のようにファンクション M-ファイルを使ったカスタム・ブロックは，MATLABの関数を自由に使用することができます．

■ 6.4　レベル2のカスタム・ブロック

　これまで扱ってきたM-ファイルはレベル1のファンクション M-ファイルです．これに対しレベル2のファンクション M-ファイルというものがあります．ここでは，このレベル2のファンクション M-ファイルについて少し触れておきます．
　入力を2倍して出力するレベル2のファンクション M-ファイルを，原型のままの形で，**リスト6-4**に示します．資料として，¥資料¥6章¥mfileディレクトリに格納します．
　コメント文を削除して，行番号をつけたものを**リスト6-5**に示します．
　リスト6-5と**リスト6-2**を比較すると，レベル1からレベル2への変更は，主として，形式的な変更であり，内容的な変更ではないことがわかります．
　前節と同様に，入力の平方根を出力するブロックを，レベル2の作法を用いて作ります．変更したプログラムを**リスト6-6**に示します．
　変更箇所は2ヵ所です．名前を，

```
function squareroot2(block)
```

と変更し，最下行を，

```
block.OutputPort(1).Data = sqrt(block.InputPort(1).Data);
```

としました．そして，このファイルを，squareroot2.mという名前で[Current Directory]に格納します．
　前節と同様の手順で，新しいモデル，tempC.mdlを作ります．これを資料として，m603ディレクトリに格納しました．
　[Simulink Library Browser]の[User-Defined Functions]ライブラリから，[M-file (level 2) S-

リスト6-4　レベル2のファンクションM-ファイル

```
function msfcn_times_two(block)
% Level-2 M file S-Function for times two demo.
%   Copyright 1990-2004 The MathWorks, Inc.
%   $Revision: 1.1.6.1 $

  setup(block);

%endfunction

function setup(block)

  %% Register number of input and output ports
  block.NumInputPorts  = 1;
  block.NumOutputPorts = 1;

  %% Setup functional port properties to dynamically
  %% inherited.
  block.SetPreCompInpPortInfoToDynamic;
  block.SetPreCompOutPortInfoToDynamic;

  block.InputPort(1).DirectFeedthrough = true;

  %% Set block sample time to inherited
  block.SampleTimes = [-1 0];

  %% Run accelerator on TLC
  block.SetAccelRunOnTLC(true);

  %% Register methods
  block.RegBlockMethod('Outputs',    @Output);

%endfunction

function Output(block)

  block.OutputPort(1).Data = 2*block.InputPort(1).Data;

%endfunction
```

Function］ブロックをドラッグ・アンド・ドロップします（図6-9）．今回は，Level 2のブロックをドラッグするところに注意してください．

　前節と同様に，［Constant］ブロックをベクトルに書き直して，シミュレーションを実行すると，図6-10の結果が得られました．出力は横ベクトルに変更されています．

リスト6-5　msfcn_times_two.mの実行部

```
1     function msfcn_times_two(block)
2       setup(block);
3     function setup(block)
4       block.NumInputPorts  = 1;
5       block.NumOutputPorts = 1;
6       block.SetPreCompInpPortInfoToDynamic;
7       block.SetPreCompOutPortInfoToDynamic;
8       block.InputPort(1).DirectFeedthrough = true;
9       block.SampleTimes = [-1 0];
10      block.SetAccelRunOnTLC(true);
11      block.RegBlockMethod('Outputs',    @Output);
12    function Output(block)
13      block.OutputPort(1).Data = 2*block.InputPort(1).Data;
```

リスト6-6　レベル2の作法でプログラムした平方根の計算ブロック

```
1     function squareroot2(block)
2       setup(block);
3     function setup(block)
4       block.NumInputPorts  = 1;
5       block.NumOutputPorts = 1;
6       block.SetPreCompInpPortInfoToDynamic;
7       block.SetPreCompOutPortInfoToDynamic;
8       block.InputPort(1).DirectFeedthrough = true;
9       block.SampleTimes = [-1 0];
10      block.SetAccelRunOnTLC(true);
11      block.RegBlockMethod('Outputs',    @Output);
12    function Output(block)
13      block.OutputPort(1).Data = sqrt(block.InputPort(1).Data);
```

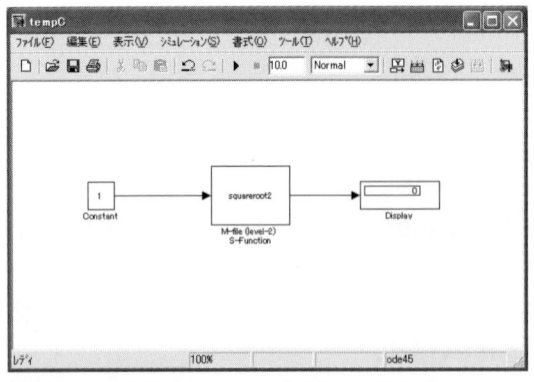

図6-9　レベル2のM-ファイルのカスタム・ブロック

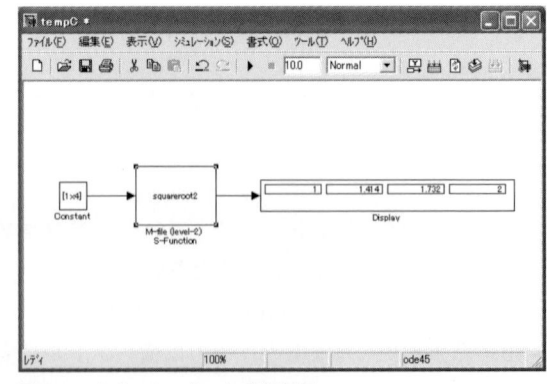

図6-10　シミュレーション実行結果

■ 6.5 宇宙船モデルのためのブロック

　宇宙船をグラフィック表示するプログラムをカスタム・ブロックに変更して，宇宙船の動特性モデルに組み込み，宇宙船の状態を描画するプログラムを作成します．
　まず，**リスト4.1**に示したグラフ表示のファンクションM-ファイルを，**リスト6-7**のように書き直します．
　これを graphSpaceship.m として，[Current Directory]に格納します．資料として，m604ディレクトリに格納します．
　続いて，モデルを作成します．宇宙船の動特性モデルは，すでに作成してテスト済みです．このモデルを**図6-11**に示します．
　推力と回転トルクは，機体に固定して，機体の姿勢が変われば，力とトルクのベクトルは変化するとしました．内容の詳細は，皆さんで解読してみてください．
　次に宇宙基地を含むモデルを作ります．**リスト6-8**にレベル2のファンクションM-ファイルを示します．
　モデルは，**図6-11**とほとんど同じです．実行画面を**図6-12**に示します．
　ファンクションM-ファイルを使ったカスタム・ブロックに関して，述べなければならないことはたくさんありますが，このブロックは組み込み系において使用できないという事実があるので，この程度にとどめます．

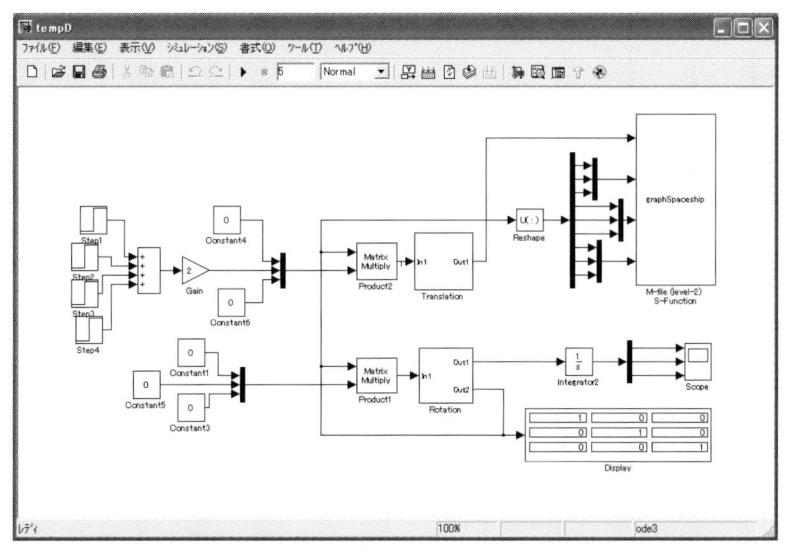

図6-11　宇宙船と宇宙基地を描画するモデル

リスト6-7　graphSpaceship.mファイル

```
function graphSpaceship(block)
  setup(block);
function setup(block)
  block.NumInputPorts  = 4;
  block.InputPort(1).Dimensions = 3;
  block.InputPort(2).Dimensions = 3;
  block.InputPort(3).Dimensions = 3;
  block.InputPort(4).Dimensions = 3;
  block.NumOutputPorts = 0;
  block.SetPreCompInpPortInfoToDynamic;
  block.SetPreCompOutPortInfoToDynamic;
  block.InputPort(1).DirectFeedthrough = false;
  block.InputPort(2).DirectFeedthrough = false;
  block.InputPort(3).DirectFeedthrough = false;
  block.InputPort(4).DirectFeedthrough = false;
  block.SampleTimes = [-1 0];
  block.SetAccelRunOnTLC(true);
  block.RegBlockMethod('Outputs',    @Output);

  function Output(block)
a=[-1; 0; 0];
b=[0; 2; 0];
c=[1; 0; 0];
d=[0; 0; 0.8];
```

リスト6-8　graphShip.mファイル

```
function graphShip(block)
  setup(block);
function setup(block)
  block.NumInputPorts  = 4;
  block.InputPort(1).Dimensions = 3;
  block.InputPort(2).Dimensions = 3;
  block.InputPort(3).Dimensions = 3;
  block.InputPort(4).Dimensions = 3;
  block.NumOutputPorts = 0;
  block.SetPreCompInpPortInfoToDynamic;
  block.SetPreCompOutPortInfoToDynamic;
  block.InputPort(1).DirectFeedthrough = false;
  block.InputPort(2).DirectFeedthrough = false;
  block.InputPort(3).DirectFeedthrough = false;
  block.InputPort(4).DirectFeedthrough = false;
  block.SampleTimes = [-1 0];
  block.SetAccelRunOnTLC(true);
  block.RegBlockMethod('Outputs',    @Output);

function Output(block)
  s=4;
  d=[6 12 5];
  k=5;
  n=2^k-1;
  theta=pi*(-n:2:n)/n;
  phi=(pi/2)*(-n:2:n)'/n;
  X=s*cos(phi)*cos(theta)+d(1);
  Y=s*cos(phi)*sin(theta)+d(2);
  Z=s*sin(phi)*ones(size(theta))+d(3);
  colormap([0 0 0;1 1 1]);
  C=hadamard(2^k);
```

```
h=[block.InputPort(1).Data(1);block.InputPort(1).Data(2);block.InputPort(1).Data(3)];
T=[1,0,0;0,1,0;0,0,1];

T(1,1)=block.InputPort(2).Data(1);
T(2,1)=block.InputPort(2).Data(2);
T(3,1)=block.InputPort(2).Data(3);
T(1,2)=block.InputPort(3).Data(1);
T(2,2)=block.InputPort(3).Data(2);
T(3,2)=block.InputPort(3).Data(3);
T(1,3)=block.InputPort(4).Data(1);
T(2,3)=block.InputPort(4).Data(2);
T(3,3)=block.InputPort(4).Data(3);
a=T*a+h;
b=T*b+h;
c=T*c+h;
d=T*d+h;
x=[a(1) b(1) c(1) a(1);d(1) d(1) d(1) d(1)];
y=[a(2) b(2) c(2) a(2);d(2) d(2) d(2) d(2)];
z=[a(3) b(3) c(3) a(3);d(3) d(3) d(3) d(3)];
colormap([1 0 0;0 1 0;0 0 1]);
col=[0 -1 1];
surf(x,y,z,col);
axis([-2 10 0 10 0 10]);
```

```
surf(X,Y,Z,C);
axis([-2 15 -2 15 -2 15]);
hold on;
a=[-1; 0; 0];
b=[0; 2; 0];
c=[1; 0; 0];
d=[0; 0; 0.8];

h=[block.InputPort(1).Data(1);block.InputPort(1).Data(2);block.InputPort(1).Data(3)];
T=[1,0,0;0,1,0;0,0,1];
T(1,1)=block.InputPort(2).Data(1);
T(2,1)=block.InputPort(2).Data(2);
T(3,1)=block.InputPort(2).Data(3);
T(1,2)=block.InputPort(3).Data(1);
T(2,2)=block.InputPort(3).Data(2);
T(3,2)=block.InputPort(3).Data(3);
T(1,3)=block.InputPort(4).Data(1);
T(2,3)=block.InputPort(4).Data(2);
T(3,3)=block.InputPort(4).Data(3);
a=T*a+h;
b=T*b+h;
c=T*c+h;
d=T*d+h;
x=[a(1) b(1) c(1) a(1);d(1) d(1) d(1) d(1)];
y=[a(2) b(2) c(2) a(2);d(2) d(2) d(2) d(2)];
z=[a(3) b(3) c(3) a(3);d(3) d(3) d(3) d(3)];
colormap([1 0 0;0 1 0;0 0 1]);
col=[0 -1 1];
surf(x,y,z,col);
axis([-2 10 0 10 0 10]);
hold off;
```

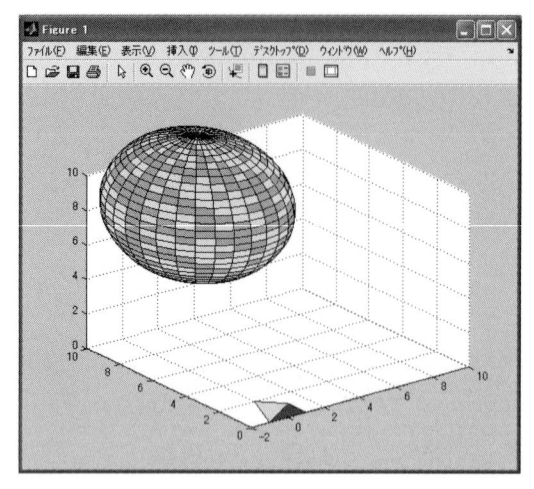

図6-12　図6-11のモデルの実行結果

■ 6.6　シミュレーションの実行と管理

　シミュレーションをどのように実行するかを考察します．

　あたりまえのことですが，シミュレーションの実行を管理するプログラムが存在し，シミュレーションの実行過程をコントロールします．

　このプログラムは，通常，シミュレーションの実行エンジン（execution engine）と呼ばれます．ここでは理解しやすいように，シミュレーションの管理プログラムと呼びます．

　シミュレーションの管理プログラムは，当然，モデルの中にドラッグ・アンド・ドロップされたブロックと，それらの結線状態を知っています（**図6-13**）．

　管理プログラムの立場に立って，仮想的にシミュレーションを実行します．

　まず，与えられたモデルが離散系か連続系か，あるいは両者のミックスなのかを判断します．離散系と連続系では解法が異なるので，それぞれの系に対応して解法，すなわちソルバ（solver）を用意します．

　次に，各ブロックに対して初期化命令を発行します．すべてのブロックは，初期化されてシミュレーション実行の準備は整いました．

　ここで，管理プログラムは，大きな問題に直面します．それは，「どのブロックから計算を始めるか」，「その次に，どのブロックの計算をすればよいか」というブロック間の計算の順序を決めることです．

　ユーザは，コンピュータの画面上にモデルを記述します．画面の上にブロックを配置して，それらのブロックを矢印で結びます．矢印は方向をもつので，ブロック間における情報の流れはわかりますが，中にはフィードバック・ループのように出力が入力に逆戻りする場合もあるので，単純に前後関係を決めることはできません．

　シミュレーションの計算は，時間軸に沿ってシリアルに進みます．

　管理プログラムは，ブロックの計算を進める順序を決める必要があります．ブロック間の計算の順序

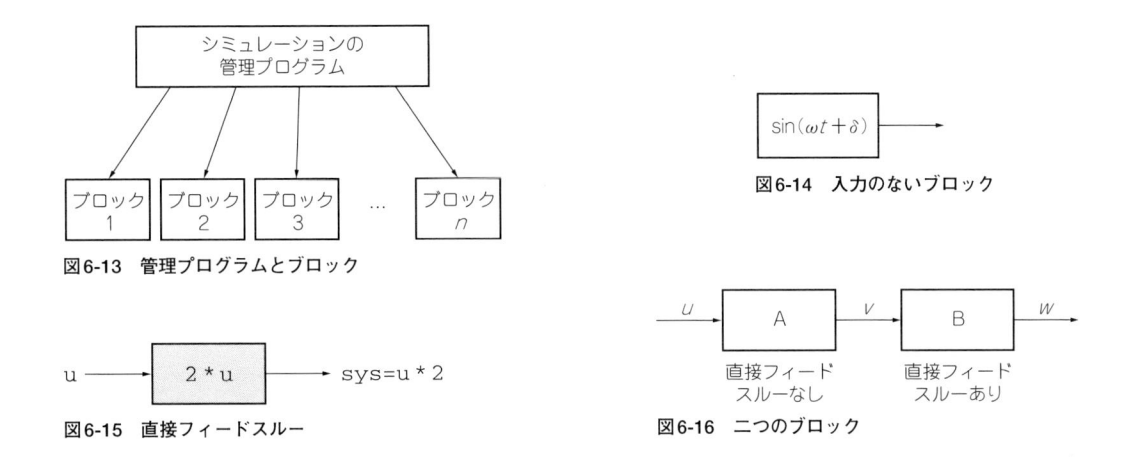

図6-13 管理プログラムとブロック

図6-14 入力のないブロック

図6-15 直接フィードスルー

図6-16 二つのブロック

は，シミュレーションの結果に対して大きな影響を与えます．

では，もっとも単純な場合について考えてみます．**図6-14**に示すように，$\sin(\omega t + \delta)$を計算するブロックがあったとします．

このブロックは，パラメータとしてωとδを与えられているので，時刻tが与えられれば，即，計算結果を出力することができます．このようなブロックは，他ブロックに対する依存性がないので，ほかのブロックよりも先に計算します．

そこで，これまで検討を先送りしてきた［直接フィードスルー］ブロックの役割について考えます．［直接フィードスルー］ブロックは，入力の値が直接出力の値の計算に関与するブロックです（**図6-15**）．

例えば，**リスト6-6**に示した，

```
block.OutputPort(1).Data = sqrt(block.InputPort(1).Data);
```

は「直接フィードスルーあり」です．

出力の計算式に，明示的に入力変数を含むからです．［直接フィードスルー］ブロックは，出力の計算に入力の値を含むので，このブロックの計算はできる限り後回しにする必要があります．

例として，**図6-16**に示すように，

　　［直接フィードスルー］のないブロックA

　　［直接フィードスルー］があるブロックB

が接続されていたとします．

もし仮に，［直接フィードスルー］があるブロックBの計算を先にして，［直接フィードスルー］のないブロックAの計算を後から実行したとします．ブロックAの計算によってAの出力が変化するので，ブロックBは再計算をしなくてはなりません．

これではいけません．［直接フィードスルー］があるブロックBの計算は，後回しにする必要があります．

6.6　シミュレーションの実行と管理

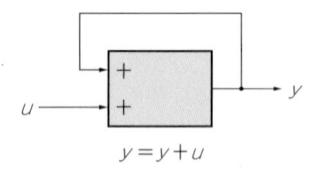

図6-17 加算ブロックの例

シミュレーションの管理プログラムは，モデル内のブロックを，
　　入力に無関係のブロック
　　［直接フィードスルー］のないブロック
　　［直接フィードスルー］があるブロック
に分類して，この順で計算を進めます．

　［直接フィードスルー］のないブロックが複数存在する場合は，矢印の方向性などの情報を使って，適当に計算順序を決めます．

　ただし，これで問題が全部解決できたというわけではありません．例として，**図6-17**に示した加算ブロックの場合について考えます．

　ここでは，出力がフィードバックされて入力に入っています．数式で書けば，
　　　$y = y + u$
という形になります．

　シミュレーションを実行する立場から見ると，この形式は，一種の矛盾した論理を含んでいます．ちょうど，蛇が自分の尾を飲み込むような形になっています．

　出力を計算するために入力が必要ですが，計算結果は入力と一致する必要があります．ここで堂々巡りをしてしまう可能性があります．

　いま，**図6-6**のブロックにおいて，仮に，yの初期値が3，$u = 1$と指定されていたとします．

　入力のyを3とすると，出力は4となります．入力のyと出力のyは一致しません．

　入力を0.1増減して，傾向を見るとします．すなわち，
　　　$3 + 0.1 = 3.1$
　　　$3 - 0.1 = 2.9$
として，計算します．

　　$y = 3.1$の場合の出力は4.1です．
　　$y = 2.9$の場合の出力は3.9です．
　　入力と出力の差は，常に，1です．

　yを増加したらよいのか，減少したらよいのか判断できません．ここで述べた方法は，一般に，**山登り法**と呼ばれている算法です[9]．

　このような形式のモデルに対してSimulinkがどのように反応するか，モデルを作ってシミュレーションを実行します．**図6-18**に，その加算器のモデルを示します．

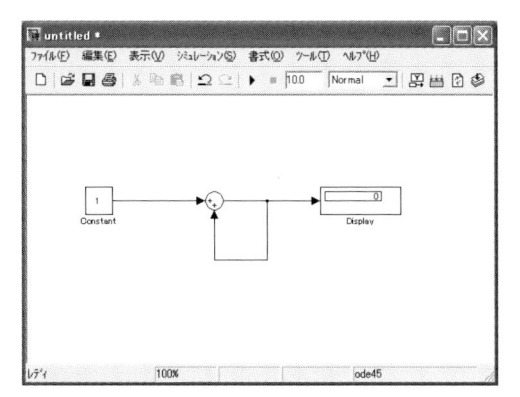

図6-18 解が求められないモデルを意図的に作りシミュレーションをしてみる

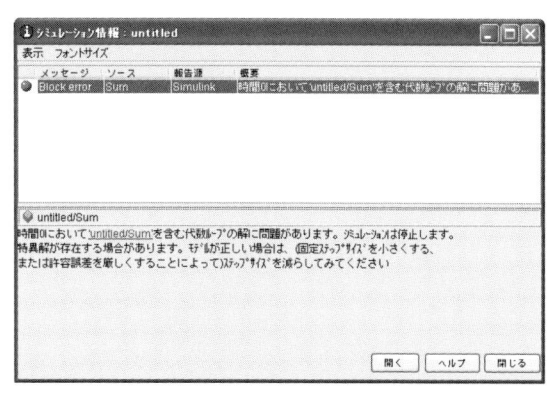

図6-19 シミュレーションの中止

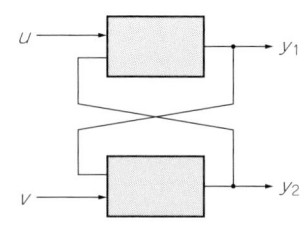

図6-20 二つの加算ブロックの例

シミュレーションを実行すると，Simulinkはモデルにおける矛盾を検出して，シミュレーションを中止します（図6-19）．

図6-20に示すように，二つの加算ブロックがお互いの出力を入力にもつ場合を考えます．

これは，一種のデッド・ロック（dead lock）の状態です．

［直接フィードスルー］のブロックの出力が入力へ結線されると，絡み合いの状態が起こります．数学的に考えると，この状況は連立方程式の解を求める場合と同じ状況です．

もし，モデルの状況が数学的な方程式で表現できれば，その方程式を解くことによって，一気に出力を計算することができます．そうでなければ何らかの数値解法を適用して，解を求める必要があります．

シミュレーションを管理するプログラムは，単にブロックに対して命令を発行するだけでなく，このような問題を解決する能力が必要です．

6.6 シミュレーションの実行と管理

第7章 Cプログラムによるカスタム・ブロック

■ 7.1 はじめに

　第6章では，MATLABのファンクションM-ファイルを使ってカスタム・ブロックを作りました．本章では，Cのプログラムによってカスタム・ブロックを構築する方法について解説します．
　C言語によって，カスタム・ブロックを記述したファイルをC MEX S-Functionといいます．ここでは，C MEX S-Functionの書き方について説明します．C MEX S-Functionは，Simulinkのモデルから，組み込み系のプログラムを自動生成する際に必修となる技術です．

■ 7.2 ハロー・ワールド

　これまでと同様に，C MEX S-Functionのハロー・ワールドとして，ブロックの入力を半分にして出力するカスタム・ブロックを作ります．
　MATLABにサンプル・ファイルが用意されているので，そのプログラムからコメント文を削除したものを**リスト7-1**に示します．元のファイルは，￥資料￥7章￥mfileディレクトリに格納します．
　それでは，**リスト7-1**のプログラムの内容を説明します．このリストには，4個のコールバック関数が記述されています．これらの関数には，すべて接頭語mdlが付きます．

static void mdlInitializeSizes( )
　この関数は，最初に呼び出されるコールバック関数であり，ブロック構造体の初期設定を行います．

ssSetNumSFcnParams(S, 0)
　パラメータの数をセットします．このプログラムではパラメータを使用していないので，「ゼロ」とします．

if (ssGetNumSFcnParams(S) != ssGetSFcnParamsCount(S)) return;
　パラメータの数をチェックして，一致を見ます．

if (!ssSetNumInputPorts(S, 1)) return;

入力ポートの数が一致していなければ，プログラムを終了します．

ssSetNumInputPorts(S, 1)

入力ポート数は1とします．OKでなければ，プログラムを終了します．

リスト7-1　timestwo.m ファイル

```
1    #define S_FUNCTION_NAME   timestwo
2    #define S_FUNCTION_LEVEL 2
3    #include "simstruc.h"
4    static void mdlInitializeSizes(SimStruct *S)
5    {
6        ssSetNumSFcnParams(S, 0);
7        if (ssGetNumSFcnParams(S) != ssGetSFcnParamsCount(S)) return;
8        if (!ssSetNumInputPorts(S, 1)) return;
9        ssSetInputPortWidth(S, 0, DYNAMICALLY_SIZED);
10       ssSetInputPortDirectFeedThrough(S, 0, 1);
11       if (!ssSetNumOutputPorts(S,1)) return;
12       ssSetOutputPortWidth(S, 0, DYNAMICALLY_SIZED);
13       ssSetNumSampleTimes(S, 1);
14       ssSetOptions(S,
15                    SS_OPTION_WORKS_WITH_CODE_REUSE |
16                    SS_OPTION_EXCEPTION_FREE_CODE |
17                    SS_OPTION_USE_TLC_WITH_ACCELERATOR);
18   }
19   static void mdlInitializeSampleTimes(SimStruct *S)
20   {
21       ssSetSampleTime(S, 0, INHERITED_SAMPLE_TIME);
22       ssSetOffsetTime(S, 0, 0.0);
23       ssSetModelReferenceSampleTimeDefaultInheritance(S);
24   }
25   static void mdlOutputs(SimStruct *S, int_T tid)
26   {
27       int_T            i;
28       InputRealPtrsType uPtrs = ssGetInputPortRealSignalPtrs(S,0);
29       real_T           *y    = ssGetOutputPortRealSignal(S,0);
30       int_T            width = ssGetOutputPortWidth(S,0);
31       for (i=0; i<width; i++) {
32           *y++ = 2.0 *(*uPtrs[i]);
33       }
34   }
35   static void mdlTerminate(SimStruct *S)
36   {
37   }
38   #ifdef  MATLAB_MEX_FILE
39   #include "simulink.c"
40   #else
41   #include "cg_sfun.h"
42   #endif
```

ssSetInputPortWidth(S, 0, DYNAMICALLY_SIZED)
　入力ポートのデータ型は，直前ブロックの出力データ型を継承することを宣言します．

ssSetInputPortDirectFeedThrough(S, 0, 1)
　前章最後の節において説明した「直接フィードスルーあり」とします．

ssSetNumOutputPorts(S,1)
　出力ポートの数を1とします．

ssSetOutputPortWidth(S, 0, DYNAMICALLY_SIZED)
　出力のデータ型は「継承」とします．

ssSetNumSampleTimes(S, 1)
　サンプル時間は指定値どおりとします．

ssSetOptions( )
　オプションをセットします．

static void mdlInitializeSampleTimes(SimStruct *S)
　サンプル時間に関する設定を行います．

ssSetSampleTime(S, 0, INHERITED_SAMPLE_TIME)
　サンプル時間は「継承」とします．

ssSetOffsetTime(S, 0, 0.0)
　オフセット時間は「ゼロ」とします．

ssSetModelReferenceSampleTimeDefaultInheritance(S)
　モデルの参照のサンプル時間はデフォルトとします．

static void mdlOutputs(SimStruct *S, int_T tid)
　この関数は出力を計算するところです．

InputRealPtrsType uPtrs = ssGetInputPortRealSignalPtrs(S,0)
　入力のデータのポインタを取得します．

```
real_T *y = ssGetOutputPortRealSignal(S,0)
```
出力データを格納するためにポインタを取得します.

```
int_T width = ssGetOutputPortWidth(S,0)
```
入力データの個数を取得します.

```
for (i=0; i<width; i++) { *y++ = 2.0 *(*uPtrs[i]); }
```
ここで実際の計算を行います.

```
static void mdlTerminate(SimStruct *S)
```
本来なら最終処理を行うところですが, このブロックではその処理がないので, 何も記入しません.

コールバック関数は, C MEX S-Function必修の関数です. 38〜42行は, このままとします.
では, C MEX S-Functionのハロー・ワールドを作ります. まず, MATLABのコマンドラインから[Editor]を立ち上げて, **リスト7-1**のプログラムの次の2ヵ所を変更します.

```
#define S_FUNCTION_NAME    timestwo
```

を

```
#define S_FUNCTION_NAME    devidebytwo
```

と変更し,

```
*y++ = 2.0 *(*uPtrs[i]);
```

を

```
*y++ = (*uPtrs[i])/2.0;
```

とします.
　このプログラムを, devidebytwo.cという名前で[Current Directory]に格納します. 資料としては, ディレクトリm701に格納しました.
　MATLABのコマンドラインから,

```
>> mex devidebytwo.c
```

と入力して, Cプログラムをコンパイルします. **図7-1**に示すように, devidebytwo.dllが生成されます.
　それでは, モデルを作ります. モデル名はm701.mdlとします.

図7-1 コンパイルによって生成されたdevidebytwo.dllファイル

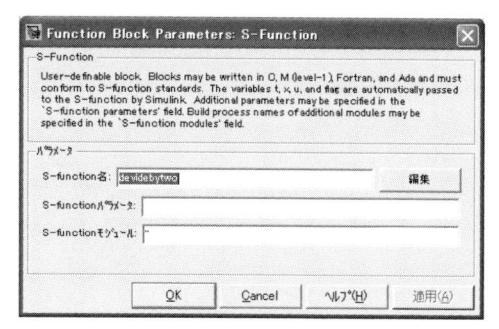

図7-2 S-Function名を書き込む

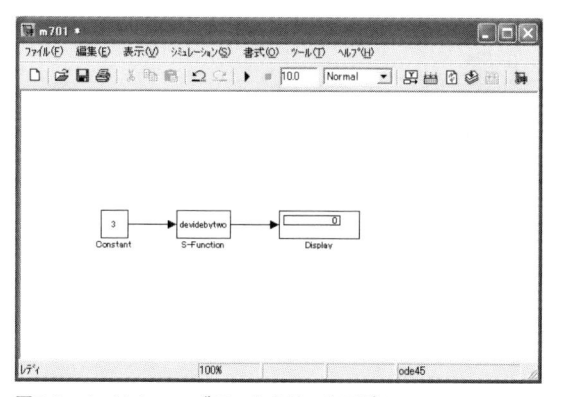

図7-3 devidebytwoブロックを用いたモデル

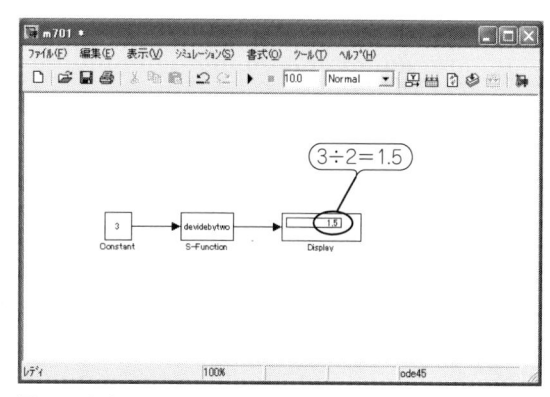

図7-4 シミュレーションの実行結果

[Simulink Library Bowser]の[User-Defined Functions]から，[S-Function]ブロックをドラッグ・アンド・ドロップします．次に[S-Function]ブロックをダブル・クリックします．[Function Block Parameters]のダイアログが開くので，[S-Function名]のテキスト・ボックスに，devidebytwoと書き込みます(**図7-2**).

ブロックの表記はdevidebytwoと変わります．[Constant]ブロックと[Display]ブロックをドラッグ・アンド・ドロップによって結線してモデルを作ります(**図7-3**).

シミュレーションを実行すると，**図7-4**に示すように，3÷2＝1.5となります．

[Constant]ブロックをダブル・クリックして入力を，$u = [1\ 2\ 3\ 4]$とすると，出力は**図7-5**の縦ベクトルとなります．[Constant]ブロックのデータの型が，[S-Function]ブロックのデータ型に継承されていることがわかります．

これで，C MEX S-Functionのハロー・ワールドは終わりです．

7.2 ハロー・ワールド 159

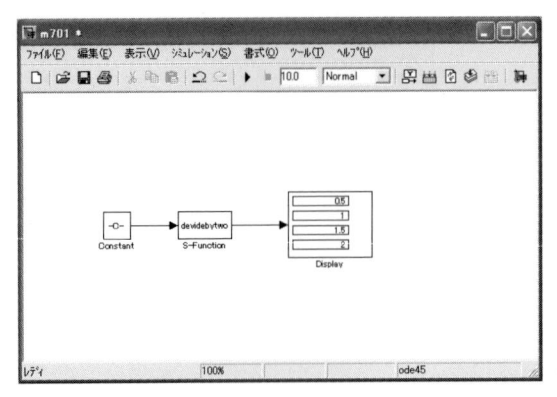

図7-5 入力がベクトルの場合の出力

リスト7-2 連続系のC MEX S-Functionのサンプル

```
1   #define S_FUNCTION_NAME csfunc
2   #define S_FUNCTION_LEVEL 2
3   #include "simstruc.h"
4   #define U(element) (*uPtrs[element])
5   static real_T A[2][2]={ { -0.09, -0.01 } ,
6                           {  1   ,  0    } };
7   static real_T B[2][2]={ {  1   , -7    } ,
8                           {  0   , -2    } };
9   static real_T C[2][2]={ {  0   ,  2    } ,
10                          {  1   , -5    } };
11  static real_T D[2][2]={ { -3   ,  0    } ,
12                          {  1   ,  0    } };
13  static void mdlInitializeSizes(SimStruct *S)
14  {
15      ssSetNumSFcnParams(S, 0);
16      if (ssGetNumSFcnParams(S) != ssGetSFcnParamsCount(S)) return;
17      ssSetNumContStates(S, 2);
18      ssSetNumDiscStates(S, 0);
19      if (!ssSetNumInputPorts(S, 1)) return;
20      ssSetInputPortWidth(S, 0, 2);
21      ssSetInputPortDirectFeedThrough(S, 0, 1);
22      if (!ssSetNumOutputPorts(S, 1)) return;
23      ssSetOutputPortWidth(S, 0, 2);
24      ssSetNumSampleTimes(S, 1);
25      ssSetNumRWork(S, 0);
26      ssSetNumIWork(S, 0);
27      ssSetNumPWork(S, 0);
28      ssSetNumModes(S, 0);
29      ssSetNumNonsampledZCs(S, 0);
30      ssSetOptions(S, SS_OPTION_EXCEPTION_FREE_CODE);
31  }
32  static void mdlInitializeSampleTimes(SimStruct *S)
33  {
34      ssSetSampleTime(S, 0, CONTINUOUS_SAMPLE_TIME);
35      ssSetOffsetTime(S, 0, 0.0);
36      ssSetModelReferenceSampleTimeDefaultInheritance(S);
37  }
```

■ 7.3 連続系におけるC MEX S-Function

連続系の場合におけるC MEX S-Functionの作り方を解説します。MATLABに用意されているサンプル・プログラムcsfunc.cからコメント文を削除したものを**リスト7-2**に示します。資料としては，¥7章¥mfileディレクトリに格納しました．

それでは，**リスト7-2**のプログラムの内容を説明します．5行から12行は，使用する2行2列のマトリックスの宣言と初期化です．

static void mdlInitializeSizes(SimStruct *S)

この関数は，ブロック構造体の初期化の関数です．

```
38   #define MDL_INITIALIZE_CONDITIONS
39   static void mdlInitializeConditions(SimStruct *S)
40   {
41       real_T *x0 = ssGetContStates(S);
42       int_T  lp;
43        for (lp=0;lp<2;lp++) {
44           *x0++=0.0;
45        }
46   }
47   static void mdlOutputs(SimStruct *S, int_T tid)
48   {
49       real_T *y = ssGetOutputPortRealSignal(S,0);
50       real_T *x = ssGetContStates(S);
51       InputRealPtrsType uPtrs = ssGetInputPortRealSignalPtrs(S,0);
52       UNUSED_ARG(tid);
53       y[0]=C[0][0]*x[0]+C[0][1]*x[1]+D[0][0]*U(0)+D[0][1]*U(1);
54       y[1]=C[1][0]*x[0]+C[1][1]*x[1]+D[1][0]*U(0)+D[1][1]*U(1);
55   }
56   #define MDL_DERIVATIVES
57   static void mdlDerivatives(SimStruct *S)
58   {
59       real_T *dx = ssGetdX(S);
60       real_T *x = ssGetContStates(S);
61       InputRealPtrsType uPtrs = ssGetInputPortRealSignalPtrs(S,0);
62       dx[0]=A[0][0]*x[0]+A[0][1]*x[1]+B[0][0]*U(0)+B[0][1]*U(1);
63       dx[1]=A[1][0]*x[0]+A[1][1]*x[1]+B[1][0]*U(0)+B[1][1]*U(1);
64   }
65   static void mdlTerminate(SimStruct *S)
66   {
67       UNUSED_ARG(S);
68   }
69   #ifdef  MATLAB_MEX_FILE
70   #include "simulink.c"
71   #else
72   #include "cg_sfun.h"
73   #endif
```

ssSetNumContStates(S, 2)
　連続系の状態の数を宣言します．

ssSetNumDiscStates(S, 0)
　離散系の状態は「含まない」ことを宣言します．

ssSetInputPortDirectFeedThrough(S, 0, 1)
　「直接フィードスルーあり」とします．
　入出力のポート数はおのおの「1」で，データの幅は「2」と登録します．
　ワーク・ベクトルは使用しないと宣言します．ワーク・ベクトルに関しては，あとで説明します．
　ゼロ・クロッシングの検出は「行わない」ことを登録します．
　オプションのコードをセットします．
　このプログラムでは，mexErrMsgTxt, mxCallocを使っていないので，このオプションをセットすると処理速度が改善されます．

static void mdlInitializeSampleTimes(SimStruct *S)
　サンプル時間の設定を行います．

ssSetSampleTime(S, 0, CONTINUOUS_SAMPLE_TIME)
　連続系のサンプル時間を設定します．

ssSetOffsetTime(S, 0, 0.0)
　オフセットを「ゼロ」とします．

static void mdlInitializeConditions(SimStruct *S)
　状態の初期化を行います．

static void mdlOutputs(SimStruct *S, int_T tid)
　出力の計算を行います．

static void mdlDerivatives(SimStruct *S)
　微分方程式を記述します．連続系において必要になるコールバック関数です．

static void mdlTerminate(SimStruct *S)
　最終処理を行います．

■ 7.4 宇宙船の運動方程式

それでは，前節のサンプル・プログラムを参考にして，宇宙船の並進運動に関するC MEX S-Functionを作ります．

最初に1次元の直線運動のプログラムを作り，次に3次元運動のプログラムを作ります．

第4章で導いた運動方程式をマトリックス形式に整理します．

変数は，

- x_1　宇宙船の重心の位置
- x_2　宇宙船の運動量
- u　宇宙船の推力

となります．

状態方程式は，

$$\frac{d}{dt}\begin{vmatrix}x_1\\x_2\end{vmatrix} = \begin{vmatrix}0 & \frac{1}{m}\\0 & 0\end{vmatrix}\begin{vmatrix}x_1\\x_2\end{vmatrix} + \begin{vmatrix}0 & 0\\0 & 1\end{vmatrix}\begin{vmatrix}0\\u\end{vmatrix} \quad\cdots\cdots(7.1)$$

となります．

出力ベクトルは，

$$\begin{vmatrix}y_1\\y_2\end{vmatrix} = \begin{vmatrix}1 & 0\\0 & 1\end{vmatrix}\begin{vmatrix}x_1\\x_2\end{vmatrix} + \begin{vmatrix}0 & 0\\0 & 0\end{vmatrix}\begin{vmatrix}0\\u\end{vmatrix} \quad\cdots\cdots(7.2)$$

となります．

リスト7-2のプログラムを書き変えたものを**リスト7-3**に示します．ここで，宇宙船の重量mは1としました．

宇宙船の推力は，$\begin{vmatrix}0\\u\end{vmatrix}$というベクトルですが，実質的には1次元のスカラーですが，サンプル・プログラムの変更点を最小にするために，ベクトルの形式を残しました．

MATLABのエディタを用いて，

```
cmexsfuncA.c
```

として，[Current Directory]に格納します．資料としては，m702ディレクトリに格納しました．

MATLABのコマンドラインから，

```
>> mex cmexfuncA.c
```

と打ち込んで，コンパイルして，

```
cmexfuncA.dll
```

というファイルを作ります．これで準備ができました．

リスト7-3　宇宙船の運動方程式

```
#define S_FUNCTION_NAME cmexsfuncA
#define S_FUNCTION_LEVEL 2
#include "simstruc.h"
#define U(element) (*uPtrs[element])
static real_T A[2][2]={ {  0   , 1 } ,
                        {  0   , 0 } };
static real_T B[2][2]={ {  0   , 0 } ,
                        {  0   , 1 } };
static real_T C[2][2]={ {  1   , 0 } ,
                        {  0   , 1 } };
static real_T D[2][2]={ {  0   , 0 } ,
                        {  0   , 0 } };
static void mdlInitializeSizes(SimStruct *S)
{
    ssSetNumSFcnParams(S, 0);
    if (ssGetNumSFcnParams(S) != ssGetSFcnParamsCount(S)) return;
    ssSetNumContStates(S, 2);
    ssSetNumDiscStates(S, 0);
    if (!ssSetNumInputPorts(S, 1)) return;
    ssSetInputPortWidth(S, 0, 2);
    ssSetInputPortDirectFeedThrough(S, 0, 1);
    if (!ssSetNumOutputPorts(S, 1)) return;
    ssSetOutputPortWidth(S, 0, 2);
    ssSetNumSampleTimes(S, 1);
    ssSetNumRWork(S, 0);
    ssSetNumIWork(S, 0);
    ssSetNumPWork(S, 0);
    ssSetNumModes(S, 0);
    ssSetNumNonsampledZCs(S, 0);
    ssSetOptions(S, SS_OPTION_EXCEPTION_FREE_CODE);
}
static void mdlInitializeSampleTimes(SimStruct *S)
{
    ssSetSampleTime(S, 0, CONTINUOUS_SAMPLE_TIME);
    ssSetOffsetTime(S, 0, 0.0);
    ssSetModelReferenceSampleTimeDefaultInheritance(S);
}
```

次にモデルを作ります．モデル名はm702.mdlとします．

[Simulink Library Bowser]の[User-Defined Functions]から，[S-Function]ブロックをドラッグ・アンド・ドロップします．そして，[S-Function]ブロックをダブル・クリックします．

[Function Block Parameters]のダイアログが開くので，S-Function名のテキスト・ボックスに，cmexfuncAと書き込みます．

図7-6に示すように，必要なブロックをドラッグ・アンド・ドロップし，結線します．

入力は，u_1側をゼロとし，u_2にステップ入力を入れます．

時刻$t=1$において，ロケットの噴射を開始したとしています．

```
#define MDL_INITIALIZE_CONDITIONS
static void mdlInitializeConditions(SimStruct *S)
{
    real_T *x0 = ssGetContStates(S);
    int_T  lp;
     for (lp=0;lp<2;lp++) {
            x0++=0.0;
     }
}
static void mdlOutputs(SimStruct *S, int_T tid)
{
    real_T *y = ssGetOutputPortRealSignal(S,0);
    real_T *x = ssGetContStates(S);
    InputRealPtrsType uPtrs = ssGetInputPortRealSignalPtrs(S,0);
    UNUSED_ARG(tid);
    y[0]=C[0][0]*x[0]+C[0][1]*x[1]+D[0][0]*U(0)+D[0][1]*U(1);
    y[1]=C[1][0]*x[0]+C[1][1]*x[1]+D[1][0]*U(0)+D[1][1]*U(1);
}
#define MDL_DERIVATIVES
static void mdlDerivatives(SimStruct *S)
{
    real_T *dx = ssGetdX(S);
    real_T *x = ssGetContStates(S);
    InputRealPtrsType uPtrs = ssGetInputPortRealSignalPtrs(S,0);
    dx[0]=A[0][0]*x[0]+A[0][1]*x[1]+B[0][0]*U(0)+B[0][1]*U(1);
    dx[1]=A[1][0]*x[0]+A[1][1]*x[1]+B[1][0]*U(0)+B[1][1]*U(1);
}
static void mdlTerminate(SimStruct *S)
{
    UNUSED_ARG(S);
}
#ifdef   MATLAB_MEX_FILE
#include "simulink.c"
#else
#include "cg_sfun.h"
#endif
```

出力は，[Scope]ブロックによって観察します．

以上をシミュレーションすると，結果は図7-7に示すようになりました．

宇宙船の速度は直線状に増加し，位置は放物線状に増加しているので，正しい結果が得られたことがわかります．

それでは，宇宙船のモデルを3次元空間に拡張します．

変数は，

x_0　　宇宙船の重心のx座標

x_1　　宇宙船の重心のy座標

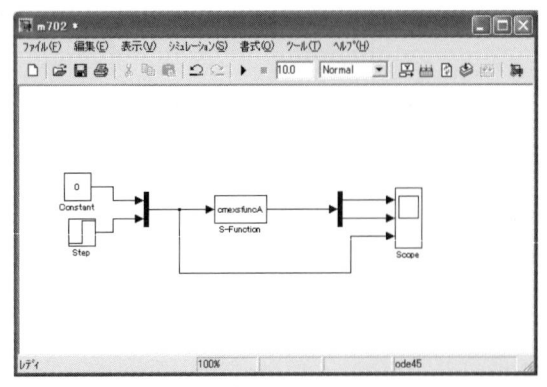

図7-6　宇宙船の1次元モデル

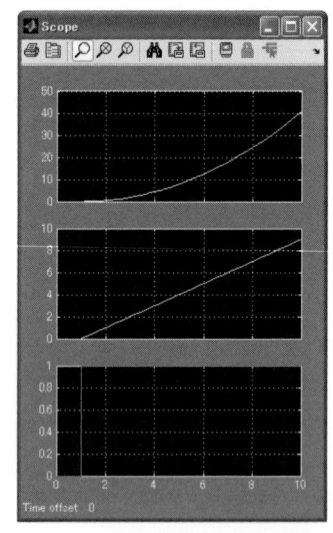

図7-7　シミュレーションの実行結果

x_2　　宇宙船の重心のz座標
x_3　　宇宙船の運動量のx成分
x_4　　宇宙船の運動量のy成分
x_5　　宇宙船の運動量のz成分
u_0　　宇宙船の推力のx成分
u_1　　宇宙船の推力のy成分
u_2　　宇宙船の推力のz成分

となります．

　状態方程式は，

$$\frac{d}{dt}\begin{vmatrix}x_0\\x_1\\x_2\\x_3\\x_4\\x_5\end{vmatrix}=\begin{vmatrix}0&0&0&\frac{1}{m}&0&0\\0&0&0&0&\frac{1}{m}&0\\0&0&0&0&0&\frac{1}{m}\\0&0&0&0&0&0\\0&0&0&0&0&0\\0&0&0&0&0&0\end{vmatrix}\begin{vmatrix}x_0\\x_1\\x_2\\x_3\\x_4\\x_5\end{vmatrix}+\begin{vmatrix}0&0&0\\0&0&0\\0&0&0\\0&0&0\\0&0&0\\0&0&0\end{vmatrix}\begin{vmatrix}0\\0\\0\\u_0\\u_1\\u_2\end{vmatrix} \quad\cdots\cdots(7.3)$$

となります．
　出力ベクトルは，

第7章　Cプログラムによるカスタム・ブロック

$$\begin{vmatrix} y_0 \\ y_1 \\ y_2 \\ y_3 \\ y_4 \\ y_5 \end{vmatrix} = \begin{vmatrix} 1 & 0 & 0 & 0 & 0 & 0 \\ 0 & 1 & 0 & 0 & 0 & 0 \\ 0 & 0 & 1 & 0 & 0 & 0 \\ 0 & 0 & 0 & 1 & 0 & 0 \\ 0 & 0 & 0 & 0 & 1 & 0 \\ 0 & 0 & 0 & 0 & 0 & 1 \end{vmatrix} \begin{vmatrix} x_0 \\ x_1 \\ x_2 \\ x_3 \\ x_4 \\ x_5 \end{vmatrix} + \begin{vmatrix} 0 & 0 & 0 & 0 & 0 & 0 \\ 0 & 0 & 0 & 0 & 0 & 0 \\ 0 & 0 & 0 & 0 & 0 & 0 \\ 0 & 0 & 0 & 0 & 0 & 0 \\ 0 & 0 & 0 & 0 & 0 & 0 \\ 0 & 0 & 0 & 0 & 0 & 0 \end{vmatrix} \begin{vmatrix} 0 \\ 0 \\ 0 \\ u_0 \\ u_1 \\ u_2 \end{vmatrix} \quad \cdots\cdots(7.4)$$

となります．

マトリックスにゼロが多いので，(7.3)式と(7.4)式を書き直すと，

$$\frac{dx_0}{dt} = \frac{1}{m} x_3$$

$$\frac{dx_1}{dt} = \frac{1}{m} x_4$$

$$\frac{dx_2}{dt} = \frac{1}{m} x_5$$

$$\frac{dx_3}{dt} = u_0$$

$$\frac{dx_4}{dt} = u_1$$

$$\frac{dx_5}{dt} = u_2$$

$$y_i = x_i \quad i = 0,1,\ldots,5$$

となります．

リスト7-3を参考にして作成したプログラムを**リスト7-4**に示します．

リスト7-4のプログラムの内容は，皆さん自力で解読してみてください．

エディタを使って，spaceshiptrans.cという名前のファイルを[Current Directory]に作成します．資料としては，m703ディレクトリに格納します．

MATLABのコマンドラインにおいて，

```
>> mex spaceshiptrans.c
```

と入力して，コンパイルして，spaceshiptrans.dllを作成します．

Simulinkから新しいモデルを作成して，モデル名をm703.mdlとします．

[Simulink Library Bowser]の[User-Defined Functions]から，[S-Function]ブロックをドラッグ・アンド・ドロップします．

次に[S-Function]ブロックをダブル・クリックします．[Function Block Parameters]のダイアログが開くので，S-Function名のテキスト・ボックスに，spaceshiptransと書き込みます．

7.4　宇宙船の運動方程式

リスト7-4　spaceshiptrans.c ファイル

```c
#define S_FUNCTION_NAME spaceshiptrans
#define S_FUNCTION_LEVEL 2
#include "simstruc.h"
#define U(element) (*uPtrs[element])
static void mdlInitializeSizes(SimStruct *S)
{
    ssSetNumSFcnParams(S, 0);
    if (ssGetNumSFcnParams(S) != ssGetSFcnParamsCount(S)) return;
    ssSetNumContStates(S, 6);
    ssSetNumDiscStates(S, 0);
    if (!ssSetNumInputPorts(S, 1)) return;
    ssSetInputPortWidth(S, 0, 3);
    ssSetInputPortDirectFeedThrough(S, 0, 1);
    if (!ssSetNumOutputPorts(S, 1)) return;
    ssSetOutputPortWidth(S, 0, 6);
    ssSetNumSampleTimes(S, 1);
    ssSetNumRWork(S, 0);
    ssSetNumIWork(S, 0);
    ssSetNumPWork(S, 0);
    ssSetNumModes(S, 0);
    ssSetNumNonsampledZCs(S, 0);
    ssSetOptions(S, SS_OPTION_EXCEPTION_FREE_CODE);
}
static void mdlInitializeSampleTimes(SimStruct *S)
{
    ssSetSampleTime(S, 0, CONTINUOUS_SAMPLE_TIME);
    ssSetOffsetTime(S, 0, 0.0);
    ssSetModelReferenceSampleTimeDefaultInheritance(S);
}
#define MDL_INITIALIZE_CONDITIONS
static void mdlInitializeConditions(SimStruct *S)
{
    real_T *x0 = ssGetContStates(S);
    int_T lp;
     for (lp=0;lp<6;lp++) {
          x0++=0.0;
    }
}
static void mdlOutputs(SimStruct *S, int_T tid)
{
    real_T *y = ssGetOutputPortRealSignal(S,0);
    real_T *x = ssGetContStates(S);
    int_T i;
    for(i=0;i<6;i++)
    {
          y[i]=x[i];
    }
}
#define MDL_DERIVATIVES
static void mdlDerivatives(SimStruct *S)
{
    real_T *dx = ssGetdX(S);
```

```
        real_T *x = ssGetContStates(S);
        InputRealPtrsType uPtrs = ssGetInputPortRealSignalPtrs(S,0);
        dx[0]=x[3];
        dx[1]=x[4];
        dx[2]=x[5];
        dx[3]=U(0);
        dx[4]=U(1);
        dx[5]=U(2);
}
static void mdlTerminate(SimStruct *S)
{
        UNUSED_ARG(S);
}
#ifdef   MATLAB_MEX_FILE
#include "simulink.c"
#else
#include "cg_sfun.h"
#endif
```

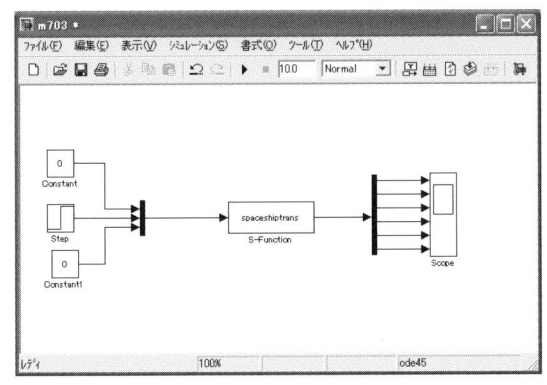

図7-8　宇宙船の3次元モデル

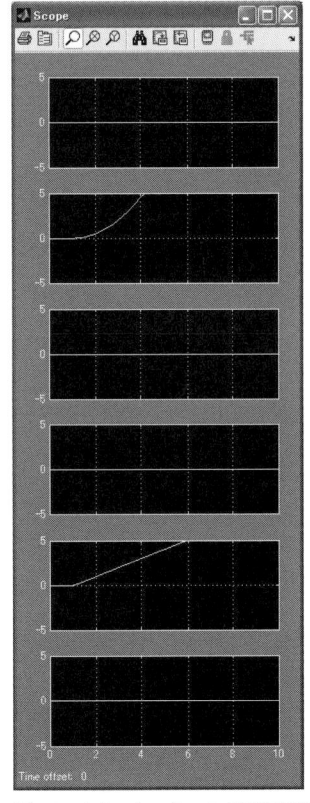

図7-9　シミュレーションの実行結果

7.4　宇宙船の運動方程式

図7-8に示すように，必要なブロックをドラッグ・アンド・ドロップして結線します．

ここでは，y軸方向にステップの推力を与えました．

シミュレーションの結果は，図7-9のようになりました．y軸に推力を与えたので，yの位置と速度が理論どおりに変化していることがわかります．

■ 7.5　パラメータの設定を外部から行う

シミュレーションを行う際に，パラメータを変更して，シミュレーションを繰り返し実行したい場合があります．しかし，パラメータの値を変更するために，プログラム上のデータを書き変えるのは，プ

リスト7-5　外部からパラメータを挿入できるプログラム

```c
#define S_FUNCTION_NAME spaceshiptransP
#define S_FUNCTION_LEVEL 2
#include "simstruc.h"
#define U(element) (*uPtrs[element])
static void mdlInitializeSizes(SimStruct *S)
{
    ssSetNumSFcnParams(S, 1);
    if (ssGetNumSFcnParams(S) != ssGetSFcnParamsCount(S)) return;
    ssSetNumContStates(S, 6);
    ssSetNumDiscStates(S, 0);
    if (!ssSetNumInputPorts(S, 1)) return;
    ssSetInputPortWidth(S, 0, 3);
    ssSetInputPortDirectFeedThrough(S, 0, 1);
    if (!ssSetNumOutputPorts(S, 1)) return;
    ssSetOutputPortWidth(S, 0, 6);
    ssSetNumSampleTimes(S, 1);
    ssSetNumRWork(S, 0);
    ssSetNumIWork(S, 0);
    ssSetNumPWork(S, 0);
    ssSetNumModes(S, 0);
    ssSetNumNonsampledZCs(S, 0);
    ssSetOptions(S, SS_OPTION_EXCEPTION_FREE_CODE);
}
static void mdlInitializeSampleTimes(SimStruct *S)
{
    ssSetSampleTime(S, 0, CONTINUOUS_SAMPLE_TIME);
    ssSetOffsetTime(S, 0, 0.0);
    ssSetModelReferenceSampleTimeDefaultInheritance(S);
}
#define MDL_INITIALIZE_CONDITIONS
static void mdlInitializeConditions(SimStruct *S)
{
    real_T *x0 = ssGetContStates(S);
    int_T  lp;
     for (lp=0;lp<6;lp++) {
          x0++=0.0;
```

ログラムのコンパイルなどの操作が煩雑です．

この煩雑さを避けるために，Simulinkには，外部からパラメータを挿入する手段が用意されています．ただし，MATLABでは，変数はすべて配列と考えるので，プログラムの書き方が多少複雑になります．

以下の実例によって，パラメータの使用方法を示します．

リスト7-4のプログラムにおいて，状態変数は，宇宙船の重心位置の座標と運動量でした．運動量を積分して重心位置を算出しているので，結局，宇宙船の重量は$m=1$としたことと同じです．

宇宙船の重量mを外部からパラメータとして与えて，$m=1$以外の状態でシミュレーションが行えるようにしてみます．**リスト7-4**のプログラムを変更したプログラムを**リスト7-5**に示します．

```c
    }
}
static void mdlOutputs(SimStruct *S, int_T tid)
{
    real_T *y = ssGetOutputPortRealSignal(S,0);
    real_T *x = ssGetContStates(S);
    int_T i;
    for(i=0;i<6;i++)
    {
        y[i]=x[i];
    }
}
#define MDL_DERIVATIVES
static void mdlDerivatives(SimStruct *S)
{
    real_T *dx = ssGetdX(S);
    real_T *x = ssGetContStates(S);
    InputRealPtrsType uPtrs = ssGetInputPortRealSignalPtrs(S,0);
    double *m=mxGetPr(ssGetSFcnParam(S,0));
    real_T mm=m[0];
    dx[0]=x[3]/mm;
    dx[1]=x[4]/mm;
    dx[2]=x[5]/mm;
    dx[3]=U(0);
    dx[4]=U(1);
    dx[5]=U(2);
}
static void mdlTerminate(SimStruct *S)
{
    UNUSED_ARG(S);
}
#ifdef  MATLAB_MEX_FILE
#include "simulink.c"
#else
#include "cg_sfun.h"
#endif
```

7.5 パラメータの設定を外部から行う

まず，プログラムの名前をspaceshiptransP.cとします．パラメータの数を，ssSetNumSFcnParams(S, 1);によって登録します．

関数mdlDerivatives( )内において，

```
double *m=mxGetPr(ssGetSFcnParam(S,0));
```

によってパラメータを取得して，さらにそのポインタを取得します．

ここで取り扱っているパラメータは，宇宙船の重量mなのでスカラーですが，MATLABでは配列扱いになります．

運動量を重量で割ると速度が得られます．

プログラムができたら，これを[Current Directory]に格納します．資料として，m704ディレクトリに格納します．

MATLABのコマンドラインから，

```
>> mex spaceshiptransP.c
```

と入力して，プログラムをコンパイルします．

モデルm704.mdlを立ち上げて，[Simulink Library Bowser]の[User-Defined Functions]から，[S-Function]ブロックをドラッグ・アンド・ドロップします．

[S-Function]ブロックをダブル・クリックします．

[Function Block Parameters]のダイアログが開くので，S-Function名のテキスト・ボックスにspaceshiptransPと書き込み，[S-functionパラメータ]のテキスト・ボックスに，mと書き込みます(図7-10)．以上で，使用するパラメータの登録ができました．

作成したモデルm704.mdlを図7-11に示します．

MATLABのコマンドラインにおいて，

```
>> m=1
```

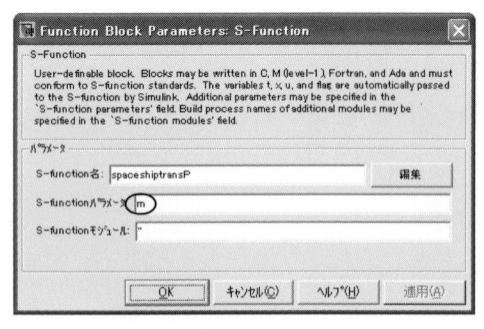

図7-10　パラメータの記入

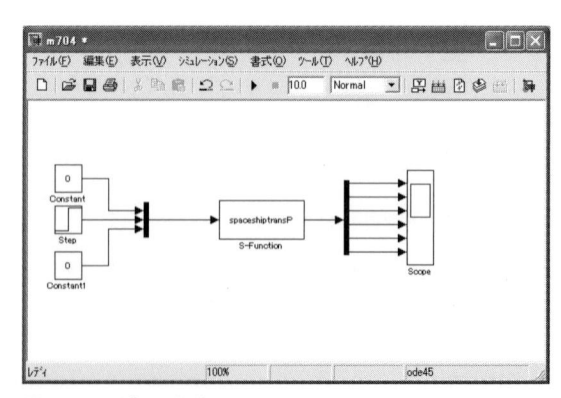

図7-11　モデルの作成

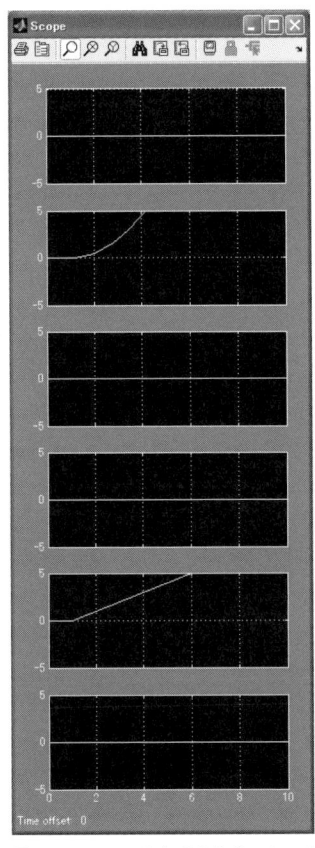

図7-12　$m=1$のときのシミュレーションの実行結果 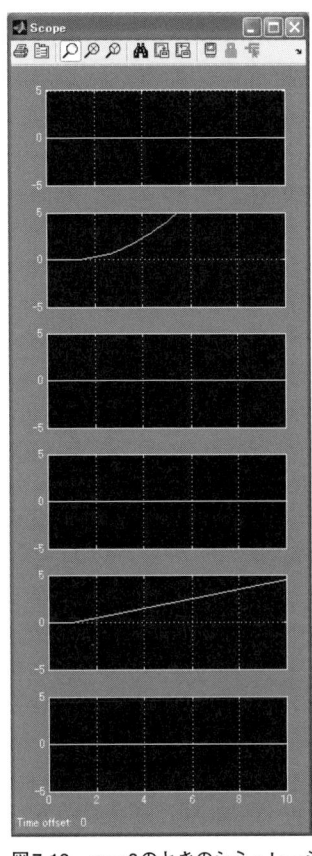　　図7-13　$m=2$のときのシミュレーションの実行結果

と入力します.

　これでパラメータの値が[Workspace]にセットできました.

　シミュレーションを実行すると，**図7-12**の結果が得られました．**図7-9**のグラフと同じ結果です．

　次にMATLABのコマンドラインにおいて，

```
>> m=2
```

と入力し，シミュレーションを実行します．結果は，**図7-13**となります．

　宇宙船の重量が2倍になったので，速度の勾配は半分になりました．

■ 7.6　剛体の回転運動のカスタム・ブロック

　宇宙船の並進運動に関するカスタム・ブロックができたので，今度は回転運動に関するカスタム・ブロックを作ります．

剛体の回転運動については，すでに述べました．ここで使う計算式を念のために整理して再記します．
まず，剛体の姿勢を表す変数として3行3列のマトリックスRを採用しました．これを，

$$R = \begin{vmatrix} R_{00} & R_{01} & R_{02} \\ R_{10} & R_{11} & R_{12} \\ R_{20} & R_{21} & R_{22} \end{vmatrix} \quad\quad (7.5)$$

と書きます．

剛体の軸まわりの回転角速度は，

$$\omega = \begin{vmatrix} \omega_0 \\ \omega_1 \\ \omega_2 \end{vmatrix} \quad\quad (7.6)$$

となります．

剛体の軸まわりの回転角は，

$$\theta = \begin{vmatrix} \theta_0 \\ \theta_1 \\ \theta_2 \end{vmatrix} \quad\quad (7.7)$$

となります．

回転角度は状態量の要素ではありませんが，目に見える量なので，計算して表示することにします．

剛体の角運動量は，

$$L = \begin{vmatrix} L_0 \\ L_1 \\ L_2 \end{vmatrix} \quad\quad (7.8)$$

となります．

剛体に加えるトルクは，

$$\tau = \begin{vmatrix} \tau_0 \\ \tau_1 \\ \tau_2 \end{vmatrix} \quad\quad (7.9)$$

とします．

運動方程式は，

$$\frac{dL}{dt} = \tau \quad\quad (7.10)$$

となります．

角運動量から角速度を計算する式は，

$$\omega = R I_0^{-1} R^T L \quad\quad (7.11)$$

となります．

角速度と回転角の関係は，

174　第7章　Cプログラムによるカスタム・ブロック

$$\frac{d\theta}{dt} = \omega \quad \cdots\cdots\cdots\cdots\cdots\cdots\cdots\cdots\cdots\cdots\cdots\cdots\cdots\cdots\cdots\cdots\cdots\cdots\cdots\cdots\cdots\cdots\cdots\cdots\cdots\cdots\cdots\cdots\cdots\cdots\cdots\cdots\cdots\cdots\cdots\cdots\cdots\cdots\cdots\cdots\cdots\cdots\cdots\cdots\cdots\cdots\cdots\cdots \quad (7.12)$$

となります．

姿勢のマトリックスの微分方程式は，

$$\frac{dR}{dt} = \omega \times R \quad \cdots\cdots\cdots\cdots\cdots\cdots\cdots\cdots\cdots\cdots\cdots\cdots\cdots\cdots\cdots\cdots\cdots\cdots\cdots\cdots\cdots\cdots\cdots\cdots\cdots\cdots\cdots\cdots\cdots\cdots\cdots\cdots\cdots\cdots\cdots\cdots\cdots\cdots\cdots\cdots\cdots\cdots\cdots\cdots \quad (7.13)$$

ですが，(7.13)式の右辺を展開すると，

$$\begin{aligned}\frac{dR}{dt} &= \begin{vmatrix} 0 & -\omega_3 & \omega_2 \\ \omega_3 & 0 & -\omega_1 \\ -\omega_2 & \omega_1 & 0 \end{vmatrix} \times R \\ &= \begin{vmatrix} -\omega_3 R_{21} + \omega_2 R_{31} & -\omega_3 R_{22} + \omega_2 R_{32} & -\omega_3 R_{23} + \omega_2 R_{33} \\ \omega_3 R_{11} - \omega_1 R_{31} & \omega_3 R_{12} - \omega_1 R_{32} & \omega_3 R_{13} - \omega_1 R_{33} \\ -\omega_2 R_{11} + \omega_1 R_{21} & -\omega_2 R_{12} + \omega_1 R_{22} & -\omega_2 R_{13} + \omega_1 R_{23} \end{vmatrix} \end{aligned} \quad \cdots\cdots \quad (7.14)$$

となります．

それでは，数式とSimulinkモデルの対応関係を決定します．モデルの入力はトルクです．対応関係は，

$\tau_0 \qquad U(0)$

$\tau_1 \qquad U(1)$

$\tau_2 \qquad U(2)$

とします．

モデルに18個の状態を定義します．対応関係は，

$R_{00} \qquad x[0]$

$R_{10} \qquad x[1]$

$R_{20} \qquad x[2]$

$R_{01} \qquad x[3]$

$R_{11} \qquad x[4]$

$R_{21} \qquad x[5]$

$R_{02} \qquad x[6]$

$R_{12} \qquad x[7]$

$R_{22} \qquad x[8]$

$\omega_0 \qquad x[9]$

$\omega_1 \qquad x[10]$

$\omega_2 \qquad x[11]$

$\theta_0 \qquad x[12]$

θ_1 $x[13]$

θ_2 $x[14]$

L_0 $x[15]$

L_1 $x[16]$

L_2 $x[17]$

とします．

マトリックスに関する微分方程式は，(7.14)式から，

$dx[0] = -\omega_2 R_{10} + \omega_1 R_{20}$

$dx[1] = \omega_2 R_{00} - \omega_0 R_{20}$

$dx[2] = -\omega_1 R_{00} + \omega_0 R_{10}$

$dx[3] = -\omega_2 R_{11} + \omega_1 R_{21}$

$dx[4] = \omega_2 R_{01} - \omega_0 R_{21}$

$dx[5] = -\omega_1 R_{01} + \omega_0 R_{11}$

$dx[6] = -\omega_2 R_{12} + \omega_1 R_{22}$

$dx[7] = \omega_2 R_{02} - \omega_0 R_{22}$

$dx[8] = -\omega_1 R_{02} + \omega_0 R_{12}$

となります．

回転角速度に関する微分方程式は，

$dx[9] = 0$

$dx[10] = 0$

$dx[11] = 0$

となります．

回転角に関する微分方程式は，

$dx[12] = \omega_0$

$dx[13] = \omega_1$

$dx[14] = \omega_2$

となります．

角運動量に関する微分方程式は，

$dx[15] = \tau_0$

$dx[16] = \tau_1$

$dx[17] = \tau_2$

となります．

出力は，3本設定します．対応関係は，

$y[0]$ ― $y[8]$ $R[0][0]$ ― $R[2][2]$

$y1[0]$, $y1[1]$, $y1[2]$ θ_0, θ_1, θ_2
$y2[0]$, $y2[1]$, $y2[2]$ ω_0, ω_1, ω_2

とします．

剛体の回転運動のプログラムを**リスト7-6**に示します．このプログラムはコメント文と空白行を削除してあります．

リスト7-6　剛体の回転運動のプログラム

```c
#define S_FUNCTION_NAME spaceshipRot
#define S_FUNCTION_LEVEL 2
#include "simstruc.h"
#define U(element) (*uPtrs[element])
static real_T R[3][3]={ {  1, 0, 0 } ,
                        {  0, 1, 0 } ,
                        {  0, 0, 1 } };
static real_T invI[3][3]={{  1,   0,   0   } ,
                          {  0, 0.5,   0   } ,
                          {  0,   0, 0.5 } };
static void mdlInitializeSizes(SimStruct *S)
{
    ssSetNumSFcnParams(S, 0);
    if (ssGetNumSFcnParams(S) != ssGetSFcnParamsCount(S)) return;
    ssSetNumContStates(S, 18);
    ssSetNumDiscStates(S, 0);
    if (!ssSetNumInputPorts(S, 1)) return;
    ssSetInputPortWidth(S, 0, 3);
    ssSetInputPortDirectFeedThrough(S, 0, 1);
    if (!ssSetNumOutputPorts(S, 3)) return;
    ssSetOutputPortWidth(S, 0, 9);
    ssSetOutputPortWidth(S, 1, 3);
    ssSetOutputPortWidth(S, 2, 3);
    ssSetNumSampleTimes(S, 1);
    ssSetNumRWork(S, 0);
    ssSetNumIWork(S, 0);
    ssSetNumPWork(S, 0);
    ssSetNumModes(S, 0);
    ssSetNumNonsampledZCs(S, 0);
    ssSetOptions(S, SS_OPTION_EXCEPTION_FREE_CODE);
}
static void mdlInitializeSampleTimes(SimStruct *S)
{
    ssSetSampleTime(S, 0, CONTINUOUS_SAMPLE_TIME);
    ssSetOffsetTime(S, 0, 0.0);
    ssSetModelReferenceSampleTimeDefaultInheritance(S);
}
#define MDL_INITIALIZE_CONDITIONS
static void mdlInitializeConditions(SimStruct *S)
{
    real_T *x0 = ssGetContStates(S);
    x0[0]=1;x0[1]=0;x0[2]=0;
    x0[3]=0;x0[4]=1;x0[5]=0;
    x0[6]=0;x0[7]=0;x0[8]=1;
    x0[9]=0;x0[10]=0;x0[11]=0;
```

リスト7-6 剛体の回転運動のプログラム（つづき）

```c
        x0[12]=0;x0[13]=0;x0[14]=0;
        x0[15]=0;x0[16]=0;x0[17]=0;
}
static void mdlOutputs(SimStruct *S, int_T tid)
{
    real_T *y = ssGetOutputPortRealSignal(S,0);
    real_T *y1 = ssGetOutputPortRealSignal(S,1);
    real_T *y2 = ssGetOutputPortRealSignal(S,2);
    real_T *x = ssGetContStates(S);
    int_T i;
    for(i=0;i<9;i++)
    {
        y[i]=x[i];
    }
    for(i=0;i<3;i++)
    {
        y1[i]=x[i+12];
    }
    for(i=0;i<3;i++)
    {
        y2[i]=x[i+9];
    }
}
#define MDL_DERIVATIVES
static void mdlDerivatives(SimStruct *S)
{
    real_T *dx = ssGetdX(S);
    real_T *x = ssGetContStates(S);
    InputRealPtrsType uPtrs = ssGetInputPortRealSignalPtrs(S,0);
    int_T i,j;
    real_T W[3][3],W1[3][3];
    R[0][0]=x[0];
    R[1][0]=x[1];
    R[2][0]=x[2];
    R[0][1]=x[3];
    R[1][1]=x[4];
    R[2][1]=x[5];
    R[0][2]=x[6];
    R[1][2]=x[7];
    R[2][2]=x[8];
    multMat(W1,R,invI);
    transMat(R);
    multMat(W,W1,R);
    transMat(R);
    for(i=0;i<3;i++)
    {
    x[i+9]=0;
    for(j=0;j<3;j++)
    {
    x[i+9]+=W[i][j]*x[15+j];
    }
    }
    dx[0]=-x[11]*R[1][0]+x[10]*R[2][0];
    dx[1]= x[11]*R[0][0]-x[9]*R[2][0];
```

```c
        dx[2]=-x[10]*R[0][0]+x[9]*R[1][0];
        dx[3]=-x[11]*R[1][1]+x[10]*R[2][1];
        dx[4]= x[11]*R[0][1]-x[9]*R[2][1];
        dx[5]=-x[10]*R[0][1]+x[9]*R[1][1];
        dx[6]=-x[11]*R[1][2]+x[10]*R[2][2];
        dx[7]= x[11]*R[0][2]-x[9]*R[2][2];
        dx[8]=-x[10]*R[0][2]+x[9]*R[1][2];
        dx[9]=0;
        dx[10]=0;
        dx[11]=0;
        dx[12]= x[9];
        dx[13]= x[10];
        dx[14]= x[11];
        dx[15]= U(0);
        dx[16]= U(1);
        dx[17]= U(2);
}
void multMat(real_T a[3][3], real_T b[3][3], real_T c[3][3])
{
    int_T i,j,k;
    for(i=0;i<3;i++)
    {
    for(j=0;j<3;j++)
    {
    a[i][j]=0;
    for(k=0;k<3;k++)
    {
    a[i][j]+=b[i][k]*c[k][j];
    }
    }
    }
}
void transMat(real_T a[3][3])
{
    real_T w12,w13,w23;
    w12=a[1][2];
    w13=a[1][3];
    w23=a[2][3];
    a[1][2]=a[2][1];
    a[1][3]=a[3][1];
    a[2][3]=a[3][2];
    a[2][1]=w12;
    a[3][1]=w13;
    a[3][2]=w23;
}
static void mdlTerminate(SimStruct *S)
{
    UNUSED_ARG(S);
}
#ifdef  MATLAB_MEX_FILE
#include "simulink.c"
#else
#include "cg_sfun.h"
#endif
```

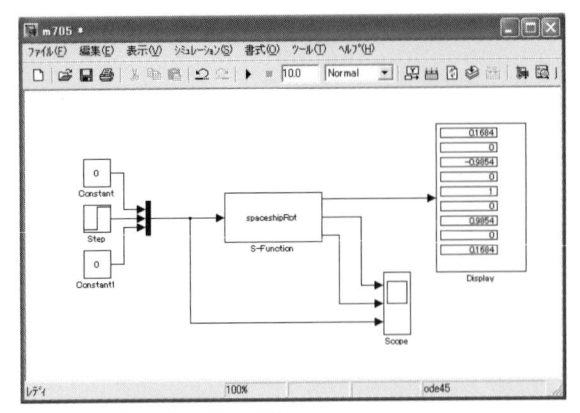

図7-14　剛体の回転運動のモデル

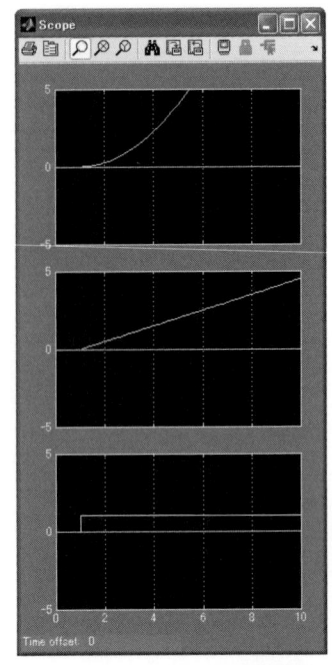

図7-15　シミュレーションの実行結果

プログラムの内容は，皆さん自力で解読してみてください．

このプログラムをspaceshipRot.cという名前で[Current Directory]に格納します．資料として，m705ディレクトリに格納します．

MATLABのコマンドラインから，

```
>> mex spaceshipRot.c
```

と入力して，spaceshipRot.dllを作成します．

準備ができたので，Simulinkモデルを作成します．新規のモデル・ウィンドウを開いて，名前をm705.mdlとします．

[Simulink Library Browser]の[User Defined Functions]から[S-Function]ブロックをドラッグ・アンド・ドロップします．このブロックをダブル・クリックし，[Function Block Parameters]ダイアログを開いて，[S-Function名]のテキスト・ボックスに，spaceshipRotと記入します．

[Simulink Library Browser]から適当なブロックを引き出して，モデルを作ります(図7-14)．

ここでは，y軸回転のトルクをステップ変化させます．シミュレーションを実行すると，図7-15の結果となりました．

宇宙船の並進運動と回転運動を合成する問題は，皆さんの演習問題とします．

第8章 ビルダによるカスタム・ブロック

8.1 はじめに

第7章では,Simulinkのサンプル・プログラムを参考にして,宇宙船の運動を記述するカスタム・ブロックを作りました.

Simulinkには,カスタム・ブロックの作成を支援するS-Function Builderブロックが用意されています.このブロックを使うと,マトリックス型のデータの入出力を行うブロックが簡単に作成できます.

本章では,S-Function Builderブロックの使い方について解説します.

8.2 ハロー・ワールド

最初に,S-Function Builderブロックを使って,簡単なモデルを作ります.いわゆるハロー・ワールドです.

新規のモデル・ウィンドウを立ち上げ,**図8-1**に示すように,[Simulink Library Browser]の[User Defined Functions]から,[S-Function Builder]ブロックをドラッグ・アンド・ドロップします.

画面上の[S-Function Builder]ブロックをダブル・クリックすると,[S-Function Builder]のダイアログが開きます(**図8-2**).

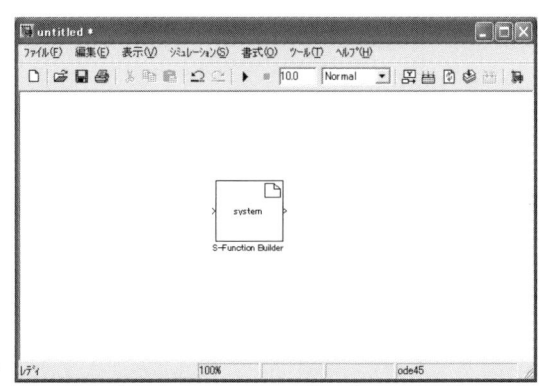

図8-1 S-Function Builderブロック

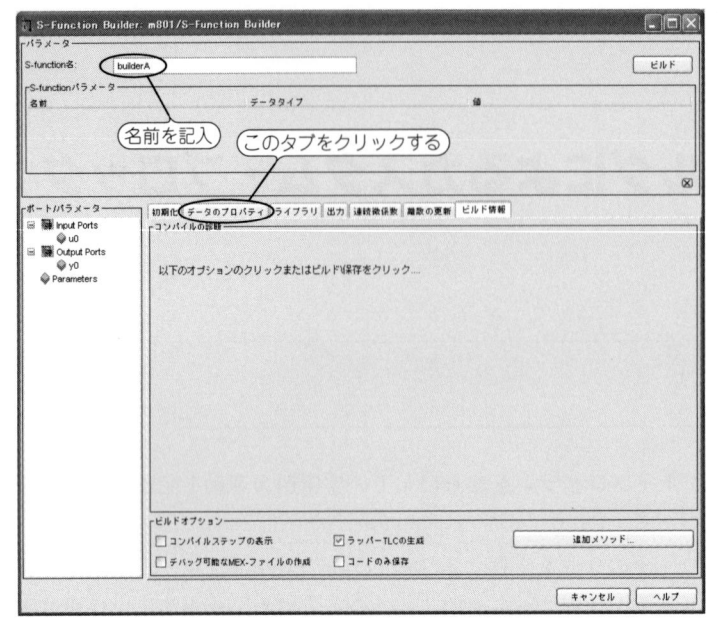

図8-2 S-Function Builderのダイアログ

　図に示したように，[S-function名]のテキスト・ボックスにファイル名を記入します．ここではbuilderAとしました．
　[S-Function Builder]のダイアログの下半部において，[初期化]のタブが開いています．ここでは，

　　　[離散状態の数]　　　0
　　　[離散状態IC]　　　　0
　　　[連続状態の数]　　　0
　　　[連続状態IC]　　　　0
　　　[サンプル・モード]　継承

となっています．
　[離散状態IC]は，タイトルを見ただけでは何を意味しているのかわかりません．
　このICはInitial Conditionの省略形です．集積回路ではありません．ここに初期状態の数値を書き込みます．
　ハロー・ワールドでは状態を使用しないので，このままとします．
　続いて，[データのプロパティ]タブをクリックします．**図8-3**が開きます．
　ここでは，さらにタブが用意されています．最初は[入力端子]のタブが開いているので，ここで入力の信号の定義を行います．
　ハロー・ワールドでは変更する必要はないので，このままとします．入力は，デフォルトでスカラーとなります．
　[出力端子]のタブをクリックすると，**図8-4**が開きます．

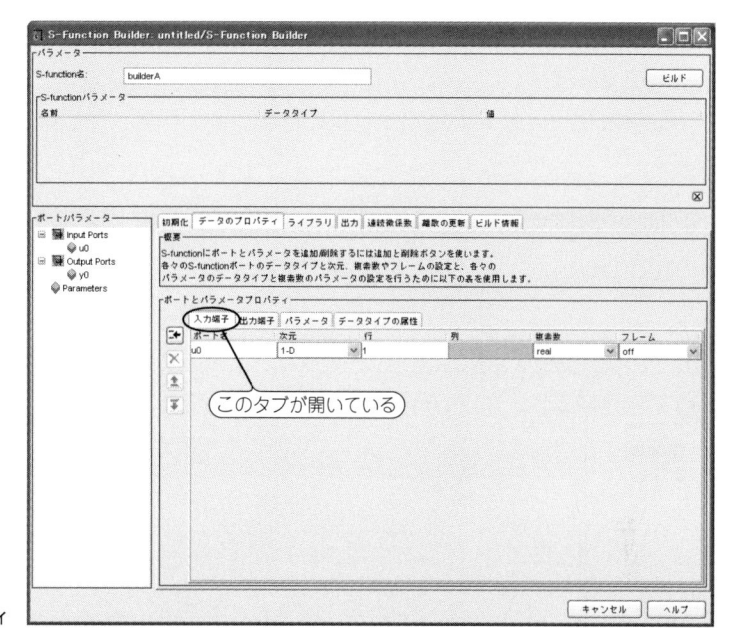

図8-3 データのプロパティ

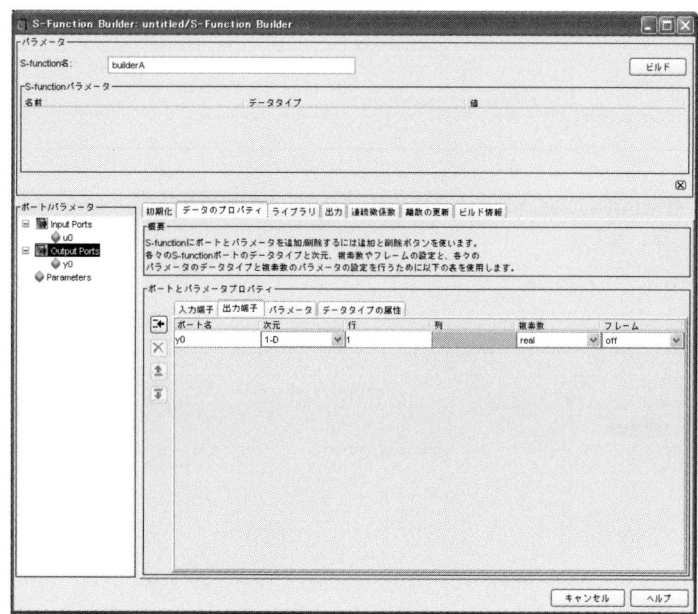

図8-4 出力端子

［入力端子］の場合と同様に，デフォルトのままとします．
［パラメータ］は使用しません．
［データ・タイプの属性］は規定値とします．
以上で，［データのプロパティ］タブは終了です．次の［ライブラリ］は，今回は使用しません．

［出力］タブをクリックします．ここが処理内容を記入する場所です．図8-5に示すように，ここに処理の内容を書き込みます．

　ここでは，y0[0] = u0[0]/2;としました．すなわち，入力のデータを2で割って出力することになります．

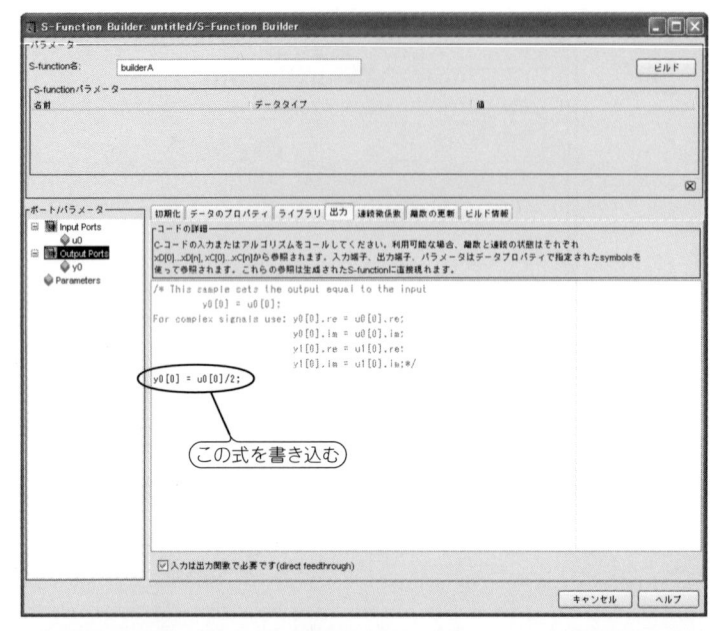

図8-5　出力の処理の内容を書き込む

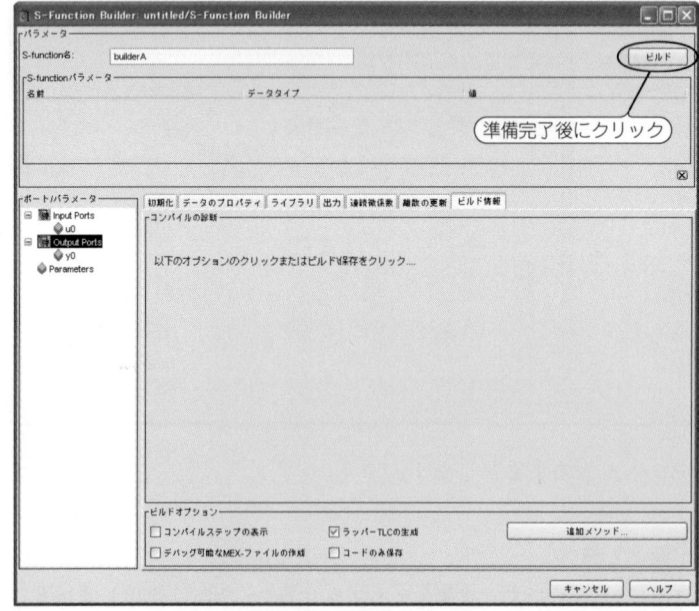

図8-6　ビルド情報

第8章　ビルダによるカスタム・ブロック

[連続微係数]および[離散の更新]は，ここでは使用しません．最後に，[ビルド情報]のタブをクリックすると，**図8-6**が開きます.

　[ラッパーTLCの生成]にチェック・マークが入っていますが，これもデフォルトのままとします．本章では，ラッパーTLCは使用しませんが，生成されてもかまいません．

　以上で準備が完了しました．画面の右上に用意されている[ビルド]ボタンをクリックします．**図8-7**に示すように，ビルドが成功したことがわかります．

　モデル・ウィンドウに戻ります．**図8-8**に示すように，ブロック名，入出力端子名が変更されています．

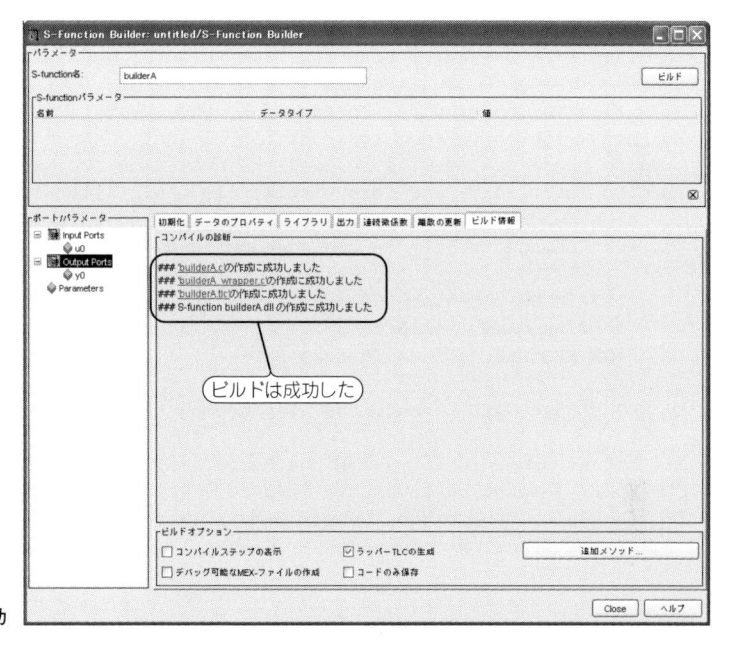

図8-7　ビルドの成功

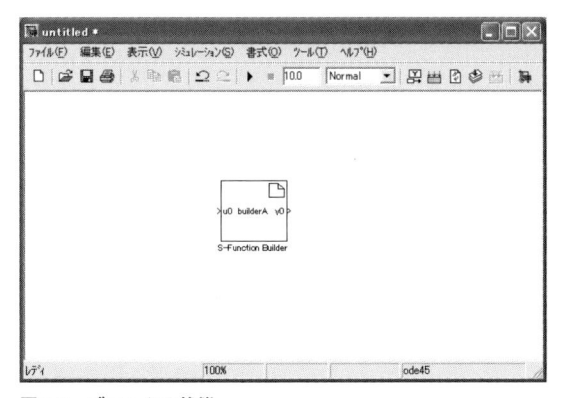

図8-8　ブロックの状態

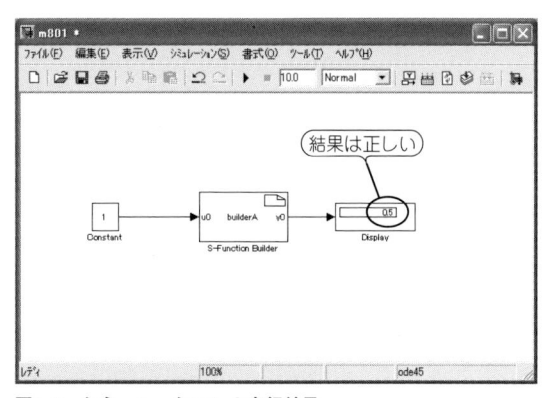

図8-9　シミュレーションの実行結果

8.2　ハロー・ワールド　　185

ブロックができたので，モデル・ウィンドウを m801.mdl という名前で保存します．

[Simulink Library Browser]から[Constant]ブロックと[Display]ブロックをドラッグ・アンド・ドロップして，シミュレーションを実行すると，図8-9の結果が得られます．

確かに，入力の1が2で割られて，0.5として出力されています．

リスト8-1　builderA.c

```
/*
 * File: builderA.c
 *
 *
 *
 *     --- THIS FILE GENERATED BY S-FUNCTION BUILDER: 3.0 ---
 *
 *     This file is an S-function produced by the S-Function
 *     Builder which only recognizes certain fields.  Changes made
 *     outside these fields will be lost the next time the block is
 *     used to load, edit, and resave this file. This file will be overwritten
 *     by the S-function Builder block. If you want to edit this file by hand,
 *     you must change it only in the area defined as:
 *
 *         %%%-SFUNWIZ_defines_Changes_BEGIN
 *         #define NAME 'replacement text'
 *         %%% SFUNWIZ_defines_Changes_END
 *
 *     DO NOT change NAME--Change the 'replacement text' only.
 *
 *     For better compatibility with the Real-Time Workshop, the
 *     "wrapper" S-function technique is used.  This is discussed
 *     in the Real-Time Workshop User's Manual in the Chapter titled,
 *     "Wrapper S-functions".
 *
 *  ---------------------------------------------------------------------
 *  | See matlabroot/simulink/src/sfuntmpl_doc.c for a more detailed template |
 *  ---------------------------------------------------------------------
 * Created: Wed Mar 23 09:07:53 2005
 *
 *
 */
#define S_FUNCTION_NAME builderA
#define S_FUNCTION_LEVEL 2
/*<<<<<<<<<<<<<<<<<<<<<<<<<<<<<<<<<<<<<<<<<<<<<<<<<<<<<<<<<<<<<*/
/* %%%-SFUNWIZ_defines_Changes_BEGIN --- EDIT HERE TO _END */
#define NUM_INPUTS          1
/* Input Port  0 */
#define IN_PORT_0_NAME      u0
#define INPUT_0_WIDTH       1
#define INPUT_DIMS_0_COL    1
#define INPUT_0_DTYPE       real_T
#define INPUT_0_COMPLEX     COMPLEX_NO
```

■ 8.3 Cプログラムの検討

SimulinkのS-Function Builderが，どのようなプログラムを生成したか検討します．
リスト8-1に builderA.c をそのままの形(コメント文は保存し，空白行は削除した)で示します．

```
#define IN_0_FRAME_BASED        FRAME_NO
#define IN_0_DIMS               1-D
#define INPUT_0_FEEDTHROUGH     1
#define IN_0_ISSIGNED           0
#define IN_0_WORDLENGTH         8
#define IN_0_FIXPOINTSCALING    1
#define IN_0_FRACTIONLENGTH     9
#define IN_0_BIAS               0
#define IN_0_SLOPE              0.125
#define NUM_OUTPUTS             1
/* Output Port  0 */
#define OUT_PORT_0_NAME         y0
#define OUTPUT_0_WIDTH          1
#define OUTPUT_DIMS_0_COL       1
#define OUTPUT_0_DTYPE          real_T
#define OUTPUT_0_COMPLEX        COMPLEX_NO
#define OUT_0_FRAME_BASED       FRAME_NO
#define OUT_0_DIMS              1-D
#define NPARAMS                 0
#define SAMPLE_TIME_0           INHERITED_SAMPLE_TIME
#define NUM_DISC_STATES         0
#define DISC_STATES_IC          [0]
#define NUM_CONT_STATES         0
#define CONT_STATES_IC          [0]
#define SFUNWIZ_GENERATE_TLC    1
#define SOURCEFILES             "__SFB__"
#define PANELINDEX              6
#define SFUNWIZ_REVISION        3.0
/* %%%-SFUNWIZ_defines_Changes_END --- EDIT HERE TO _BEGIN */
/*<<<<<<<<<<<<<<<<<<<<<<<<<<<<<<<<<<<<<<<<<<<<<<<<<<<<<<<<<*/
#include "simstruc.h"
extern void builderA_Outputs_wrapper(const real_T *u0, real_T *y0);
/*====================*
 * S-function methods *
 *====================*/
/* Function: mdlInitializeSizes ===============================================
 * Abstract:
 *   Setup sizes of the various vectors.
 */
static void mdlInitializeSizes(SimStruct *S)
{
    DECL_AND_INIT_DIMSINFO(inputDimsInfo);
    DECL_AND_INIT_DIMSINFO(outputDimsInfo);
```

第7章で作成したプログラムに使用した，見慣れた関数が記述されています．プログラムの内容は，皆さん自力で解読してみてください．

計算が実行される部分は，別ファイルになっています．**リスト8-1**では，

```
extern void builderA_Outputs_wrapper(const real_T *u0, real_T *y0);
```

リスト8-1　builderA.c（つづき）

```
    ssSetNumSFcnParams(S, NPARAMS);
     if (ssGetNumSFcnParams(S) != ssGetSFcnParamsCount(S)) {
     return; /* Parameter mismatch will be reported by Simulink */
     }
    ssSetNumContStates(S, NUM_CONT_STATES);
    ssSetNumDiscStates(S, NUM_DISC_STATES);
    if (!ssSetNumInputPorts(S, NUM_INPUTS)) return;
    ssSetInputPortWidth(S, 0, INPUT_0_WIDTH);
    ssSetInputPortDataType(S, 0, SS_DOUBLE);
    ssSetInputPortComplexSignal(S, 0, INPUT_0_COMPLEX);
    ssSetInputPortDirectFeedThrough(S, 0, INPUT_0_FEEDTHROUGH);
    ssSetInputPortRequiredContiguous(S, 0, 1); /*direct input signal access*/
    if (!ssSetNumOutputPorts(S, NUM_OUTPUTS)) return;
    ssSetOutputPortWidth(S, 0, OUTPUT_0_WIDTH);
    ssSetOutputPortDataType(S, 0, SS_DOUBLE);
    ssSetOutputPortComplexSignal(S, 0, OUTPUT_0_COMPLEX);
    ssSetNumSampleTimes(S, 1);
    ssSetNumRWork(S, 0);
    ssSetNumIWork(S, 0);
    ssSetNumPWork(S, 0);
    ssSetNumModes(S, 0);
    ssSetNumNonsampledZCs(S, 0);
    /* Take care when specifying exception free code - see sfuntmpl_doc.c */
    ssSetOptions(S, (SS_OPTION_EXCEPTION_FREE_CODE |
                     SS_OPTION_USE_TLC_WITH_ACCELERATOR |
                     SS_OPTION_WORKS_WITH_CODE_REUSE));
}
# define MDL_SET_INPUT_PORT_FRAME_DATA
static void mdlSetInputPortFrameData(SimStruct  *S,
        int_T     port,
        Frame_T   frameData)
{
    ssSetInputPortFrameData(S, port, frameData);
}
/* Function: mdlInitializeSampleTimes =========================================
 * Abstract:
 *    Specifiy the sample time.
 */
static void mdlInitializeSampleTimes(SimStruct *S)
{
    ssSetSampleTime(S, 0, SAMPLE_TIME_0);
```

と記述されています．このファイルを**リスト8-2**に示しました．

リスト8-2の最後から3行目に，ビルダに入力した計算式が，y0[0] = u0[0]/2;と記述されていることがわかります．これらのファイルは，資料ディレクトリに格納しました．

```
        ssSetOffsetTime(S, 0, 0.0);
}
#define MDL_SET_INPUT_PORT_DATA_TYPE
static void mdlSetInputPortDataType(SimStruct *S, int port, DTypeId dType)
{
    ssSetInputPortDataType( S, 0, dType);
}
#define MDL_SET_OUTPUT_PORT_DATA_TYPE
static void mdlSetOutputPortDataType(SimStruct *S, int port, DTypeId dType)
{
    ssSetOutputPortDataType(S, 0, dType);
}
#define MDL_SET_DEFAULT_PORT_DATA_TYPES
static void mdlSetDefaultPortDataTypes(SimStruct *S)
{
  ssSetInputPortDataType( S, 0, SS_DOUBLE);
 ssSetOutputPortDataType(S, 0, SS_DOUBLE);
}
/* Function: mdlOutputs =========================================================
 *
 */
static void mdlOutputs(SimStruct *S, int_T tid)
{
    const real_T   *u0 = (const real_T*) ssGetInputPortSignal(S,0);
    real_T         *y0 = (real_T *)ssGetOutputPortRealSignal(S,0);
    builderA_Outputs_wrapper(u0, y0);
}
/* Function: mdlTerminate =======================================================
 * Abstract:
 *    In this function, you should perform any actions that are necessary
 *    at the termination of a simulation.  For example, if memory was
 *    allocated in mdlStart, this is the place to free it.
 */
static void mdlTerminate(SimStruct *S)
{
}
#ifdef  MATLAB_MEX_FILE    /* Is this file being compiled as a MEX-file? */
#include "simulink.c"      /* MEX-file interface mechanism */
#else
#include "cg_sfun.h"       /* Code generation registration function */
#endif
```

■ 8.4　入出力ポートの拡張

ビルダが作るプログラムの骨格がわかったので，8.2節で作成したm801.mdlに戻ります．

［Constant］ブロックをダブル・クリックして，［定数］のテキスト・ボックスに，［1 2 3 4］とベクトルを書き込みます（図8-10）．

シミュレーションを実行すると，隣接するブロック間において，データの要素数が不一致というエラーが発生しました（図8-11）．リスト8-1のプログラムを見てみます．プログラムの最初の部分において入力と出力のポートの幅が，

```
#define INPUT_0_WIDTH          1
#define OUTPUT_0_WIDTH         1
```

と定義されています．そこで，このプログラムを，

リスト8-2　関数builderA_Outputs_wrapper( )

```
/*
 *
 *     --- THIS FILE GENERATED BY S-FUNCTION BUILDER:  3.0 ---
 *
 *     This file is a wrapper S-function produced by the S-Function
 *     Builder which only recognizes certain fields.  Changes made
 *     outside these fields will be lost the next time the block is
 *     used to load, edit, and resave this file. This file will be overwritten
 *     by the S-function Builder block. If you want to edit this file by hand,
 *     you must change it only in the area defined as:
 *
 *         %%%-SFUNWIZ_wrapper_XXXXX_Changes_BEGIN
 *             Your Changes go here
 *         %%%-SFUNWIZ_wrapper_XXXXXX_Changes_END
 *
 *     For better compatibility with the Real-Time Workshop, the
 *     "wrapper" S-function technique is used.  This is discussed
 *     in the Real-Time Workshop User's Manual in the Chapter titled,
 *     "Wrapper S-functions".
 *
 *     Created: Wed Mar 23 09:07:53 2005
 */
/*
 * Include Files
 *
 */
#if defined(MATLAB_MEX_FILE)
#include "tmwtypes.h"
#include "simstruc_types.h"
#else
```

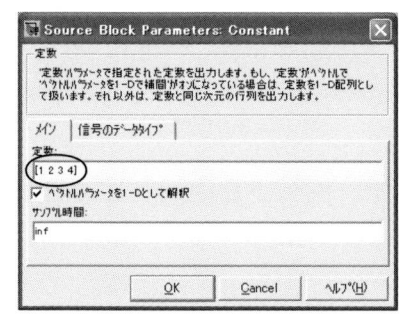

図8-10 入力をベクトルとする

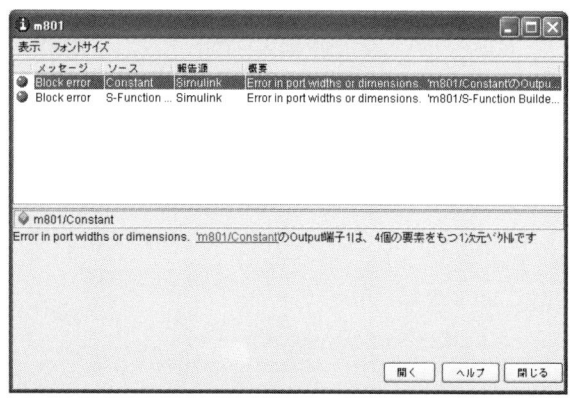

図8-11 シミュレーションのエラー

```
#include "rtwtypes.h"
#endif
/* %%%-SFUNWIZ_wrapper_includes_Changes_BEGIN --- EDIT HERE TO _END */
#include <math.h>
/* %%%-SFUNWIZ_wrapper_includes_Changes_END --- EDIT HERE TO _BEGIN */
#define u_width 1
#define y_width 1
/*
 * Create external references here.
 *
 */
/* %%%-SFUNWIZ_wrapper_externs_Changes_BEGIN --- EDIT HERE TO _END */
/* extern double func(double a); */
/* %%%-SFUNWIZ_wrapper_externs_Changes_END --- EDIT HERE TO _BEGIN */
/*
 * Output functions
 *
 */
void builderA_Outputs_wrapper(const real_T *u0, real_T *y0)
{
/* %%%-SFUNWIZ_wrapper_Outputs_Changes_BEGIN --- EDIT HERE TO _END */
/* This sample sets the output equal to the input
*y0[0] = u0[0];
 For complex signals use: y0[0].re = u0[0].re;
*y0[0].im = u0[0].im;
*y1[0].re = u1[0].re;
*y1[0].im = u1[0].im;*/
 y0[0] = u0[0]/2;
/* %%%-SFUNWIZ_wrapper_Outputs_Changes_END --- EDIT HERE TO _BEGIN */
}
```

8.4 入出力ポートの拡張

```
#define INPUT_0_WIDTH        DYNAMICALLY_SIZED
#define OUTPUT_0_WIDTH       DYNAMICALLY_SIZED
```

と変更します．

リスト8-2のプログラムでは，y0[0] = u0[0]/2;となっています．これも変更する必要があります．ここでは，

```
int_T i;
for(i=0;i<u_width;i++)
{
    *y0[i] = u0[i]/2;
}
```

と変更しました．モデル名は，m802.mdlとしました．

変更したプログラムをビルドして，シミュレーションを実行すると，正しく結果が表示されました

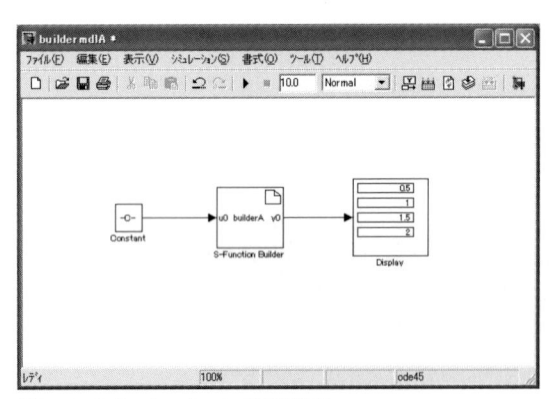

図8-12 シミュレーションの実行結果

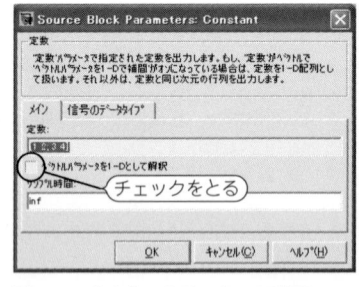

図8-13 入力をマトリックスに変更

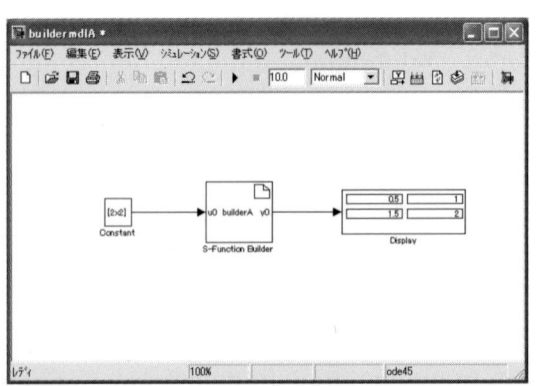

図8-14 シミュレーションの実行結果

（図8-12）．出力はカラム・ベクトルになりました．

今度は，入力データをマトリックスに変更します．モデルの[Constant]ブロックをダブル・クリックして，定数を[１２；３４]とし，1-Dとして解釈のチェック・マークをはずします（図8-13）．

ここでシミュレーションを実行すると，出力はマトリックスの結果が得られました（図8-14）．

■ 8.5　モータの速度制御

ビルダを使って，連続系の問題を解きます．4.3節で述べたモータの速度制御問題を取り上げます．微分方程式を再記すると，

$$\frac{dL}{dt} = -\omega + u \quad\quad\quad\quad\quad\quad\quad\quad\quad\quad\quad\quad\quad\quad\quad\quad\quad (8.1)$$

となります．

ここで，式を簡単にするために，モータ回転子の慣性モーメントは $I=1$ と置きます．このとき，(8.1)式は，

$$\frac{d\omega}{dt} = -\omega + u \quad\quad\quad\quad\quad\quad\quad\quad\quad\quad\quad\quad\quad\quad\quad\quad\quad (8.2)$$

となります．

それでは，プログラムを作ります．新規のモデル・ウィンドウを立ち上げて，名前をm803.mdlとします．

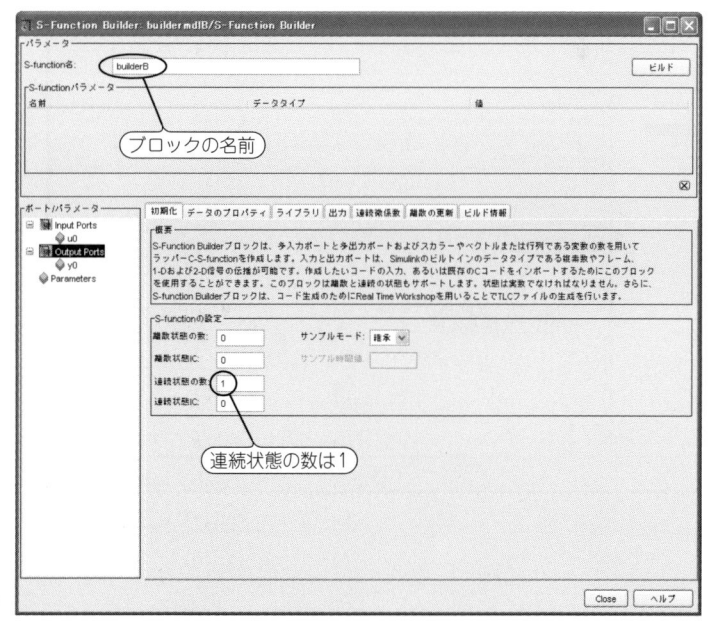

図8-15　S-Function Builderのダイアログ

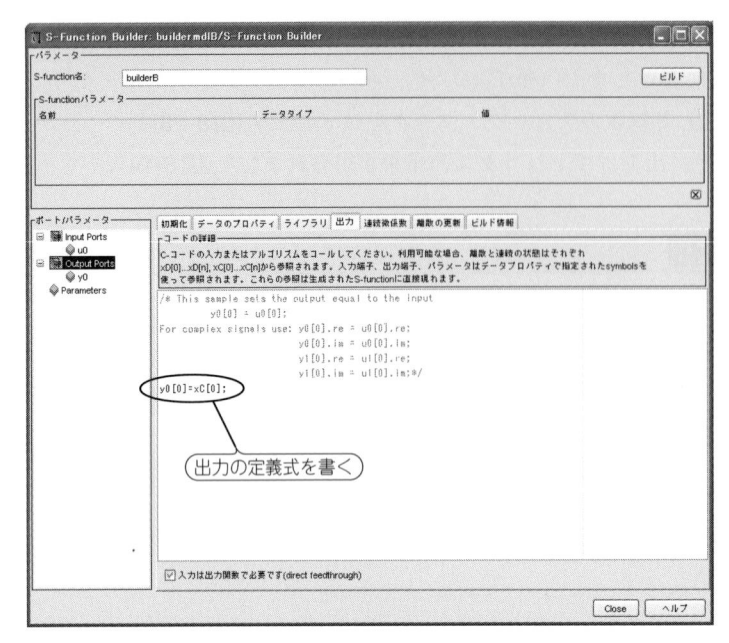

図8-16 出力の処理の内容を書き込む

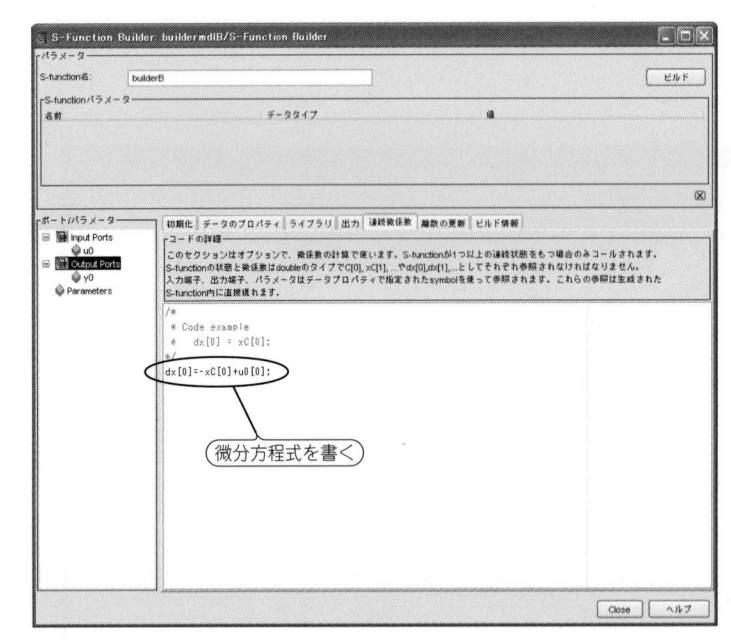

図8-17 連続微係数タブをクリックして微分方程式を書き込む

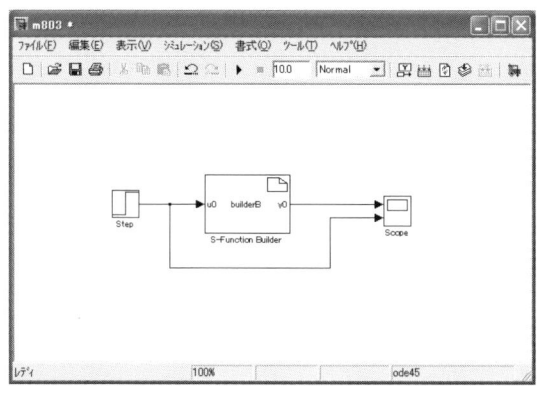

図8-18 連続系のシミュレーション・モデルのウィンドウ

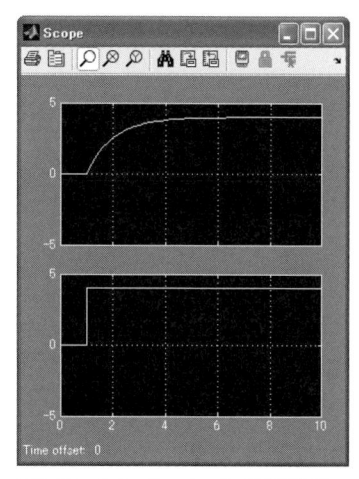

図8-19 シミュレーションの実行結果

　[Simulink Library Browser]から，[S-Function Builder]ブロック，[Step]ブロック，[Scope]をモデル・ウィンドウにドラッグ・アンド・ドロップして接続します．
　[S-Function Builder]ブロックをダブル・クリックして，S-Function Builderを立ち上げます．**図8-15**に示すように，[S-Function Builder]のダイアログが開きます．
　[S-Function名]のテキスト・ボックスに，builderBと記入します．[初期化]のタブが開いているので，[連続状態の数]1を記入します．初期値は，デフォルトのままで0とします．
　[出力]のタブをクリックして，y0[0]=xC[0];とします(**図8-16**)．
　xC[0]のCはContinuous(連続)の頭文字をとったものです．
　[連続微係数]のタブをクリックして，(8.2)式の微分方程式を記述します(**図8-17**)．
　これでビルダへの書き込みは終わりです．
　[ビルド]ボタンをクリックします．モデル・ウィンドウを**図8-18**に示します．
　シミュレーションを実行すると，[Scope]は**図8-19**となります．

■ 8.6　宇宙船の並進運動

　ビルダを使って，第4章で導いた宇宙船の並進運動に関するモデルを再構築します．
　最初に1次元問題の解を求め，次に3次元へ拡張します．
　では，宇宙船の並進運動に関する微分方程式を整理します．式を簡単にするために，宇宙船の重量は，
$$m = 1$$
とします．また，状態は，
　　x_1　　　　宇宙船の重心座標
　　$x_2 = P$　　宇宙船の運動量，$m=1$としたので，速度となる

とします．微分方程式は，

$$\frac{dx_1}{dt} = x_2 \quad \cdots\cdots\cdots\cdots\cdots\cdots\cdots\cdots\cdots\cdots\cdots\cdots\cdots\cdots\cdots\cdots\cdots\cdots\cdots\cdots\cdots\cdots\cdots\cdots\cdots\cdots\cdots\cdots\cdots\cdots\cdots\cdots\cdots\cdots (8.3)$$

$$\frac{dx_2}{dt} = u \quad \cdots\cdots\cdots\cdots\cdots\cdots\cdots\cdots\cdots\cdots\cdots\cdots\cdots\cdots\cdots\cdots\cdots\cdots\cdots\cdots\cdots\cdots\cdots\cdots\cdots\cdots\cdots\cdots\cdots\cdots\cdots\cdots\cdots\cdots\cdots (8.4)$$

となります．

それでは，Simulinkのモデルを作ります．モデル名は，m804.mdlとします．

[Simulink Library Browser]から，[S-Function Builder]，[Step]，[Scope]，[Demux]ブロックをドラッグ・アンド・ドロップします．

[S-Function Builder]ブロックをダブル・クリックし，[S-Function Builder]のダイアログを開きます．[S-Function名]のテキスト・ボックスに，builderCと書き込みます．

[連続状態の数]に2と書き込みます．[連続状態IC]に初期状態を0 0と書き込みます．そのほかの項目は変更しません（図8-20）．

[出力]タブをクリックして，

```
y0[0]=xC[0];
y0[1]=xC[1];
```

と記入します．

[連続微係数]のタブをクリックして，

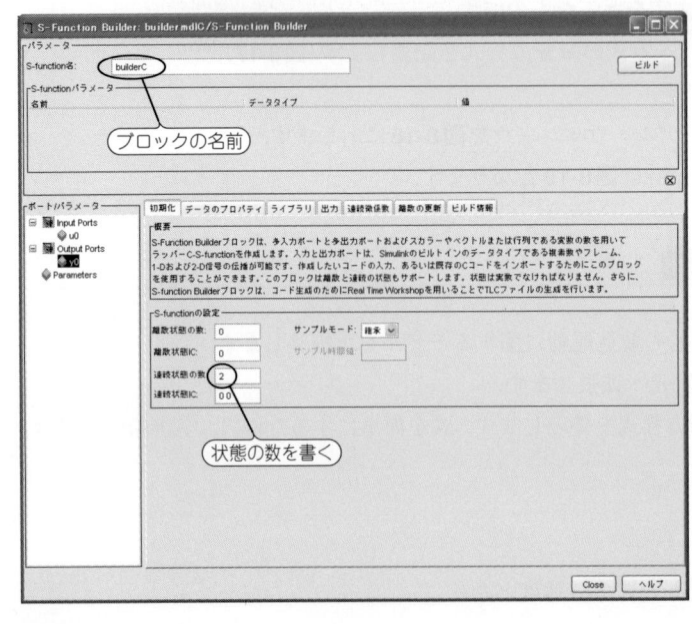

図8-20 連続状態の数と連続状態ICを変更する

```
        dx[0]=xC[1];
       *dx[1]=u0[0];
```

と記入します.

[ビルド]のボタンをクリックします．モデル・ウィンドウを**図8-21**に示します．

シミュレーションを実行すると，**図8-22**が得られました．

1次元モデルが完成したので，続いて，3次元モデルを作ります．

新規のモデル・ウィンドウを開きます．名前を`m805.mdl`とします．[Simulink Library Browser]からブロックをドラッグ・アンド・ドロップし，**図8-23**に示すように結線してモデルを作ります．

[S-Function Builder]のブロックをダブル・クリックし，[S-Function Builder]のダイアログを開きます．ブロックの名前を`builderD`とします．

[初期化]のタブにおいて，

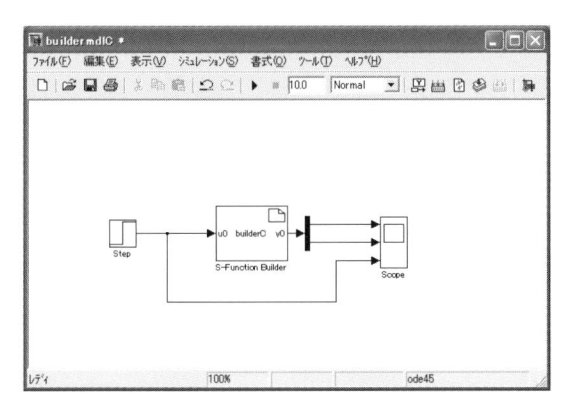

図8-21　1次元のシミュレーション・モデルの構成

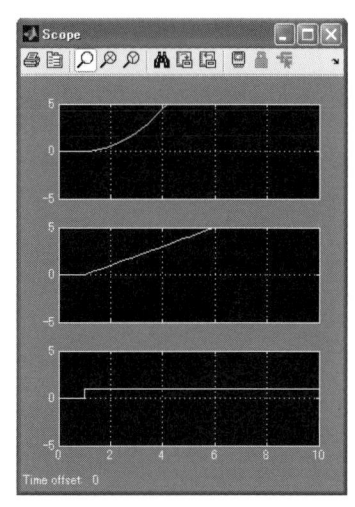

図8-22　1次元のシミュレーション・モデルのScopeのグラフ

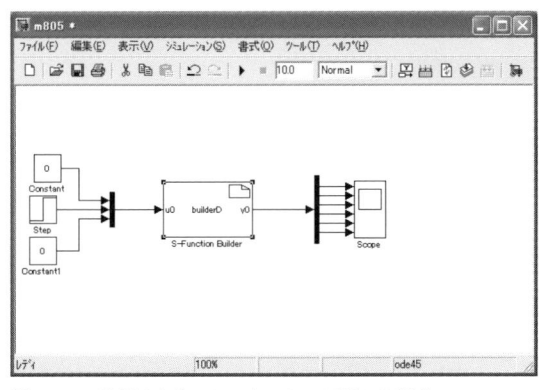

図8-23　3次元のシミュレーション・モデルの構成

8.6　宇宙船の並進運動

［離散状態の数］　　0
［離散状態IC］　　　0
［連続状態の数］　　6
［連続状態IC］　　　0, 0, 0, 0, 0, 0

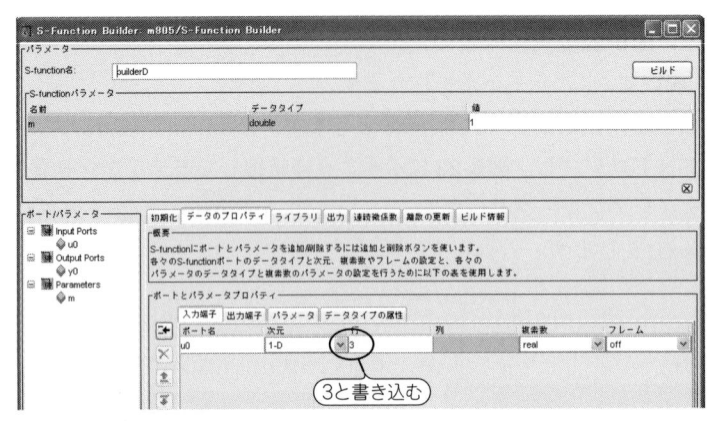

図8-24　入力端子の行の設定

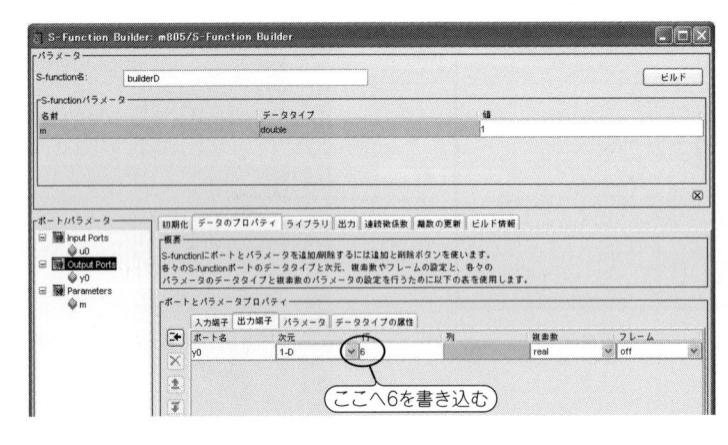

図8-25　出力端子の行の設定

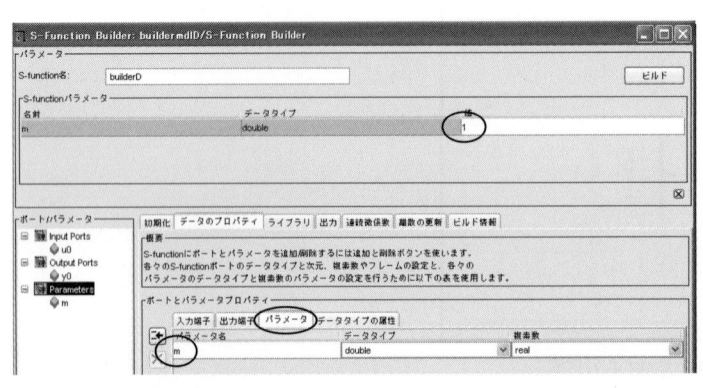

図8-26　パラメータ名の設定

［サンプルモード］　　継承

とします.

　［データのプロパティ］のタブにおいて［入力端子］のタブをクリックして，［行］のところに3と記入します（図8-24）.

　［出力端子］のタブをクリックして，出力変数の要素数を6とします（図8-25）.

　［パラメータ］のタブをクリックして，mと記入します（図8-26）.

　すると，［S-Function Builder］の上半部分［S-Functionパラメータ］のペインにパラメータmが登録され，初期値は1に設定されます．［出力］のタブをクリックして，プログラムを書き込みます（図8-27）.

　［連続微係数］のタブをクリックして，プログラムを書き込みます（図8-28）.

　［ライブラリ］と［離散の更新］は，デフォルトのまま，変更はありません．［ビルド］ボタンをクリックして，プログラムをビルドします.

　シミュレーションを実行すると，図8-29に示すように結果が表示されます．

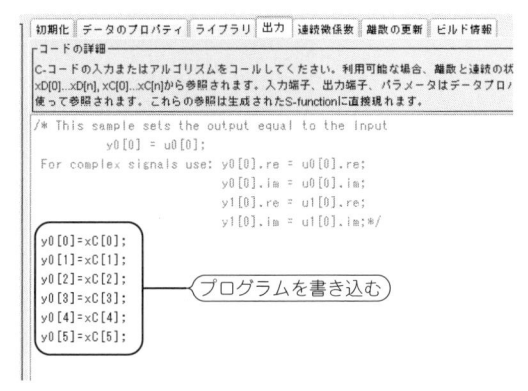

図8-27　出力

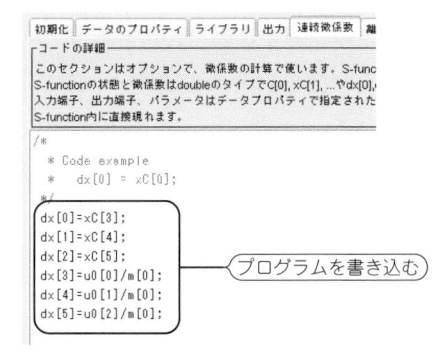

図8-28　連続微係数

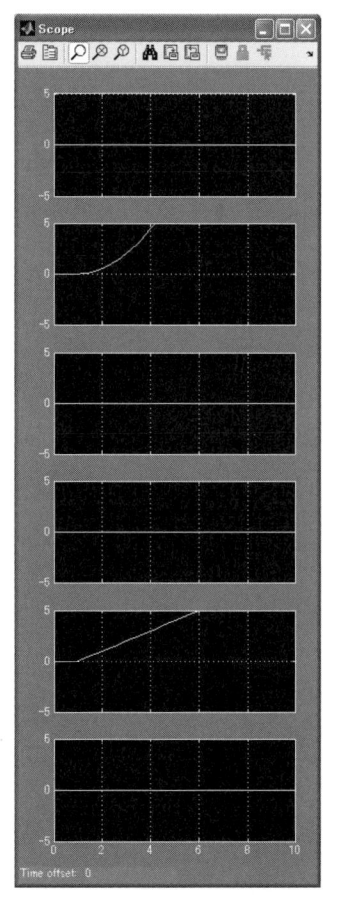

図8-29　シミュレーションの結果（$m=1$）

8.6　宇宙船の並進運動　　199

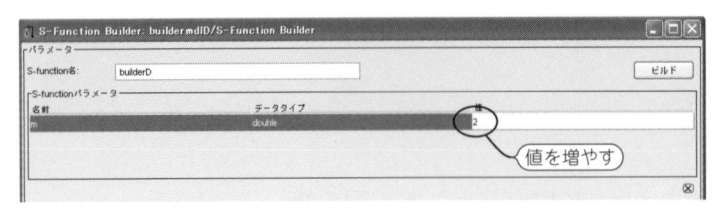

図8-30 パラメータの変更

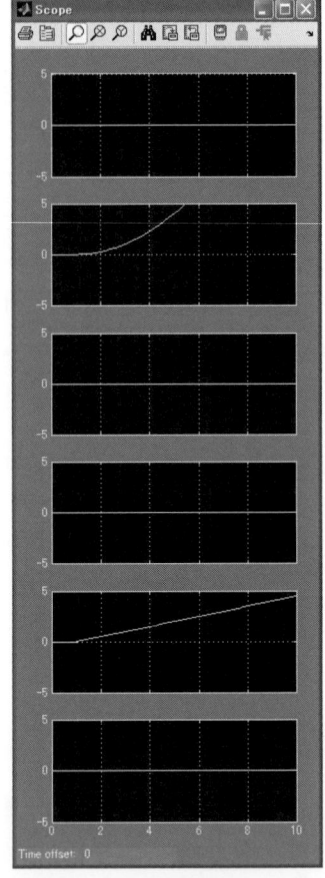

図8-31 パラメータ$m=2$とした場合のシミュレーションの結果

パラメータを変更します．[S-Function Builder］のダイアログにおいて，パラメータの値を2とします（図8-30）．このとき，数字を変更して，そのあとに，Enterキーを押す必要があります．

モデル・ウィンドウに戻って，シミュレーションを実行すると，図8-31となります．

質量を2倍にしたので，宇宙船の速度はスローダウンしました．

■ 8.7 宇宙船の回転運動

最後に，宇宙船の回転運動のブロックを作ります．剛体の回転運動については，すでに述べました．ここで使う計算式を念のために，整理して再記します．

まず，剛体の姿勢を表す変数として3行3列のマトリックスを採用しました．これを，

$$R = \begin{vmatrix} R_{00} & R_{01} & R_{02} \\ R_{10} & R_{11} & R_{12} \\ R_{20} & R_{21} & R_{22} \end{vmatrix} \quad \cdots\cdots (8.5)$$

と書きます.

剛体の軸まわりの回転角速度は,

$$\omega = \begin{vmatrix} \omega_0 \\ \omega_1 \\ \omega_2 \end{vmatrix} \quad \cdots\cdots (8.6)$$

となります.

剛体の軸まわりの回転角は,

$$\theta = \begin{vmatrix} \theta_0 \\ \theta_1 \\ \theta_2 \end{vmatrix} \quad \cdots\cdots (8.7)$$

となります.

剛体の角運動量は,

$$L = \begin{vmatrix} L_0 \\ L_1 \\ L_2 \end{vmatrix} \quad \cdots\cdots (8.8)$$

となります.

剛体に加えるトルクは,

$$\tau = \begin{vmatrix} \tau_0 \\ \tau_1 \\ \tau_2 \end{vmatrix} \quad \cdots\cdots (8.9)$$

とします.

運動方程式は,

$$\frac{dL}{dt} = \tau \quad \cdots\cdots (8.10)$$

となります.

角運動量から角速度を計算する式は,

$$\omega = R I_0^{-1} R^T L \quad \cdots\cdots (8.11)$$

となります.

角速度と回転角の関係は,

$$\frac{d\theta}{dt} = \omega \quad \cdots\cdots (8.12)$$

となります.

姿勢のマトリックスの微分方程式は，

$$\frac{dR}{dt} = \omega \times R \quad \cdots\cdots\cdots\cdots\cdots\cdots\cdots\cdots\cdots\cdots\cdots\cdots\cdots\cdots\cdots\cdots\cdots\cdots\cdots\cdots (8.13)$$

ですが，(8.13)式の右辺を展開すると，

$$\begin{aligned}\frac{dR}{dt} &= \begin{vmatrix} 0 & -\omega_3 & \omega_2 \\ \omega_3 & 0 & -\omega_1 \\ -\omega_2 & \omega_1 & 0 \end{vmatrix} \times R \\ &= \begin{vmatrix} -\omega_3 R_{21} + \omega_2 R_{31} & -\omega_3 R_{22} + \omega_2 R_{32} & -\omega_3 R_{23} + \omega_2 R_{33} \\ \omega_3 R_{11} - \omega_1 R_{31} & \omega_3 R_{12} - \omega_1 R_{32} & \omega_3 R_{13} - \omega_1 R_{33} \\ -\omega_2 R_{11} + \omega_1 R_{21} & -\omega_2 R_{12} + \omega_1 R_{22} & -\omega_2 R_{13} + \omega_1 R_{23} \end{vmatrix} \quad \cdots\cdots\cdots (8.14)\end{aligned}$$

となります．

それでは，数式とモデルの対応関係を作ります．モデルの入力はトルクです．対応関係は，

$\tau_0 \quad u0[0]$

$\tau_1 \quad u0[1]$

$\tau_2 \quad u0[2]$

とします．

モデルに15個の状態を定義します．対応関係は，

$R_{00} \quad xC[0]$

$R_{01} \quad xC[1]$

$R_{02} \quad xC[2]$

$R_{10} \quad xC[3]$

$R_{11} \quad xC[4]$

$R_{12} \quad xC[5]$

$R_{20} \quad xC[6]$

$R_{21} \quad xC[7]$

$R_{22} \quad xC[8]$

$L_0 \quad xC[9]$

$L_1 \quad xC[10]$

$L_2 \quad xC[11]$

$\theta_0 \quad xC[12]$

$\theta_1 \quad xC[13]$

$\theta_2 \quad xC[14]$

とします．

マトリックスに関する微分方程式は展開して，

$dx[0] = -\omega_2 R_{10} + \omega_1 R_{20}$

$dx[1] = \omega_2 R_{00} - \omega_0 R_{20}$

$dx[2] = -\omega_1 R_{00} + \omega_0 R_{10}$

$dx[3] = -\omega_2 R_{11} + \omega_1 R_{21}$

$dx[4] = \omega_2 R_{01} - \omega_0 R_{21}$

$dx[5] = -\omega_1 R_{01} + \omega_0 R_{11}$

$dx[6] = -\omega_2 R_{12} + \omega_1 R_{22}$

$dx[7] = \omega_2 R_{02} - \omega_0 R_{22}$

$dx[8] = -\omega_1 R_{02} + \omega_0 R_{12}$

となります．

角運動量に関する微分方程式は，

$dx[9] = \tau_0$

$dx[10] = \tau_1$

$dx[11] = \tau_2$

となります．

回転角に関する微分方程式は，

$dx[12] = \omega_0$

$dx[13] = \omega_1$

$dx[14] = \omega_2$

となります．

以上の対応関係を前提にして，シミュレーションのモデルを作ります．

新規にモデルを立ち上げて，モデルの名前をm806.mdlとします．[Simulink Library Browser]からブロックをドラッグ・アンド・ドロップして結線し，図8-32に示すようなモデルを作ります．

[S-Function Builder]ブロックの内容を説明します．このブロックの名前は，builderE.mdlとしました．

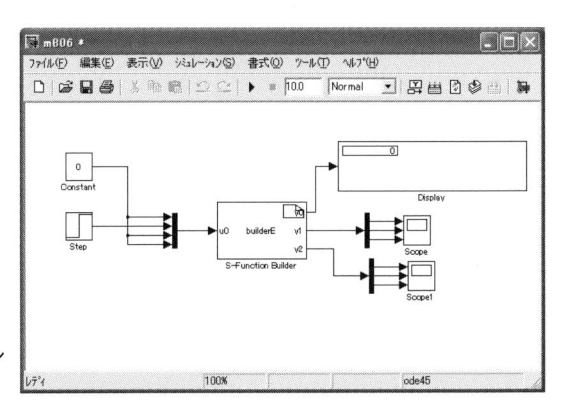

図8-32 剛体のシミュレーション・モデルの構成

8.7 宇宙船の回転運動

このブロックをダブル・クリックして，[S-Function Builder]を開きます．最初の画面は，図8-33となります．

[初期化]のタブにおいて，

　　［S-Function名］　　　　　builderE

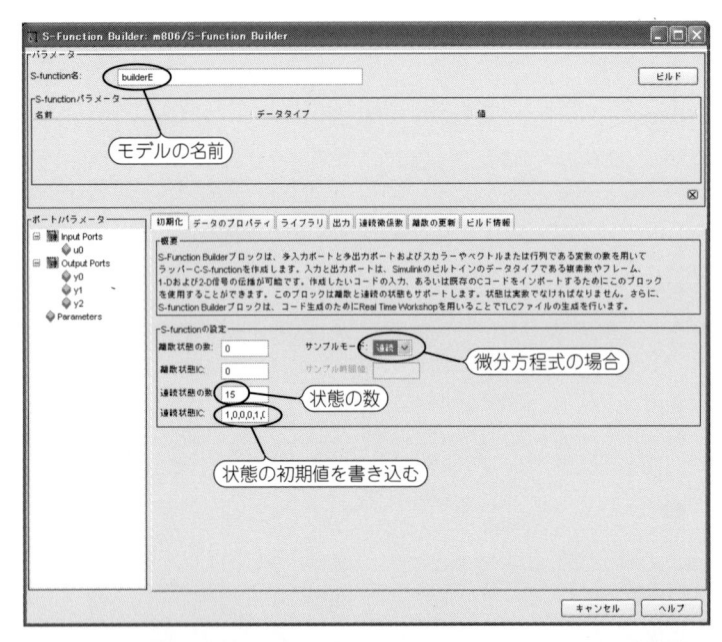

図8-33　S-Function Builderの初期画面

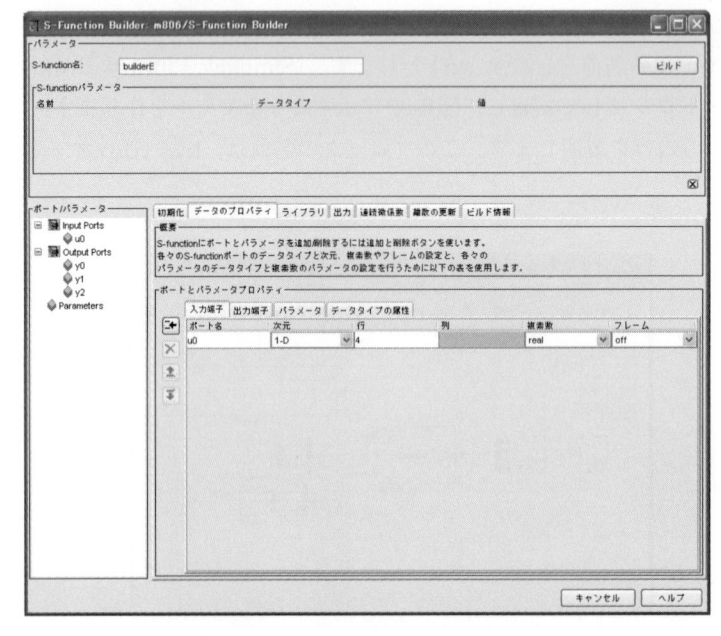

図8-34　入力端子のプロパティ

204　　第8章　ビルダによるカスタム・ブロック

［連続状態の数］　　　15
　　　［連続状態IC］　　　　1, 0, 0, 0, 1, 0, 0, 0, 1, 0, 0, 0, 0, 0, 0
　　　［サンプルモード］　　連続
とします．

　［データのプロパティ］，［入力端子］のタブにおいて，**図8-34**に示すように，
　　　［ポート名］　　　u0
　　　［次元］　　　　　1-D
　　　［行］　　　　　　4
とします．

　［データのプロパティ］，［出力端子］のタブにおいて，**図8-35**に示すように，
　　　［ポート名］　　［次元］　　［行］　　［列］
　　　　y0　　　　　2-D　　　　3　　　　3
　　　　y1　　　　　1-D　　　　3
　　　　y2　　　　　1-D　　　　3
として，3個の出力ポートを定義します．

　［出力］のタブにおいて，**図8-36**に示すように出力の定義式を書きます．
　［連続微係数］のタブにおいて，**リスト8-3**のプログラムを記入します．
　プログラムが長いために一部しか示すことができませんが，最初の部分を**図8-37**に示します．
　記入が完了したならば，［ビルド］ボタンをクリックして，プログラムをビルドします．

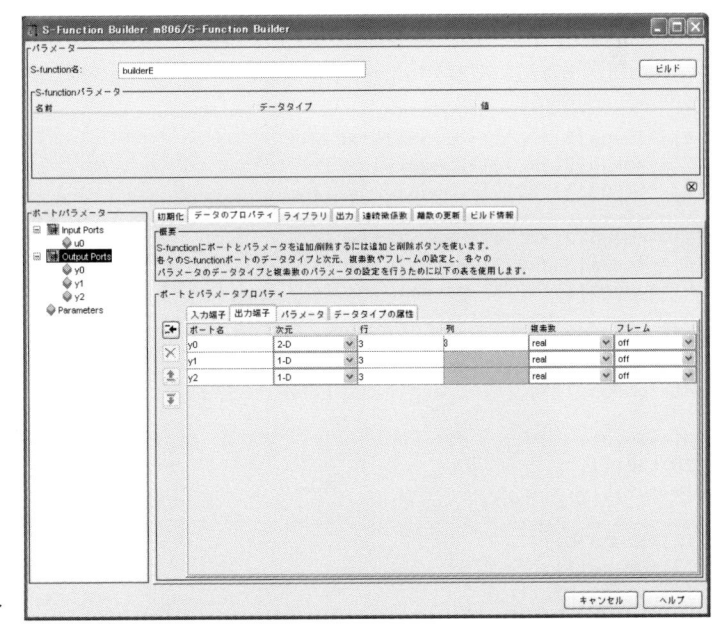

図8-35　出力端子のプロパティ

リスト8-3　宇宙船の回転運動のモデル

```
        static real_T invI[9]={1,0,0,0,0.5,0,0,0,1};
        static real_T w[9]={0,0,0,0,0,0,0,0,0};
        static real_T w1[9]={0,0,0,0,0,0,0,0,0};

        static real_T omega[3]={0,0,0};
        int_T i,j,k;
        for(i=0;i<3;i++)
        {
                for(j=0;j<3;j++)
                {
                w[i+3*j]=0;
                for(k=0;k<3;k++)
                {
                w[i+3*j]+=xC[i+3*k]*invI[k+3*j];
                }
                }
        }
        for(i=0;i<3;i++)
        {
                for(j=0;j<3;j++)
                {
                w1[i+3*j]=0;
                for(k=0;k<3;k++)
                {
                w1[i+3*j]+=w[i+3*k]*xC[j+3*k];
                }
                }
        }
        for(i=0;i<3;i++)
        {
                omega[i]=0;
                for(j=0;j<3;j++)
                {
                omega[i]+=w1[i+3*j]*xC[j+9];
                }
        }
        dx[0]=-omega[2]*xC[1]+omega[1]*xC[2];
        dx[1]= omega[2]*xC[0]-omega[0]*xC[2];
        dx[2]=-omega[1]*xC[0]+omega[0]*xC[1];

        dx[3]=-omega[2]*xC[4]+omega[1]*xC[5];
        dx[4]= omega[2]*xC[3]-omega[0]*xC[5];
        dx[5]=-omega[1]*xC[3]+omega[0]*xC[4];

        dx[6]=-omega[2]*xC[7]+omega[1]*xC[8];
        dx[7]= omega[2]*xC[6]-omega[0]*xC[8];
        dx[8]=-omega[1]*xC[6]+omega[0]*xC[7];

        dx[9] =u0[0];
        dx[10]=u0[1];
        dx[11]=u0[2];

        dx[12]=omega[0];
        dx[13]=omega[1];
        dx[14]=omega[2];
```

シミュレーションを実行すると，**図8-38**となり，これまでの結果と一致していることがわかります．角速度のScopeをクリックすると，**図8-39**に示すように，角速度のグラフが表示されます．角度のScopeをダブル・クリックすると，**図8-40**のように，角度の変化がグラフ表示されます．以上で宇宙船の回転運動を記述するシミュレーション・ブロックが完成しました．

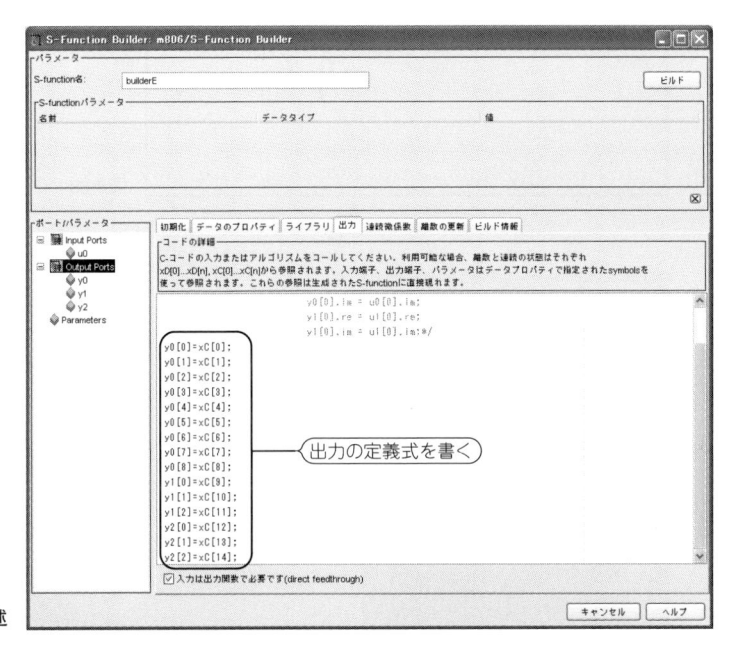

図8-36 状態の記述

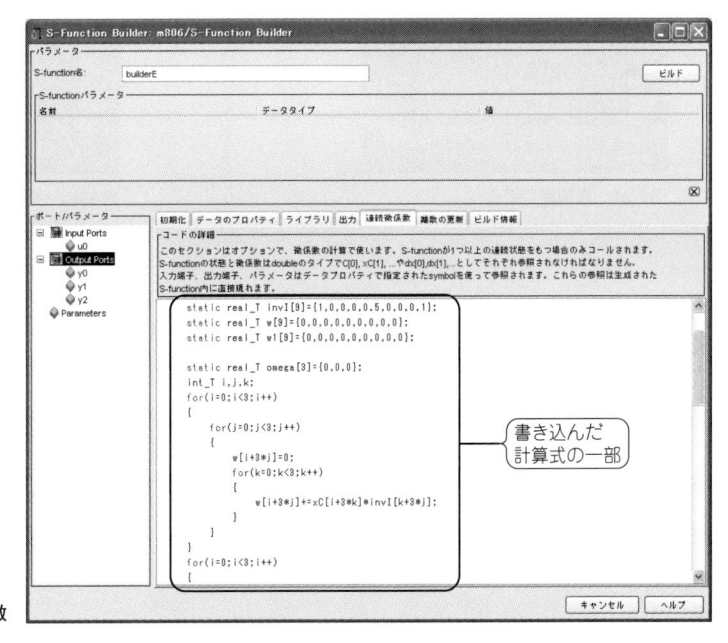

図8-37 連続微係数

8.7 宇宙船の回転運動

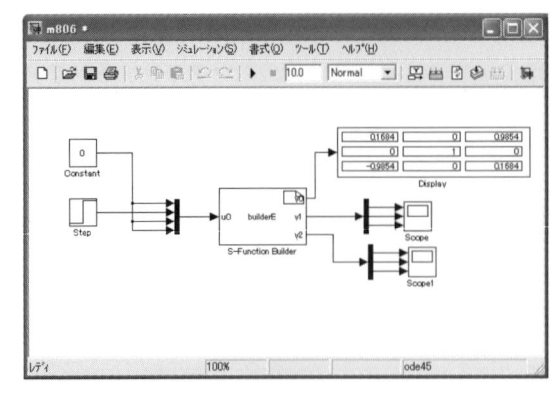

図8-38 シミュレーションの実行結果

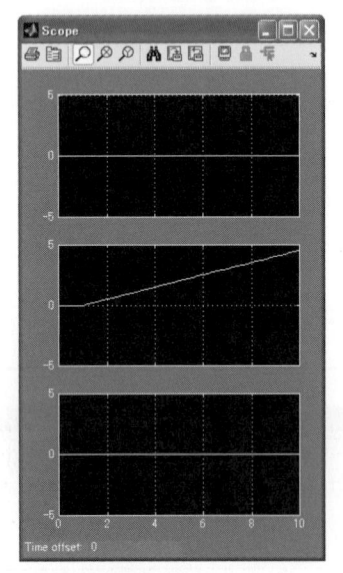

図8-39 角速度の変化

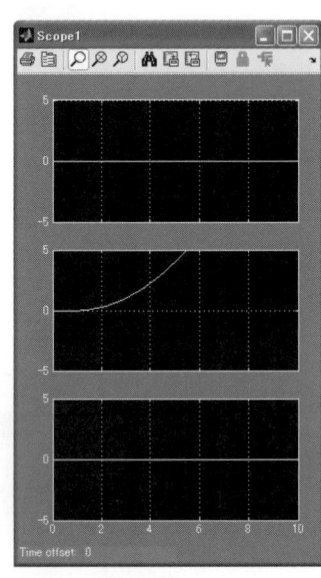

図8-40 角度の変化

■ 8.8 入力ポートの次元の設定について

前節の図8-34および図8-38を，もう一度，注意深く見てください．

トルクの次元は3であるのに対して，入力ポートの次元は4としました．記号でいうと，信号，

$u0[0]$, $u0[1]$, $u0[2]$, $u0[3]$

を用意して，その中の，

$u0[3]$

は未使用です．

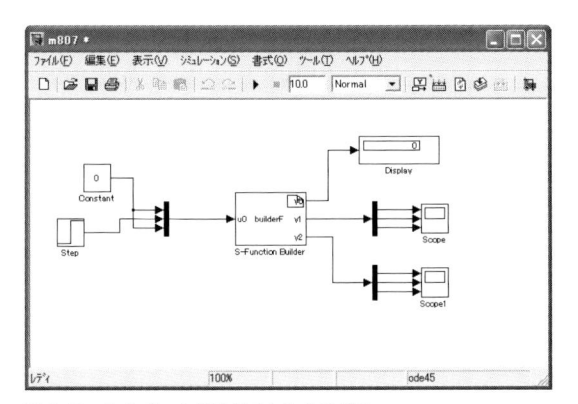

図8-41　入力ポートの次元3としたモデル

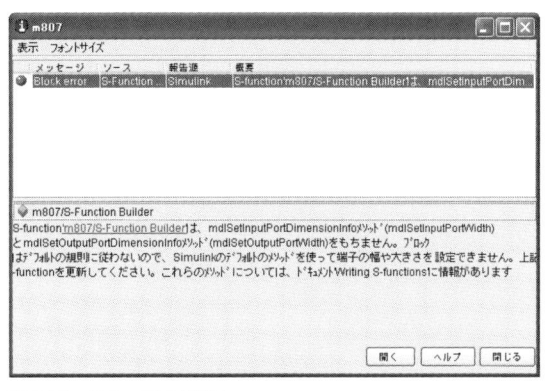

図8-43　エラーによる停止

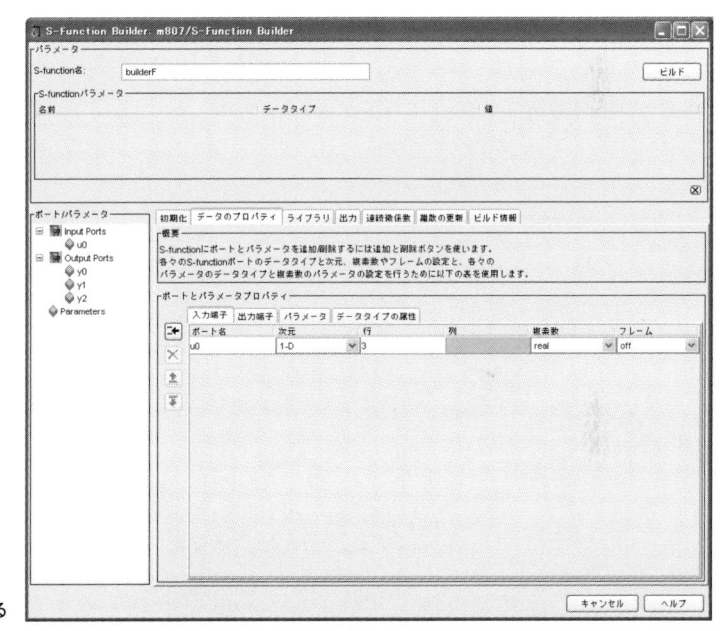

図8-42　入力ポートの次元は3とする

　ここではその理由を実験的に実証します．新規モデルを立ち上げます．モデルの名前をm807.mdlとします．図8-41に示すように，図8-32とほぼ同様にモデルを組み立てます．
　ただし，図8-42に示すように，入力ポートの次元は3とします．
　そのほかの項目は，m806.mdlの場合と同様に記述し，プログラムをビルドします．
　シミュレーションを実行します．図8-43に示すように，エラーが発生して，シミュレーションは停止します．
　入力トルクの次元を3とすると，エラーが発生し，ダミーの次元を加えて4とするとプログラムは正常に動作します．

8.8　入力ポートの次元の設定について

第9章　Cプログラムのビルド

■ 9.1　はじめに

　SimulinkのブロックΨ図をCのプログラムに変換する方法について解説します．

　組み込みターゲットの多様性のために，Cプログラムを生成する過程は，通常，多くの分岐をもつ複雑な過程になります．

　ここでは，MATLABプロダクト・ファミリに用意されているReal-Time Workshopを使って，ブロック線図をCプログラムに変換する過程を紹介します．

　Real-Time Workshop以外にも多くの変換システムが発売されていますが，今回はそれらについては考慮しません．必要最小限のソフトウェアは，MATLAB, Simulink, Real-Time Workshopの3本です．

■ 9.2　モデル・ベースド・デザインの世界へ

　プラント，工作機械，自動車，航空機などの組み込みをターゲットとした設計の際に，最初にブロック線図（UMLチャート）を作成し，コンピュータ・シミュレーションを行い，その後パラメータのチューニングなどを行い，結果を実機に実装して最終的な検証を行うという設計法が標準的な方法として定着しています．

　この設計手法をモデル・ベースド・デザイン（model based design）といいます．モデル・ベースド・デザインの手法は，そもそもコマーシャル・ベースの大型ソフトウェアの設計分野で開発されたものですが，組み込み系の設計においても，この手法が普及，浸透してきました．

　モデル・ベースド・デザインは，これからの「ものづくり」における基本的な開発手法となります．

　モデル・ベースド・デザインのポイントは，**ものづくりの工程の上流から下流までを一貫した手段で統一**することです．

　設計から実装までを統一的に実行することによって，開発期間の短縮が可能になり，技術者の生産性を高めることができ，かつ仕様変更などの変化に対して迅速に対応することができることになります．

　技術者は，ひとたびモデル・ベースド・デザインを経験すると，旧式の職人的なアド・ホックな手法に戻ることはできないといいます．

モデル・ベースド・デザインは，技術者をストレスから解放し，生産性を向上させる強力なエンジンです．

本章では，モデル・ベースド・デザインの流れの概要を，実例に基づいて示します．

■ 9.3　Real-Time Workshopの概要

ここで使用するReal-Time Workshopの役割を概説します．

Real-Time Workshopは，Simulinkのブロック線図をプログラムに変換します．これを，本書では，プログラムのビルド(build)と呼びます(図9-1)．

MATLABにおいて，プログラムとは，C，C++，FORTRAN，Adaのプログラムを意味しますが，本書では，Cのプログラムのみを取り上げます．

しかし，MATLABが複数の言語に対応している事実は，頭の中に入れておいてください．複数の言語に対応するために，構造が一般化されています．

また，Real-Time Workshopは，Simulinkのブロック線図をプログラムに変換する際に，中間言語を使用します(図9-2)．

Real-Time Workshopは，ブロック線図を中間言語に変換し，次のステップにおいて，中間言語をC，C++，FORTRAN，Adaなどのプログラムに変換します．

本書で使用する用語を定義します．

ブロック線図を中間言語で記述したプログラムに変換する過程を「ブロック線図のモデルから中間言語プログラムをビルドする」といいます．それを実行するシステムを中間言語プログラム・ビルダと呼びます．

また，中間言語プログラムをC言語のプログラムに変換する過程を「中間言語からCプログラムをビ

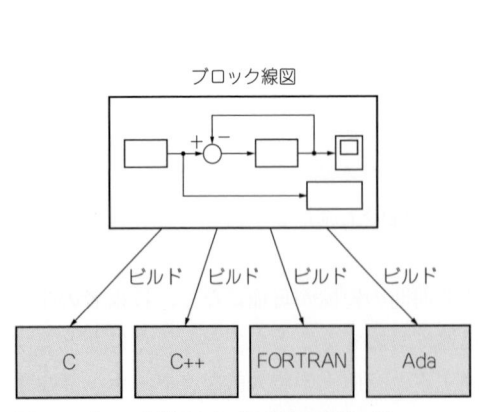

図9-1　ブロック線図からプログラムのビルド

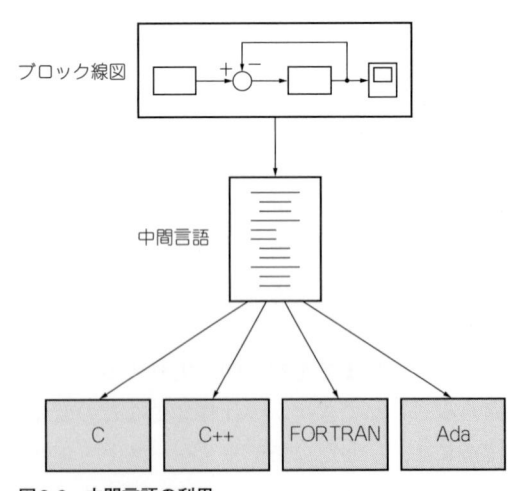

図9-2　中間言語の利用

ルドする」といいます．そのシステムをCプログラム・ビルダと呼びます．

　Cプログラムを，組み込みターゲットにおいて実行できるファイルに変換する過程を「ターゲットのプログラムにコンパイルする」といいます．そのシステムをターゲット・プログラムのコンパイラと呼びます．このプログラムは，組み込み系において実行可能なプログラムです(図9-3)．

　組み込みターゲットが唯一に決まっていて，選択の余地がない場合は，実行プログラムを組み上げる過程をビルドということがあります．

　例を使って説明します．例えば，ヘリコプタの操縦システムを設計するとします．

　まず，Simulinkを使ってモデルを作成します(図9-4)．モデルは，二つの要素を含みます．一つは，ヘリコプタの動特性を記述する部分，もう一つは，組み込みターゲットのアルゴリズムを記述する部分です．ここでは，前者をプラント，後者を制御システムと呼びます．

　Simulinkを用いて，シミュレーションを行います．この過程についてはすでに説明しました．

　シミュレーションが完了し，制御システムに含まれるパラメータのチューニングができたとします．

　モデルをプログラムに変換する段階に入ります．

　Simulinkモデル内には，
　　① シミュレーションの実行を管理する部分
　　② プラントの動特性を記述する部分
　　③ 操縦システムのアルゴリズムを記述する部分
が含まれています(図9-5)．

　シミュレーションの実行を管理する部分は，組み込み系においては，組み込みターゲットに実装されているOSに代わります．プラントの動特性を記述する部分は，ヘリコプタ実機に置き代わります．操

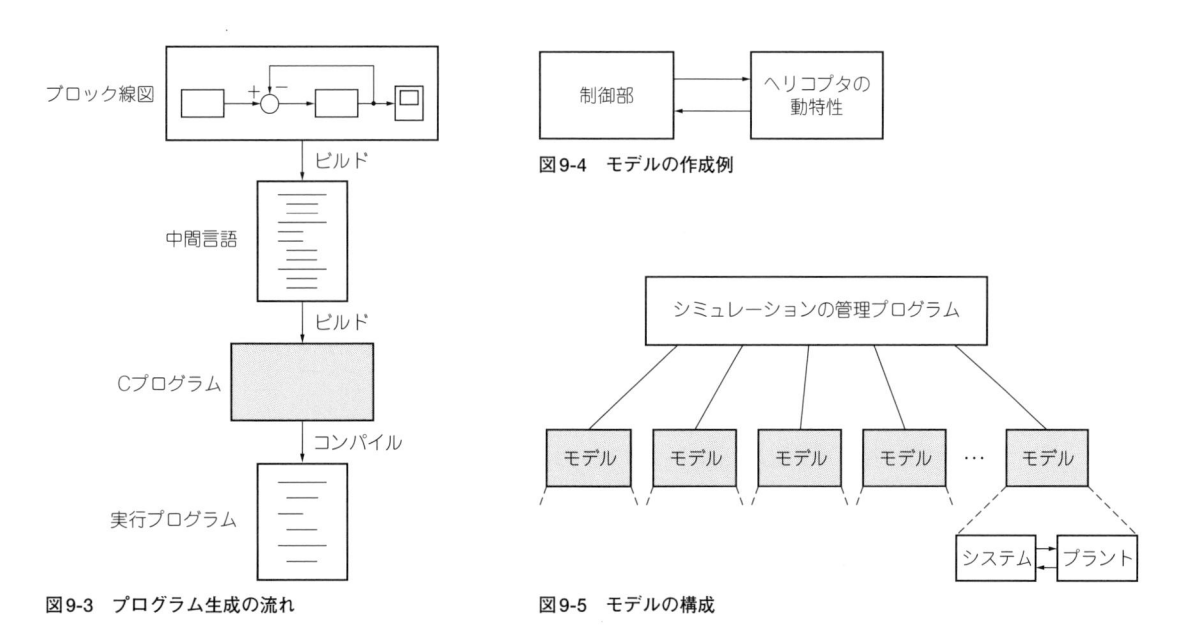

図9-3　プログラム生成の流れ

図9-4　モデルの作成例

図9-5　モデルの構成

9.3　Real-Time Workshopの概要

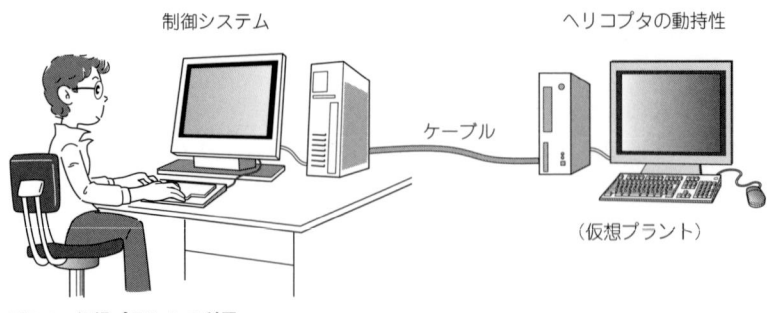

図9-6 仮想プラントの利用

縦システムのアルゴリズムを記述する部分は，実行形式のプログラムに変換されて，組み込みターゲットに実装されます．

以上の組み合わせでモデルの操縦システムの部分のブロック線図をビルドして，Cプログラムに変換し，これをコンパイルして実行形式のプログラムを作り，実機に実装すればよいということになりますが，現実はそう単純ではありません．

例えば，組み込みターゲットのコンピュータをいきなり実機に接続するのではなくて，図9-6に示すように，組み込みターゲットのコンピュータと実機の動特性を実現するコンピュータを接続して，実験を行うというステップが入ります．この場合，実機の動特性を実現するコンピュータを仮想プラント（virtual plant）といいます．このほかにも，実装したプログラムのデバッグをどのように行うかなどの問題があります．

要するにブロック線図をCプログラムに変換するといっても，そこに多種多様のレベル，あるいは形態が存在します．ここでもっとも重要なのは，このモデル・ベースド・デザインの過程において，MATLABがどのような役割を果たすことができるかということです．

もし，MATLABがモデル・ベースド・デザインの全過程をフルにサポートすることができれば，それで話は終わりです．何の苦労もありません．

しかし，組み込み系の現実を考えると，MATLABという一つのソフトウェアがすべての組み込み系をサポートするとは，とうてい考えられません．

現時点において，もっとも現実的な解決法は，

MATLABによって，組み込み系のCプログラムを作成する

↓

そこで，MATLABから，組み込みターゲットの開発システムに切り換える

↓

Cプログラムを実行プログラムにコンパイルし，プログラムの検証等を行う

となります．

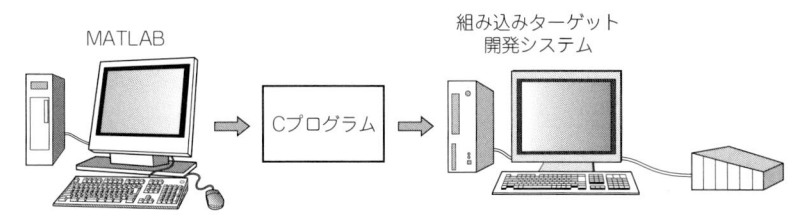

図9-7 MATLABとターゲット開発システムの接続

Cプログラムを仲介役にして，MATLAB，組み込みターゲットの開発システム，という二つのソフトウェア・システムを接続します（**図9-7**）．このとき，MATLAB側において，Real-Time Workshopは，ブロック線図からCプログラムを生成する役目を果たします．

以上の事実を認識した上で，ブロック線図をプログラムに変換する問題に取り組んでいきます．

■ 9.4 ハロー・ワールド

まず最初に，最小規模のブロック線図のモデルを作り，それをC言語のプログラムに変換してみます．そして，どのようなCプログラムが生成されるか，その内容を解析します．

新規のモデルを作り，名前をm901.mdlとします．**図9-8**のように，[Simulink Library Browser]から[Step]，[Gain]，[Scope]ブロックをドラッグ・アンド・ドロップして結線します．

モデル・ウィンドウのメニューから，[シミュレーション]→[コンフィギュレーションパラメータ]とクリックします．

図9-9の[Configuration Parameters]のダイアログが開きます．

まず，左側の[選択]のペインにおいて，[ソルバ]が選択されていることを確認します．もし，選択されていない場合は，マウスでクリックして，[ソルバ]を選択します．右側の[ソルバ・オプション]のペインにおいて，[タイプ]のリスト・ボックスで，[可変ステップ]→[固定ステップ]と変更します．

Real-Time Workshopによってモデルをビルドする際には，必ず[固定ステップ]を選択します．

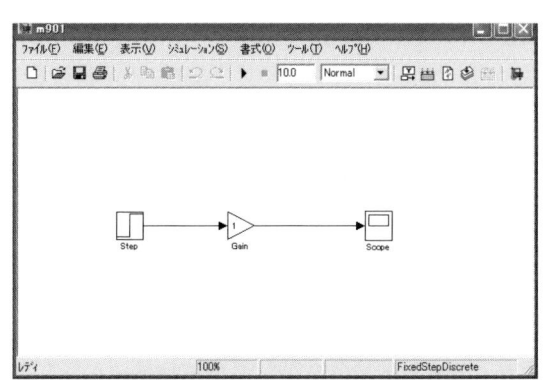

図9-8 新規のモデルm901.mdl

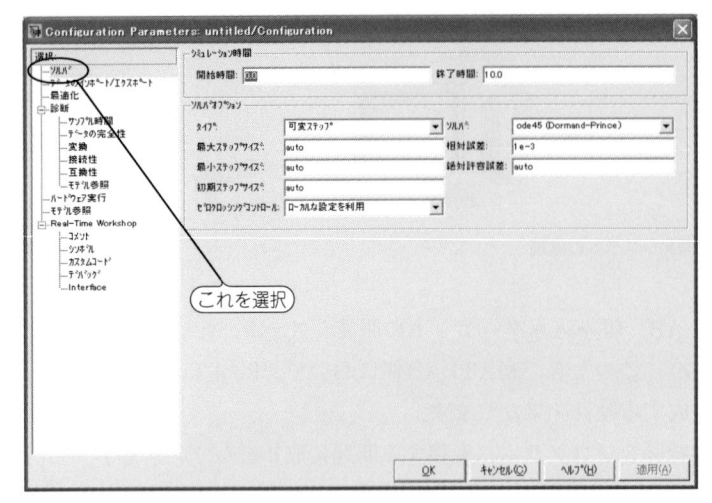

図9-9　Configuration Parameters の初期画面

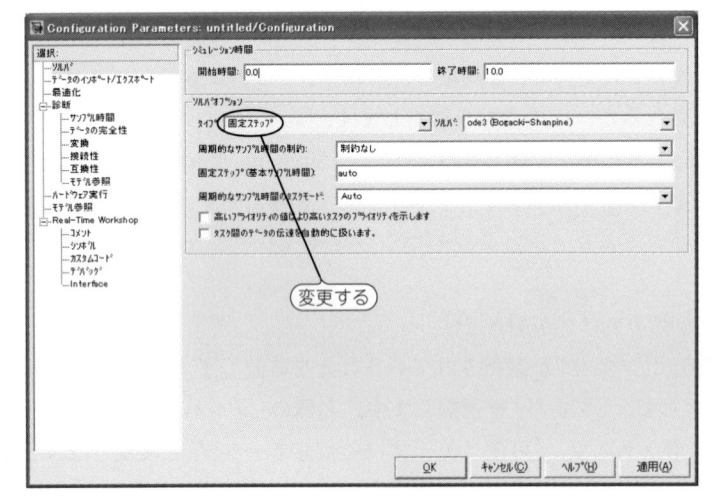

図9-10　ソルバ・オプションを固定ステップに変更

　ダイアログは**図9-10**のように変わります．

　［ソルバ］のリスト・ボックスにおいて，［離散（連続状態なし）］を選択し，［固定ステップ（基本サンプル時間）］のテキスト・ボックスを［auto］→0.5と変更します（**図9-11**）．

　この基本サンプル時間は，組み込みターゲットの基本サンプル時間になるので，とても重要な数値ですが，ここでは実機に実装するわけではないので，適当な数値を書き込みます．

　図9-11で，［固定ステップ（基本サンプル時間）］を0.5秒としたので，実機では2サンプル/秒の間隔でプログラムを実行することになります．この3ヵ所の変更を行ったならば，ダイアログの右下の［適用］のボタンをクリックします．

　シミュレーションの実行前に行う［適用］の操作は，とても重要です．

216　第9章　Cプログラムのビルド

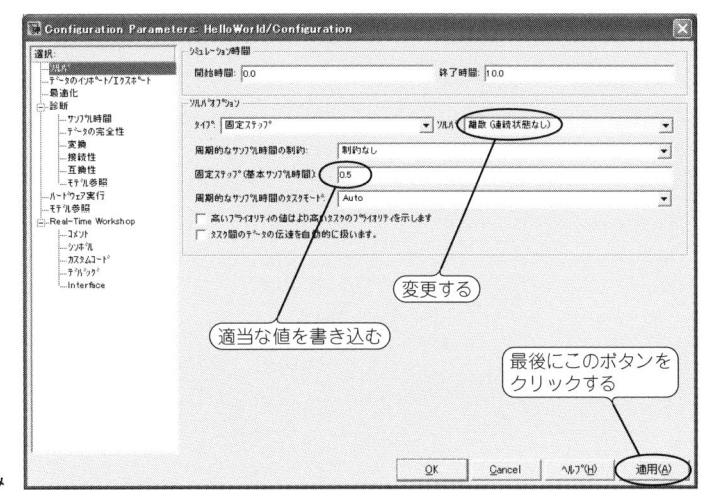

図9-11 基本サンプル時間の書き込み

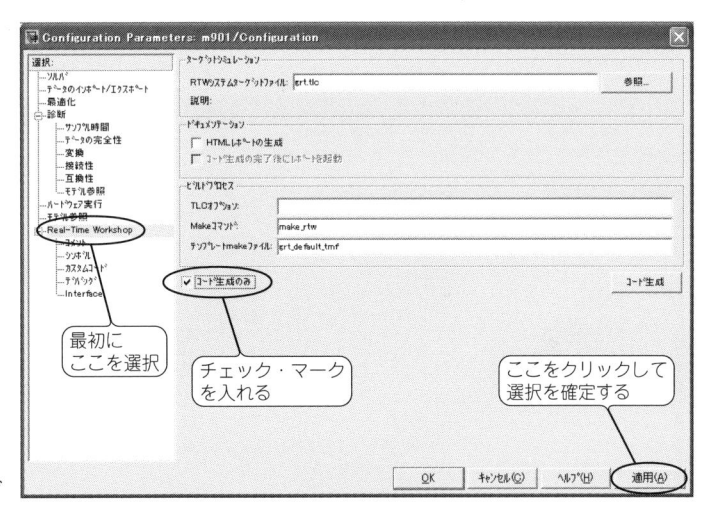

図9-12 Real-Time Workshopのダイアログ

　Microsoft社のVisual Studioと違って，MATLABの場合は，ダイアログを変更しただけでは，データの更新は行われません．ダイアログの変更後は，必ず変更を適用(apply)する操作を行います．ユーザ・インターフェースの構造が違うので注意してください．

　エディタの場合も同様です．内容を変更しても，[適用]の操作をしなければファイルの内容は変更されないので，そこでMATLABを実行しても変更前と同じ状態になります．

　次に，[選択]のペインにおいて，[Real-Time Workshop]を選択します(**図9-12**)．

　右のペイン下部において，[コード生成のみ]にチェック・マークを入れます．[適用]ボタンをクリックすると，[ビルド]ボタンの表示が[コード生成]に変わります(**図9-13**)．

　ここで[適用]ボタンをクリックすることを忘れないでください．[適用]ボタンをクリックしないと，

9.4　ハロー・ワールド　　**217**

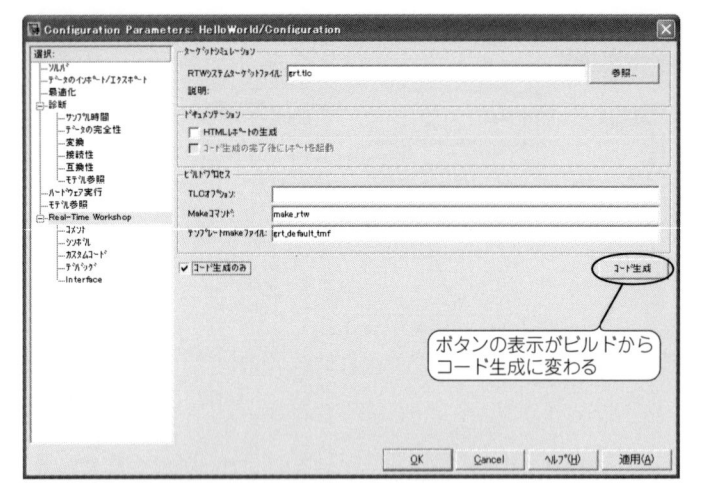

図9-13 コード生成のみにチェック・マークを入れる

図9-15 生成されたファイル

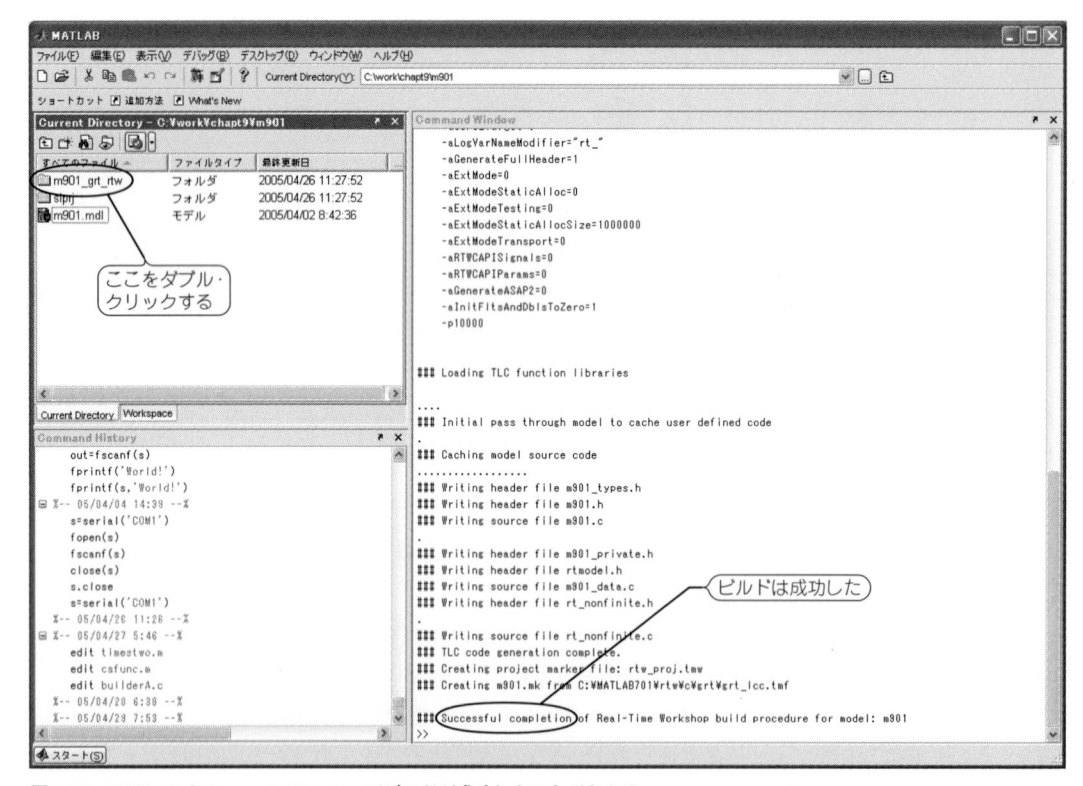

図9-14 MATLABのCommand Windowでビルドが成功したことがわかる

218　第9章　Cプログラムのビルド

変更は行われません．以上で準備ができました．

［コード生成］ボタンをクリックします．MATLABの画面に，多くのテキストがプリントされます．最後の行を見てください．**図9-14**に示すように，ビルドの過程が成功したことがわかります．

［Current Directory］に二つのディレクトリが生成されました．

ここで，m901_grt_rtwをダブル・クリックします．

図9-15に示すように，多くのファイルが生成されています．

この中で，もっとも重要なファイル，m901.cについて解説を行います．このファイルの全文から空白行を削除し，行番号を入れ，日本語のテキストを挿入したものを**リスト9-1**に示します．

リスト9-1　m901.cファイル

```
 1 /*
 2  * m901.c
 3  *
 4  * Real-Time Workshop code generation for Simulink model "m901.mdl".
 5  *
 6  * Model Version                : 1.4
 7  * Real-Time Workshop version   : 6.1  (R14SP1)  05-Sep-2004
 8  * C source code generated on   : Sat Apr 02 08:15:15 2005
 9  */
10 #include "m901.h"
11 #include "m901_private.h"
12 /* Block signals (auto storage) */
```
──────グローバルのバッファを生成する──────
```
13 BlockIO_m901 m901_B;
14 /* Block states (auto storage) */
15 D_Work_m901 m901_DWork;
16 /* Real-time model */
17 rtModel_m901 m901_M_;
18 rtModel_m901 *m901_M = &m901_M_;
19 /* Model output function */
```
──────出力yの計算──────
```
20 static void m901_output(int_T tid)
21 {
22   /* local block i/o variables */
23   real_T rtb_Step;
```
──────ステップ入力のブロックを使用──────
```
24   /* Step: '<Root>/Step' */
25   {
26     real_T currentTime = m901_M->Timing.t[0];
27     if (currentTime < m901_P.Step_Time) {
```
──────1秒以内ならば0をセット──────
```
28       rtb_Step = m901_P.Step_Y0;
29     } else {
```
──────1秒以後は1をセット──────
```
30       rtb_Step = m901_P.Step_YFinal;
31     }
32   }
```
──────ゲイン・ブロックを使用──────

リスト9-1　m901.cファイル（つづき）

```
33      /* Gain: '<Root>/Gain' */
34      m901_B.Gain = rtb_Step * m901_P.Gain_Gain;
35      /* Scope: '<Root>/Scope' */
36      {
37        real_T u[2];
38        u[0] = m901_M->Timing.t[1];
39        u[1] = m901_B.Gain;
40        rt_UpdateLogVar(m901_DWork.Scope_PWORK.LoggedData, u);
41      }
42    }
```
──────── 状態の更新の計算 ────────
```
43    /* Model update function */
44    static void m901_update(int_T tid)
45    {
46      /* Update absolute time for base rate */
```
──────── クロック関係の処理 ────────
```
47      if(!(++m901_M->Timing.clockTick0)) ++m901_M->Timing.clockTickH0;
48      m901_M->Timing.t[0] = m901_M->Timing.clockTick0 * m901_M->Timing.stepSize0 +
49        m901_M->Timing.clockTickH0 * m901_M->Timing.stepSize0 * 4294967296.0;
50      {
51        /* Update absolute timer for sample time: [0.5s, 0.0s] */
52        if(!(++m901_M->Timing.clockTick1)) ++m901_M->Timing.clockTickH1;
53        m901_M->Timing.t[1] = m901_M->Timing.clockTick1 * m901_M->Timing.stepSize1 +
54          m901_M->Timing.clockTickH1 * m901_M->Timing.stepSize1 * 4294967296.0;
55      }
56    }
```
──────── モデルの初期化処理 ────────
```
57    /* Model initialize function */
58    void m901_initialize(boolean_T firstTime)
59    {
60      if (firstTime) {
61        /* registration code */
62        /* initialize real-time model */
63        (void)memset((char_T *)m901_M, 0, sizeof(rtModel_m901));
64        {
65          /* Setup solver object */
66          rtsiSetSimTimeStepPtr(&m901_M->solverInfo, &m901_M->Timing.simTimeStep);
67          rtsiSetTPtr(&m901_M->solverInfo, &rtmGetTPtr(m901_M));
68          rtsiSetStepSizePtr(&m901_M->solverInfo, &m901_M->Timing.stepSize0);
69          rtsiSetErrorStatusPtr(&m901_M->solverInfo, &rtmGetErrorStatus(m901_M));
70          rtsiSetRTModelPtr(&m901_M->solverInfo, m901_M);
71        }
72        rtsiSetSimTimeStep(&m901_M->solverInfo, MAJOR_TIME_STEP);
73        /* Initialize timing info */
74        {
75          int_T *mdlTsMap = m901_M->Timing.sampleTimeTaskIDArray;
76          mdlTsMap[0] = 0;
77          mdlTsMap[1] = 1;
78          m901_M->Timing.sampleTimeTaskIDPtr = (&mdlTsMap[0]);
79          m901_M->Timing.sampleTimes = (&m901_M->Timing.sampleTimesArray[0]);
80          m901_M->Timing.offsetTimes = (&m901_M->Timing.offsetTimesArray[0]);
81          /* task periods */
```

```
82       m901_M->Timing.sampleTimes[0] = (0.0);
83       m901_M->Timing.sampleTimes[1] = (0.5);
84       /* task offsets */
85       m901_M->Timing.offsetTimes[0] = (0.0);
86       m901_M->Timing.offsetTimes[1] = (0.0);
87     }
88     rtmSetTPtr(m901_M, &m901_M->Timing.tArray[0]);
89     {
90       int_T *mdlSampleHits = m901_M->Timing.sampleHitArray;
91       mdlSampleHits[0] = 1;
92       mdlSampleHits[1] = 1;
93       m901_M->Timing.sampleHits = (&mdlSampleHits[0]);
94     }
95     rtmSetTFinal(m901_M, 10.0);
96     m901_M->Timing.stepSize0 = 0.5;
97     m901_M->Timing.stepSize1 = 0.5;
98     /* Setup for data logging */
99     {
100      static RTWLogInfo rt_DataLoggingInfo;
101      m901_M->rtwLogInfo = &rt_DataLoggingInfo;
102      rtliSetLogFormat(m901_M->rtwLogInfo, 0);
103      rtliSetLogMaxRows(m901_M->rtwLogInfo, 1000);
104      rtliSetLogDecimation(m901_M->rtwLogInfo, 1);
105      rtliSetLogVarNameModifier(m901_M->rtwLogInfo, "rt_");
106      rtliSetLogT(m901_M->rtwLogInfo, "tout");
107      rtliSetLogX(m901_M->rtwLogInfo, "");
108      rtliSetLogXFinal(m901_M->rtwLogInfo, "");
109      rtliSetSigLog(m901_M->rtwLogInfo, "");
110      rtliSetLogXSignalInfo(m901_M->rtwLogInfo, NULL);
111      rtliSetLogXSignalPtrs(m901_M->rtwLogInfo, NULL);
112      rtliSetLogY(m901_M->rtwLogInfo, "");
113      rtliSetLogYSignalInfo(m901_M->rtwLogInfo, NULL);
114      rtliSetLogYSignalPtrs(m901_M->rtwLogInfo, NULL);
115    }
116    m901_M->solverInfoPtr = (&m901_M->solverInfo);
117    m901_M->Timing.stepSize = (0.5);
118    rtsiSetFixedStepSize(&m901_M->solverInfo, 0.5);
119    rtsiSetSolverMode(&m901_M->solverInfo, SOLVER_MODE_SINGLETASKING);
120    {
121      /* block I/O */
122      void *b = (void *) &m901_B;
123      m901_M->ModelData.blockIO = (b);
124      {
125        int_T i;
126        b =&m901_B.Gain;
127        for (i = 0; i < 1; i++) {
128          ((real_T*)b)[i] = 0.0;
129        }
130      }
131    }
132    /* parameters */
133    m901_M->ModelData.defaultParam = ((real_T *) &m901_P);
```

リスト9-1　m901.cファイル（つづき）

```
134        /* data type work */
135        m901_M->Work.dwork = ((void *) &m901_DWork);
136        (void)memset((char_T *) &m901_DWork, 0, sizeof(D_Work_m901));
137        /* initialize non-finites */
```
──────無限大記号などの処理──────
```
138        rt_InitInfAndNaN(sizeof(real_T));
139      }
140    }
```
──────終了処理──────
```
141    /* Model terminate function */
142    void m901_terminate(void)
143    {
144    }
145    /*========================================================================*
146     * Start of GRT compatible call interface                                 *
147     *========================================================================*/
148    void MdlOutputs(int_T tid) {
149      m901_output(tid);
150    }
151    void MdlUpdate(int_T tid) {
152      m901_update(tid);
153    }
154    void MdlInitializeSizes(void) {
155      m901_M->Sizes.numContStates = (0);      /* Number of continuous states */
156      m901_M->Sizes.numY = (0);               /* Number of model outputs */
157      m901_M->Sizes.numU = (0);               /* Number of model inputs */
158      m901_M->Sizes.sysDirFeedThru=(0);       /* The model is not direct feedthrough */
159      m901_M->Sizes.numSampTimes = (2);       /* Number of sample times */
160      m901_M->Sizes.numBlocks = (3);          /* Number of blocks */
161      m901_M->Sizes.numBlockIO = (1);         /* Number of block outputs */
162      m901_M->Sizes.numBlockPrms = (4);       /* Sum of parameter "widths" */
163    }
164    void MdlInitializeSampleTimes(void) {
165    }
166    void MdlInitialize(void) {
167    }
168    void MdlStart(void) {
169      /* Scope Block: <Root>/Scope */
170      {
171        volatile int_T numCols = 2;
172        m901_DWork.Scope_PWORK.LoggedData = rt_CreateLogVar(
173          m901_M->rtwLogInfo,
174          rtmGetTFinal(m901_M),
175          m901_M->Timing.stepSize0,
176          &(rtmGetErrorStatus(m901_M)),
177          "ScopeData",
178          SS_DOUBLE,
179          0,
180          0,
181          0,
182          2,
183          1,
```

```
184         (int_T *)&numCols,
185         5000,
186         1,
187         0.5,
188         1);
189     if (m901_DWork.Scope_PWORK.LoggedData == NULL) return;
190   }
191   MdlInitialize();
192 }
193 rtModel_m901 *m901(void) {
194   m901_initialize(1);
195   return m901_M;
196 }
197 void MdlTerminate(void) {
198   m901_terminate();
199 }
200 /*========================================================================*
201  * End of GRT compatible call interface                                   *
202  *========================================================================*/
```

それでは，生成されたCプログラムの内容を見てみます．

まず，m901.cには，main()はありません．このプログラムを実行するエンジン部分は，ここには記載されていません．モデル側の処理のみが組み込まれています．

145行以下に，ラッパー関数が記述されています．Simulinkがモデルをシミュレーションする構造をそのままの形でC言語のプログラムに移植しています．

57行から140行は初期化処理です．組み込み系において，初期化処理は書き換えが必要になる部分です．Simulinkの初期化処理を詳しく検討する必要はありません．

43行から56行は，状態の更新を行う部分です．このモデルでは状態を使っていないので，クロック（時計）に関する処理だけを行っています．

20行から42行は，出力の計算を行います．まず，13行で，グローバル・バッファm901_Bを生成していることに注目してください．Simulinkは，各ブロックの出力をグローバル・バッファに格納し，ブロックの入力はグローバル・バッファから取り出して計算します．

25行から32行は，ステップ・ブロックの出力を計算します．ここで使用するモデルにおいて，ステップ・ブロックの出力は，最初の1秒間ゼロで，それ以後は1となります．このアルゴリズムがCプログラムで書かれています．プログラムを確認してください．

ステップ・ブロックの出力は，ゲイン・ブロックの入力になります．ゲイン・ブロックの出力は，34行に記述されています．

また，計算の順序に注目してください．ステップ・ブロックの出力を計算して，その値を入力として使ってゲイン・ブロックの出力を計算します．計算の順序が正しくプログラムされています．

ビルドされたCプログラムの内容を検討したので，このプログラムをコンパイルして，ターゲットで

実行します．

　組み込み系でターゲットといえば，通常，開発系と異なるコンピュータになりますが，ここでは最初のステップとして，開発系で実行するためのプログラムをコンパイルします．

　図9-16に示すように，[Configuration Parameters]のダイアログの[選択]ペインにおいて，[Real-Time Workshop]を選択して，右側のペインの[コード生成のみ]のチェックを外します．チェックを外すと，右端のボタンのテキストは[ビルド]と書き換えられます．

　[ビルド]ボタンをクリックします．ビルドとコンパイルが成功すると，m901.exeが生成されます（図9-17）．

　それでは，できあがった実行ファイルを実行します．Windowsの[すべてのプログラム]→[ファイル名を指定して実行]とクリックします．

　図9-18に示すように，[ファイル名を指定して実行]のダイアログが開くので，実行するプログラム

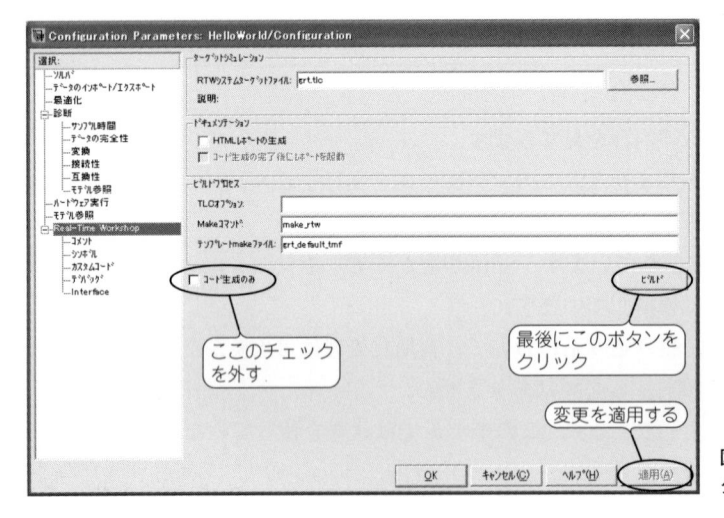

図9-16　Configuration Parametersのダイアログ．チェックを外す

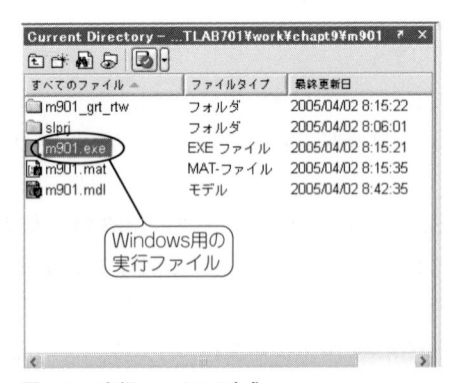

図9-17　実行ファイルの生成

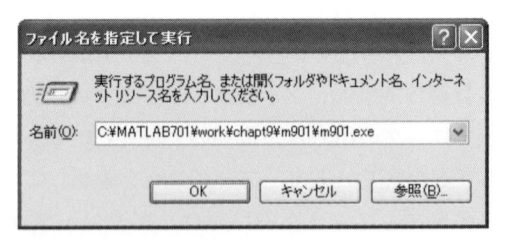

図9-18　m901.exeの実行

224　　第9章　Cプログラムのビルド

を指定します．図9-18は，私のコンピュータの場合なので，皆さんは自分のコンピュータの状態に合わせてファイルを選択してください．

［OK］ボタンをクリックすると，プログラムは，実行，停止します．画面からは，何の変化も読み取ることはできません．

モデルに［Scope］を組み込みましたが，実行プログラムは組み込みターゲット用にコンパイルしたので，当然，スコープの画面が現れるわけはありません．プログラムから出力を取り込む方法については，次節で解説します．

■ 9.5 出力データのロギング

前節において，ブロック線図からCプログラムをビルドし，ビルドされたCプログラムをPCのWindows環境をターゲットにしてコンパイルして実行しました．

本節では，実行の過程をモニタする方法について解説します．当然，PC環境を前提にします．

まず，新規にモデルを作成し，名前をm901A.mdlとします．モデルの構造は，図9-8のm901.mdlと同じとします．

前節と同様に，［Configuration Parameters］ダイアログを開きます．左のペインにおいて，［データのインポート/エクスポート］を選択します．

図9-19において，

時間	tout
出力	yout
信号ロギング	logsout
フォーマット	配列

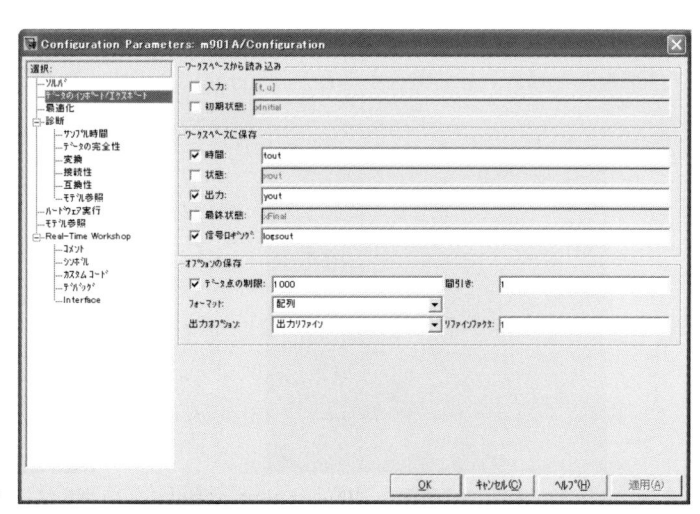

図9-19 データのインポート/エクスポート

になっていることを確認します.

　フォーマットにおいて[配列]を選択しないと，データは1個しか記録されません．注意してください.

　モデル・ウィンドウにおいて，[Scope]ブロックをダブル・クリックすると，図9-20のスコープの画面が開きます.

　ツール・バーの左から2番目の[パラメータ]のアイコンをクリックします．すると，['Scope' parameters]の画面が開くので，[Data history]のタブをクリックして，[データをワークスペースに保存]にチェック・マークを入れます(図9-21).

　[フォーマット]のリスト・ボックスは，必ず[配列]を選択します.

　チェック・マークを入れたら，ここでも必ず[Apply]ボタンをクリックし，そのあとに[OK]ボタンをクリックします.

　では，プログラムをビルドし，できあがったプログラムを実行します.

　図9-22に示すように，[Workspace]にファイルが生成されました.

　生成されたファイルの内容を調べます．MATLABのコマンドラインから，

```
>> [tout,rt_tout,ScopeData,rt_ScopeData]
```

とします．図9-23に示すように，記録したデータが表示されます.

　画面からわかるように，`tout`と`rt_out`，`ScopeData`と`rt_ScopeData`は同じ内容です．念のためにデータをプロットすると，図9-24となります.

　ステップ間隔を0.5 secとしたので，ステップ入力の立ち上がりの部分が斜線になりました．Simulinkの[Out]ブロックを使うと，データはMATLABの[Current Directory]にファイルとして格納されます.

　次に，新しいモデルm902.mdlを図9-25に示すように作成します.

　前のモデルm901.mdlおよびm901A.mdlにおいて使用した[Scope]ブロックを[Out]ブロックで置き換えました．[Configuration Parameters]ダイアログを開いて，前と同様にパラメータを設定します.

　プログラムをビルドして実行すると，[Current Directory]にm902.matファイルができます.

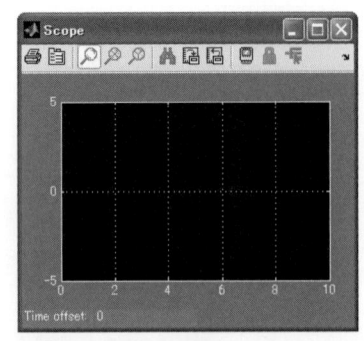

図9-20　スコープの画面

図9-21　スコープ・パラメータの画面

コマンドラインから,

```
>> load m902.mat
```

と入力して,[Workspace]タブをクリックすると,

  rt_ScopeData   <21x2 double>
  rt_tout   <21x1 double>

という二つの配列が保存されました.配列の内容をグラフ化するために,MATLABのコマンドラインから,

図9-22 Workspaceにファイルが生成される

図9-23 ロギングされたデータを表示

図9-24 ロギングしたデータをプロットした結果

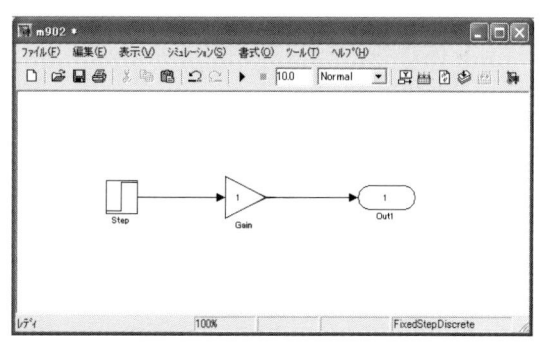

図9-25 ScopeブロックをOutブロックに変更したモデル m902.mdl

9.5 出力データのロギング   227

```
>> plot(rt_ScopeData(:,1),rt_ScopeData(:,2))
```

と入力すると，図9-24と同じグラフの画面が開きます．時間刻みを0.5秒としたので，ステップの立ち上がりが斜線になっていますが，本質は変わりません．

MATLAB環境において，データをロギングするのであれば，このように［Out］ブロックを使用すると便利です．

■ 9.6　微分方程式のビルド

連続状態をもった系のモデルを作り，Cプログラムをビルドします．モデル名は，m903.mdlとします．図9-26に，モデル・ウィンドウを示します．

［Configuration Parameters］ダイアログを開きます．図9-27に示すように，［ソルバ］のペインにおいて，

　　タイプ　　　　　　　　　　　　　固定ステップ
　　ソルバ　　　　　　　　　　　　　ode4（Runge-Kutta）
　　固定ステップ（基本サンプリング時間）　0.1

とします．

プログラムをビルドし，m903.exeを実行します．結果をプロットすると，図9-28となります．

たしかに，入力のsin波が積分されています．ビルドされたCプログラムm903.cの主要部を**リスト9-2**に示します．行番号と日本語のテキストは，私が挿入したものです．

プログラムの全体構造は，**リスト9-1**のプログラムと同じです．ここでは，モデルの実体を計算する部分を抽出して示しました．

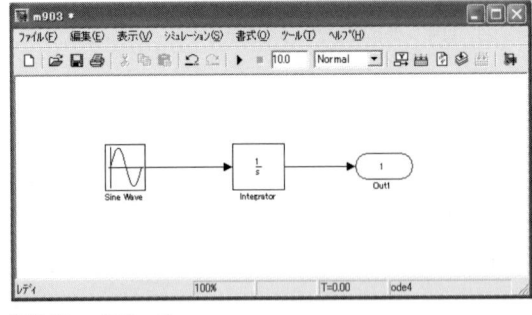

図9-26　m903.mdl

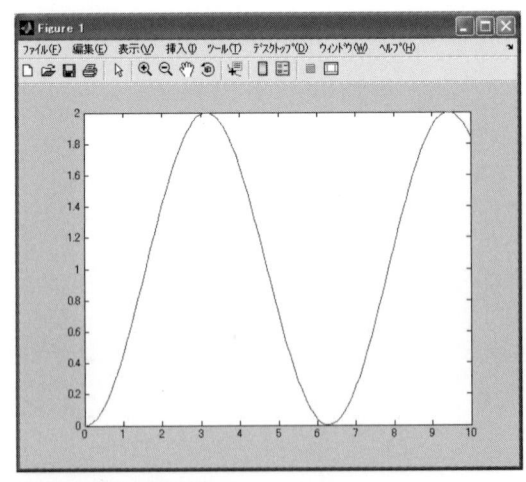

図9-28　速度の変化グラフ

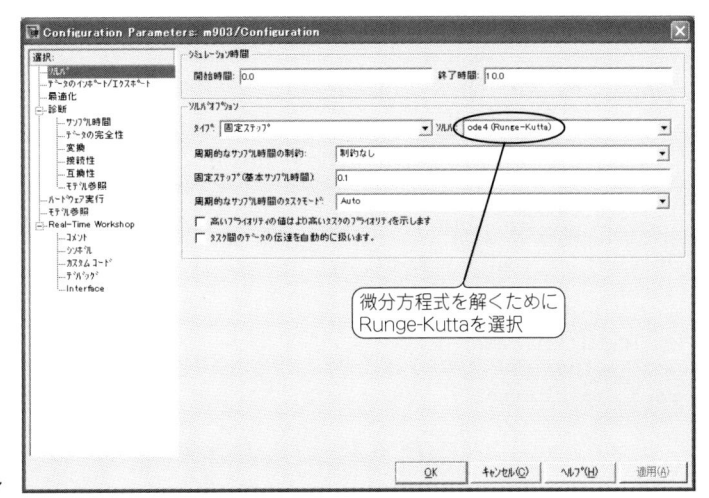

図9-27 ソルバのペイン

リスト9-2　m903.cファイル

```
1   /* This function updates continuous states using the ODE4 fixed-step
2    * solver algorithm
3    */
─────以下，4行～51行はRunge-Kuttaの数値積分を行う─────
4   static void rt_ertODEUpdateContinuousStates(RTWSolverInfo *si , int_T tid)
5   {
6     time_T t = rtsiGetT(si);
7     time_T tnew = rtsiGetSolverStopTime(si);
8     time_T h = rtsiGetStepSize(si);
9     real_T *x = rtsiGetContStates(si);
10    ODE4_IntgData *id = rtsiGetSolverData(si);
11    real_T *y = id->y;
12    real_T *f0 = id->f[0];
13    real_T *f1 = id->f[1];
14    real_T *f2 = id->f[2];
15    real_T *f3 = id->f[3];
16    real_T temp;
17    int_T i;
18    int_T nXc = 1;
19    rtsiSetSimTimeStep(si,MINOR_TIME_STEP);
20    /* Save the state values at time t in y, we'll use x as ynew. */
21    (void)memcpy(y, x, nXc*sizeof(real_T));
22    /* Assumes that rtsiSetT and ModelOutputs are up-to-date */
23    /* f0 = f(t,y) */
24    rtsiSetdX(si, f0);
25    m903_derivatives();
26    /* f1 = f(t + (h/2), y + (h/2)*f0) */
27    temp = 0.5 * h;
28    for (i = 0; i < nXc; i++) x[i] = y[i] + (temp*f0[i]);
29    rtsiSetT(si, t + temp);
30    rtsiSetdX(si, f1);
```

9.6　微分方程式のビルド

リスト9-2　m903.cファイル（つづき）

```c
31      m903_output(0);
32      m903_derivatives();
33      /* f2 = f(t + (h/2), y + (h/2)*f1) */
34      for (i = 0; i < nXc; i++) x[i] = y[i] + (temp*f1[i]);
35      rtsiSetdX(si, f2);
36      m903_output(0);
37      m903_derivatives();
38      /* f3 = f(t + h, y + h*f2) */
39      for (i = 0; i < nXc; i++) x[i] = y[i] + (h*f2[i]);
40      rtsiSetT(si, tnew);
41      rtsiSetdX(si, f3);
42      m903_output(0);
43      m903_derivatives();
44      /* tnew = t + h
45         ynew = y + (h/6)*(f0 + 2*f1 + 2*f2 + 2*f3) */
46      temp = h / 6.0;
47      for (i = 0; i < nXc; i++) {
48        x[i] = y[i] + temp*(f0[i] + 2.0*f1[i] + 2.0*f2[i] + f3[i]);
49      }
50      rtsiSetSimTimeStep(si,MAJOR_TIME_STEP);
51    }
52    /* Model output function */
```
───── 出力yの計算，ここでは状態xと同じ値 ─────
```c
53    void m903_output(int_T tid)
54    {
55      /* local block i/o variables */
56      real_T rtb_Integrator;
57      /* Update absolute time of base rate at minor time step */
58      if (rtmIsMinorTimeStep(m903_M)) {
59        m903_M->Timing.t[0] = rtsiGetT(&m903_M->solverInfo);
60      }
61      if (rtmIsMajorTimeStep(m903_M)) {
62        /* set solver stop time */
63        rtsiSetSolverStopTime(&m903_M->solverInfo,
64          ((m903_M->Timing.clockTick0+1)*m903_M->Timing.stepSize0));
65      }                                   /* end MajorTimeStep */
66      /* Integrator: '<Root>/Integrator' */
67      rtb_Integrator = m903_X.Integrator_CSTATE;
68      /* Outport: '<Root>/Out1' */
```
───── ここでグローバル・バッファへ格納 ─────
```c
69      m903_Y.Out1 = rtb_Integrator;
70      /* Sin: '<Root>/Sine Wave' */
71      m903_B.SineWave = m903_P.SineWave_Amp *
72        sin(m903_P.SineWave_Freq * m903_M->Timing.t[0] + m903_P.SineWave_Phase) +
73        m903_P.SineWave_Bias;
74    }
75    /* Model update function */
```
───── 状態の更新，すなわち積分を計算するルーチン ─────
```c
76    void m903_update(int_T tid)
77    {
78      if (rtmIsMajorTimeStep(m903_M)) {
```
───── ここで計算する ─────

```
 79      rt_ertODEUpdateContinuousStates(&m903_M->solverInfo, 0);
 80    }
 81    /* Update absolute time for base rate */
 82    if(!(++m903_M->Timing.clockTick0)) ++m903_M->Timing.clockTickH0;
 83    m903_M->Timing.t[0] = m903_M->Timing.clockTick0 * m903_M->Timing.stepSize0 +
 84      m903_M->Timing.clockTickH0 * m903_M->Timing.stepSize0 * 4294967296.0;
 85    if (rtmIsMajorTimeStep(m903_M) &&
 86      m903_M->Timing.TaskCounters.TID[1] == 0) {
 87      /* Update absolute timer for sample time: [0.1s, 0.0s] */
 88      if(!(++m903_M->Timing.clockTick1)) ++m903_M->Timing.clockTickH1;
 89      m903_M->Timing.t[1] = m903_M->Timing.clockTick1 * m903_M->Timing.stepSize1
 90        +m903_M->Timing.clockTickH1 * m903_M->Timing.stepSize1 * 4294967296.0;
 91    }
 92    rate_scheduler();
 93  }
 94  /* Derivatives for root system: '<Root>' */
```
──────── 微分値，すなわちsin()の値をセット ────────
```
 95  void m903_derivatives(void)
 96  {
 97    /* simstruct variables */
 98    StateDerivatives_m903 *m903_Xdot = (StateDerivatives_m903*)
 99      m903_M->ModelData.derivs;
100    /* Integrator Block: <Root>/Integrator */
101    {
102      m903_Xdot->Integrator_CSTATE = m903_B.SineWave;
103    }
104  }
```

　リスト9-2の4行から51行に，Runge-Kuttaの数値積分のアルゴリズムがインプリメントされています．

　Sin( )を計算するアルゴリズムは，このプログラムにおいて，インプリメントされていません．このルーチンは，組み込みターゲットのCコンパイラがランタイムとして提供する必要があります．

■ 9.7　PD制御問題のビルド

　第4章において導いた宇宙船の重心位置のPD制御モデルを取り上げます．モデル名は，m904.mdlです．これはm411.mdlの［Scope］ブロックを［Out］ブロックで置き換えたモデルです（**図9-29**）．
　［Configuration Parameters］ダイアログを開きます．［ソルバ］のペインにおいて，

　　タイプ　　　　　　　　　　　　固定ステップ
　　ソルバ　　　　　　　　　　　　ode4（Runge-Kutta）
　　固定ステップ（基本サンプリング時間）　0.01

とします．
　プログラムをビルドし，できあがったプログラムを実行します．

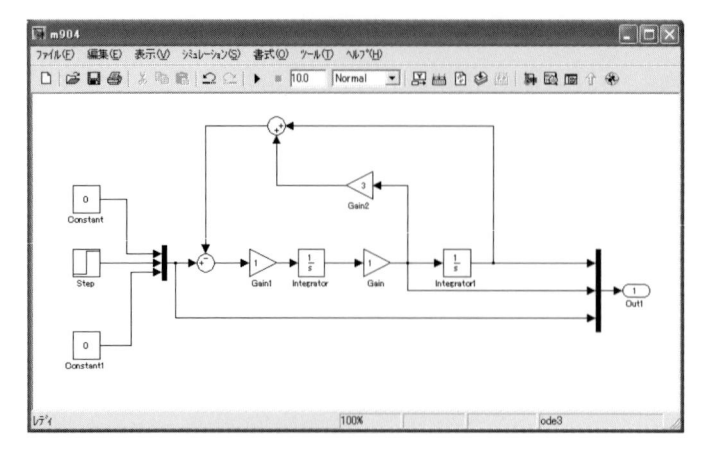

図9-29　PD制御問題のモデル

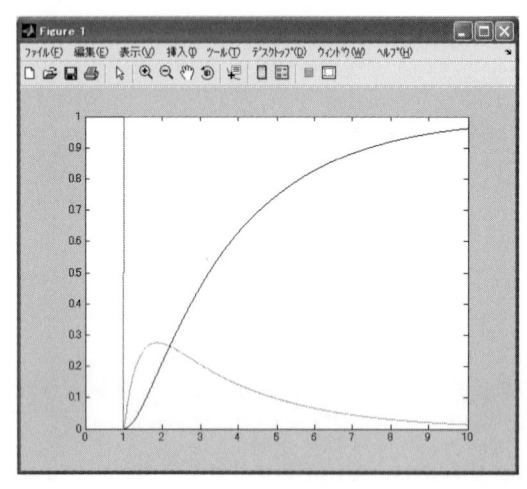

図9-30　実行結果のプロット

　［Workspace］のデータをプロットすると，**図9-30**のようになります．
　ビルドされたプログラムの主要部を**リスト9-3**に示します．
　ビルドされたCプログラムを解析するために，**図9-29**に示したモデル図の配置を変更します．
　まず，生成されたプログラムに記述されていない［Out］ブロックは削除します．生成されたプログラムは，大きく五つのブロックに分かれているので，それらの配置をプログラムの内容に沿って変更し，番号付けした図を**図9-31**に示します．
　それでは，自動生成されたCプログラムm904.cの内容を検討します．
　まず，22行から68行は，Runge-Kuttaの数値積分のアルゴリズムです．微分方程式は，122行から140行にかけて定義されています．69行から117行は，モデルの出力を計算する部分で，この部分がもっとも重要なポイントになります．
　では，プログラムを詳しく検討します．

リスト 9-3　m904.c ファイル（主要部）

```
 1 #include "m904.h"
 2 #include "m904_private.h"
 3 /* Block signals (auto storage) */
 4 BlockIO_m904 m904_B;
 5 /* Continuous states */
 6 ContinuousStates_m904 m904_X;
 7 /* Solver Matrices */
 8 /* A and B matrices used by ODE3 fixed-step solver */
 9 static const real_T rt_ODE3_A[3] = { 1.0/2.0, 3.0/4.0, 1.0};
10 static const real_T rt_ODE3_B[3][3] = {
11   { 1.0/2.0, 0.0, 0.0 },
12   { 0.0, 3.0/4.0, 0.0 },
13   { 2.0/9.0, 1.0/3.0, 4.0/9.0 }};
14 /* Block states (auto storage) */
15 D_Work_m904 m904_DWork;
16 /* Real-time model */
17 rtModel_m904 m904_M_;
18 rtModel_m904 *m904_M = &m904_M_;
19 static void rate_scheduler(void)
20 {
21 }
```
──────積分ブロックの状態を計算する部分（微分方程式の数値解法）──────
```
22 static void rt_ertODEUpdateContinuousStates(RTWSolverInfo *si , int_T tid)
23 {
24   time_T t = rtsiGetT(si);
25   time_T tnew = rtsiGetSolverStopTime(si);
26   time_T h = rtsiGetStepSize(si);
27   real_T *x = rtsiGetContStates(si);
28   ODE3_IntgData *id = rtsiGetSolverData(si);
29   real_T *y = id->y;
30   real_T *f0 = id->f[0];
31   real_T *f1 = id->f[1];
32   real_T *f2 = id->f[2];
33   real_T hB[3];
34   int_T i;
```
──────3次元の積分ブロックが2個あるので，状態数は6──────
```
35   int_T nXc = 6;
36   rtsiSetSimTimeStep(si,MINOR_TIME_STEP);
37   /* Save the state values at time t in y, we'll use x as ynew. */
38   (void)memcpy(y, x, nXc*sizeof(real_T));
39   /* Assumes that rtsiSetT and ModelOutputs are up-to-date */
40   /* f0 = f(t,y) */
41   rtsiSetdX(si, f0);
42   m904_derivatives();
43   /* f(:,2) = feval(odefile, t + hA(1), y + f*hB(:,1), args(:)(*)); */
44   hB[0] = h * rt_ODE3_B[0][0];
45   for (i = 0; i < nXc; i++) {
46     x[i] = y[i] + (f0[i]*hB[0]);
47   }
48   rtsiSetT(si, t + h*rt_ODE3_A[0]);
49   rtsiSetdX(si, f1);
50   m904_output(0);
```

リスト9-3　m904.cファイル(主要部)(つづき)

```c
 51    m904_derivatives();
 52    /* f(:,3) = feval(odefile, t + hA(2), y + f*hB(:,2), args(:)(*)); */
 53    for (i = 0; i <= 1; i++) hB[i] = h * rt_ODE3_B[1][i];
 54    for (i = 0; i < nXc; i++) {
 55      x[i] = y[i] + (f0[i]*hB[0] + f1[i]*hB[1]);
 56    }
 57    rtsiSetT(si, t + h*rt_ODE3_A[1]);
 58    rtsiSetdX(si, f2);
 59    m904_output(0);
 60    m904_derivatives();
 61    /* tnew = t + hA(3);      ynew = y + f*hB(:,3); */
 62    for (i = 0; i <= 2; i++) hB[i] = h * rt_ODE3_B[2][i];
 63    for (i = 0; i < nXc; i++) {
 64      x[i] = y[i] + (f0[i]*hB[0] + f1[i]*hB[1] + f2[i]*hB[2]);
 65    }
 66    rtsiSetT(si, tnew);
 67    rtsiSetSimTimeStep(si,MAJOR_TIME_STEP);
 68  }
```
──────── ブロックの出力を計算する部分 ────────
```c
 69  /* Model output function */
 70  void m904_output(int_T tid)
 71  {
 72    /* local block i/o variables */
 73    real_T rtb_Integrator[3];
```
──────── タイム・ステップの計算 ────────
```c
 74    /* Update absolute time of base rate at minor time step */
 75    if (rtmIsMinorTimeStep(m904_M)) {
 76      m904_M->Timing.t[0] = rtsiGetT(&m904_M->solverInfo);
 77    }
 78    if (rtmIsMajorTimeStep(m904_M)) {
 79      /* set solver stop time */
 80      rtsiSetSolverStopTime(&m904_M->solverInfo,
 81        ((m904_M->Timing.clockTick0+1)*m904_M->Timing.stepSize0));
 82    }                              /* end MajorTimeStep */
```
──────── 速度を積分して位置を計算する積分ブロック ────────
```c
 83    /* Integrator: '<Root>/Integrator1' */
 84    m904_B.Integrator1[0] = m904_X.Integrator1_CSTATE[0];
 85    m904_B.Integrator1[1] = m904_X.Integrator1_CSTATE[1];
 86    m904_B.Integrator1[2] = m904_X.Integrator1_CSTATE[2];
```
──────── 力を積分して運動量を計算する積分ブロック ────────
```c
 87    /* Integrator: '<Root>/Integrator' */
 88    rtb_Integrator[0] = m904_X.Integrator_CSTATE[0];
 89    rtb_Integrator[1] = m904_X.Integrator_CSTATE[1];
 90    rtb_Integrator[2] = m904_X.Integrator_CSTATE[2];
```
──────── 運動量を質量で割って速度を計算するゲイン・ブロック ────────
```c
 91    /* Gain: '<Root>/Gain' */
 92    m904_B.Gain[0] = rtb_Integrator[0] * m904_P.Gain_Gain;
 93    m904_B.Gain[1] = rtb_Integrator[1] * m904_P.Gain_Gain;
 94    m904_B.Gain[2] = rtb_Integrator[2] * m904_P.Gain_Gain;
```
──────── ステップ入力の計算 ────────
```c
 95    /* Step: '<Root>/Step' */
 96    {
```

```
 97    real_T currentTime = m904_M->Timing.t[0];
 98    if (currentTime < m904_P.Step_Time) {
 99      m904_B.Step = m904_P.Step_Y0;
100    } else {
101      m904_B.Step = m904_P.Step_YFinal;
102    }
103  }
```
──────── 加算ブロックを含むブロックの計算 ────────
```
104  /* Gain: '<Root>/Gain1' incorporates:
105   *  Gain: '<Root>/Gain2'
106   *  Sum: '<Root>/Sum1'
107   *  Sum: '<Root>/Sum'
108   *  Constant: '<Root>/Constant1'
109   *  Constant: '<Root>/Constant'
110   */
111  m904_B.Gain1[0] = (m904_P.Constant_Value - (m904_B.Integrator1[0] +
112    m904_B.Gain[0] * m904_P.Gain2_Gain)) * m904_P.Gain1_Gain;
113  m904_B.Gain1[1] = (m904_B.Step - (m904_B.Integrator1[1] + m904_B.Gain[1] *
114    m904_P.Gain2_Gain)) * m904_P.Gain1_Gain;
115  m904_B.Gain1[2] = (m904_P.Constant1_Value - (m904_B.Integrator1[2] +
116    m904_B.Gain[2] * m904_P.Gain2_Gain)) * m904_P.Gain1_Gain;
117  }
```
──────── モデルのアップデート ────────
```
118  /* Model update function */
119  void m904_update(int_T tid)
120  {
        ≈ 省略 ≈
121  }
```
──────── 微分方程式 ────────
```
122  /* Derivatives for root system: '<Root>' */
123  void m904_derivatives(void)
124  {
125    /* simstruct variables */
126    StateDerivatives_m904 *m904_Xdot = (StateDerivatives_m904*)
127      m904_M->ModelData.derivs;
128    /* Integrator Block: <Root>/Integrator1 */
129    {
130      m904_Xdot->Integrator1_CSTATE[0] = m904_B.Gain[0];
131      m904_Xdot->Integrator1_CSTATE[1] = m904_B.Gain[1];
132      m904_Xdot->Integrator1_CSTATE[2] = m904_B.Gain[2];
133    }
134    /* Integrator Block: <Root>/Integrator */
135    {
136      m904_Xdot->Integrator_CSTATE[0] = m904_B.Gain1[0];
137      m904_Xdot->Integrator_CSTATE[1] = m904_B.Gain1[1];
138      m904_Xdot->Integrator_CSTATE[2] = m904_B.Gain1[2];
139    }
140  }
```
──────── 初期化 ────────
```
141  /* Model initialize function */
142  void m904_initialize(boolean_T firstTime)
143  {
```

リスト9-3　m904.cファイル（主要部）（つづき）

```
       ≈ 省略 ≈
144 }
145 /* Model terminate function */
146 void m904_terminate(void)
147 {
148 }
─────ラッパー関数─────
149 void MdlOutputs(int_T tid) {
150     m904_output(tid);
151 }
152 void MdlUpdate(int_T tid) {
153     m904_update(tid);
154 }
155 void MdlInitializeSizes(void) {
       ≈ 省略 ≈
156 }
157 void MdlInitializeSampleTimes(void) {
158 }
159 void MdlInitialize(void) {
       ≈ 省略 ≈
160 }
161 void MdlStart(void) {
       ≈ 省略 ≈
162 }
163 rtModel_m904 *m904(void) {
164     m904_initialize(1);
165     return m904_M;
166 }
167 void MdlTerminate(void) {
168     m904_terminate();
169 }
```

　最初に，74行から82行にかけて，タイム・ステップの計算を行います．組み込み系において，通常，タイム・ステップは固定するので，この計算は不要です．

　84行から86行は，図9-31で1と記入した積分ブロック，すなわち速度から位置を計算する積分ブロックの出力をセットして更新します．最下流の数値積分から計算を始めます．

　88行から90行は，図9-31で2と記入した積分ブロック，すなわち力から運動量を計算する積分ブロックの出力を更新します．下流側から計算を始めるところに注目します．

　92行から94行は，図9-31で3と記入したゲイン・ブロック，すなわち運動量から速度を計算するブロックの出力を計算して更新します．このモデルではm=1としたので，実質的な計算は不要ですが，計算式は任意のゲインに対応できるようになっています．

　96行から103行は，図9-31で4と記入した[Step]ブロックの出力を計算します．このモデルでは，$t=1$で出力は1にステップ変化するとしたので，その計算式がC言語で書かれています．

　最後に，111行から116行において，図9-31で5と記入したグループの計算式がプログラムされています．

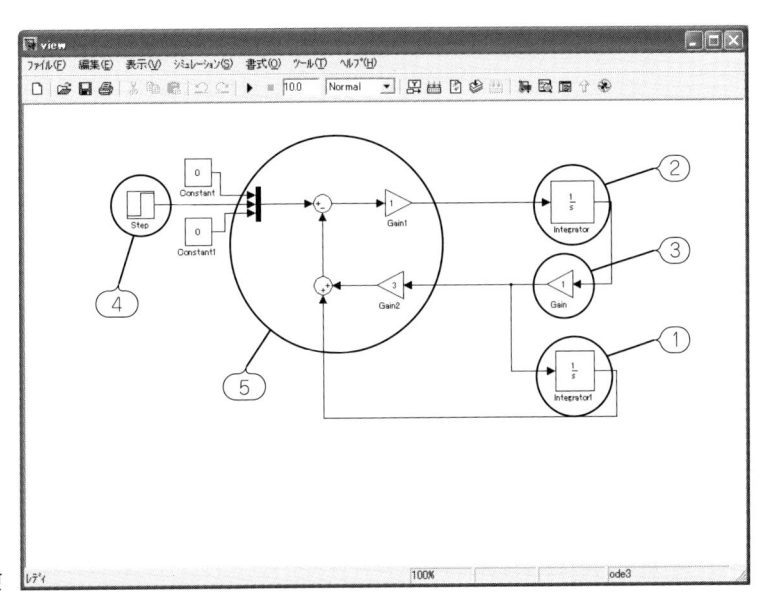

図9-31 モデルの配置変更

例えば，y軸の計算式は，

```
m904_B.Gain1[1] =
  (m904_B.Step - (m904_B.Integrator1[1] + m904_B.Gain[1] *
m904_P.Gain2_Gain)) *
    m904_P.Gain1_Gain;
```

となっていて，モデルの配線と計算式は一致することがわかります．

x, zに関しても同様です．できるだけ多くの実例を試し，モデルの結線とそれから自動生成されたプログラムの対応関係を理解しておいてください．

宇宙船の回転運動のモデルをビルドする作業は，読者の演習問題とします．

9.7 PD制御問題のビルド

第10章　ビルド過程のカスタマイズ

■ 10.1　はじめに

第9章では，Real-Time Workshopによってブロック線図をCプログラムに変換する方法を説明しました．

本章では，生成されたCプログラムにユーザのコードを書き込む方法について解説します．ビルドの過程をコントロールするtlcファイルの構造を調べ，このファイルを変更することによって生成されるCプログラムが変更できることを具体的に示します．

■ 10.2　ハロー・ワールド

最初に，簡単なモデルを作成して，そのモデルに対してC言語のプログラムを書き込み，実行プログラムをコンパイルし，できあがった実行プログラムを実行します．

では，新規にモデルを作成します．モデル名はm1001.mdlとします．

[Simulink Library Browser]から[Sin Wave]ブロック，[Out]ブロック，[S-Function Builder]ブロックをドラッグ・アンド・ドロップして，図10-1に示すように接続します．

[S-Function Builder]ブロックをダブル・クリックすると，[S-Function Builder]のダイアログが開

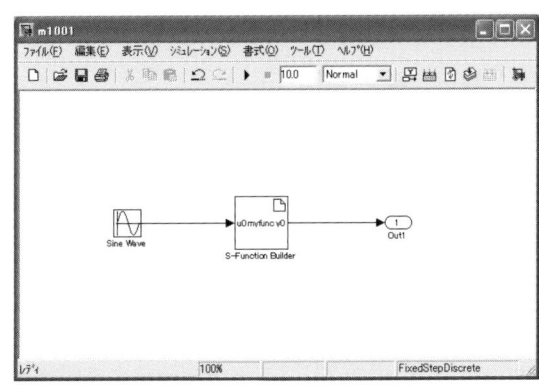

図10-1　m1001.mdl

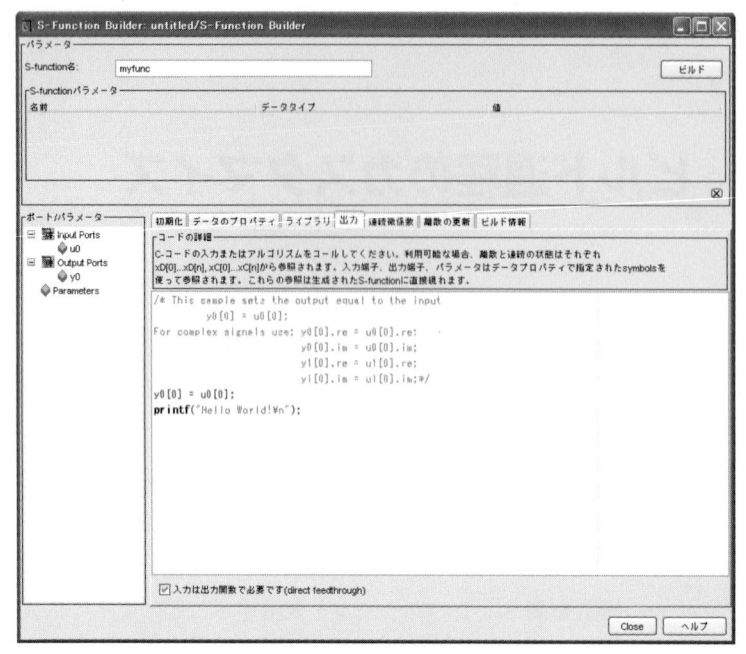

図10-2　S-Function Builderのダイアログ

きます（図10-2）．

　図10-2に示すように，[S-Function名]のテキスト・ボックスにmyfuncと書き込みます．次に［出力］のタブをクリックして，図に示したように，

　　y0[0] = u0[0];
　　printf("Hello World!\n");

と書き込んだら，[ビルド]ボタンをクリックします．

　ビルドが成功したら，モデル・ウィンドウのメニューから，[シミュレーション]→[Configuration Parameters]とクリックして，[Configuration Parameters]のダイアログを開きます．

　これまでと同様に，左側の[選択]のペインで[ソルバ]を選択して，[ソルバ・オプション]において，

　　[タイプ]　　　　固定ステップ
　　[ソルバ]　　　　離散（連続状態なし）
　　[固定ステップ]　0.01

と記入します．

　[選択]のペインにおいて，[Real-Time Workshop]を選択して，[ビルド]ボタンをクリックします．ビルドが成功したら，図10-3に示したように，ファイルが生成されます．

　Windowsの[コマンド・プロンプト]を開き，適当にディレクトリを移動してm1001.exeを実行します．

　MATLABの[Command Window]にプリントすることもできますが（こちらの方がはるかに簡単），

図10-3　生成されたファイル

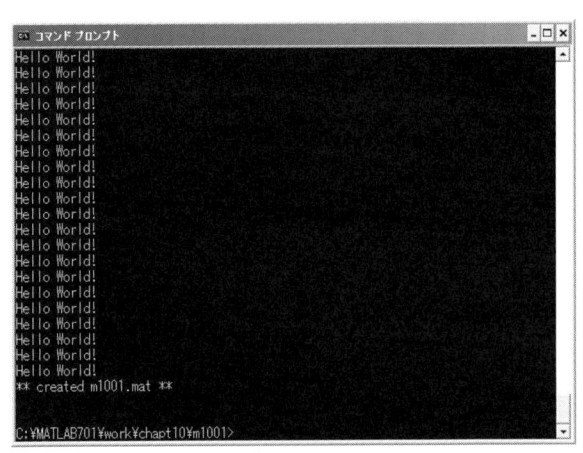

図10-4　プリントの結果

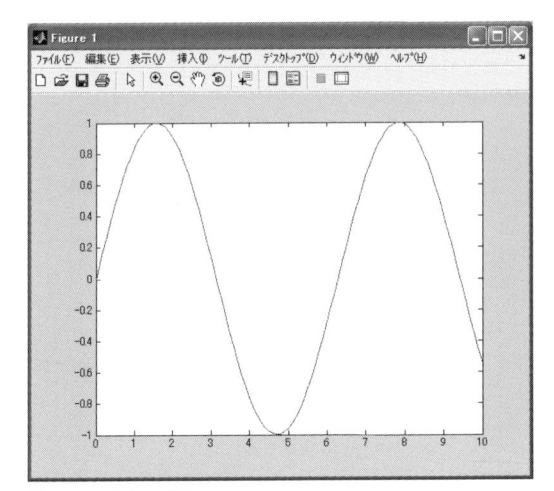

図10-5　出力のグラフ

ここでは，MATLABとは別の環境で実行できることを明示するために，［コマンド・プロンプト］を使用しました．

図10-4に示すように，Hello World!がプリントされました．

［Out］ブロックを使用したので，［Current Directory］にデータのファイルができたこともプリントされています．

printf文を試行したのは，ここにユーザのCのプログラムを書き込めば，それがコンパイルされて実行されることを示すためです．

［Current Directory］に，m1001.matというファイルが生成されているので，この内容を調べます．

MATLABのコマンドラインから，

```
>> load m1001.mat
```

10.2　ハロー・ワールド　　241

と入力し，続いて，

```
>> plot(rt_tout,rt_yout)
```

と入力します．**図10-5**に示すように，sinの波形が表示されます．

　S-Functionのプログラムに`printf( )`文を書き込み，実際にプリントが実行されることを確認しました．

　これから推測すると，必要な処理をCのプログラムで書き込めば，組み込みターゲットにおいて，その操作を実現できるということがわかります．

リスト10-1　myfunc.cファイル

```
 1  #define S_FUNCTION_NAME         myfunc
 2  #define S_FUNCTION_LEVEL        2
 3  #define NUM_INPUTS              1
 4  #define IN_PORT_0_NAME          u0
 5  #define INPUT_0_WIDTH           1
 6  #define INPUT_DIMS_0_COL        1
 7  #define INPUT_0_DTYPE           real_T
 8  #define INPUT_0_COMPLEX         COMPLEX_NO
 9  #define IN_0_FRAME_BASED        FRAME_NO
10  #define IN_0_DIMS               1-D
11  #define INPUT_0_FEEDTHROUGH     1
12  #define IN_0_ISSIGNED           0
13  #define IN_0_WORDLENGTH         8
14  #define IN_0_FIXPOINTSCALING    1
15  #define IN_0_FRACTIONLENGTH     9
16  #define IN_0_BIAS               0
17  #define IN_0_SLOPE              0.125
18  #define NUM_OUTPUTS             1
19  #define OUT_PORT_0_NAME         y0
20  #define OUTPUT_0_WIDTH          1
21  #define OUTPUT_DIMS_0_COL       1
22  #define OUTPUT_0_DTYPE          real_T
23  #define OUTPUT_0_COMPLEX        COMPLEX_NO
24  #define OUT_0_FRAME_BASED       FRAME_NO
25  #define OUT_0_DIMS              1-D
26  #define NPARAMS                 0
27  #define SAMPLE_TIME_0           INHERITED_SAMPLE_TIME
28  #define NUM_DISC_STATES         0
29  #define DISC_STATES_IC          [0]
30  #define NUM_CONT_STATES         0
31  #define CONT_STATES_IC          [0]
32  #define SFUNWIZ_GENERATE_TLC    1
33  #define SOURCEFILES             "__SFB__"
34  #define PANELINDEX              6
35  #define SFUNWIZ_REVISION        3.0
36  #include "simstruc.h"
37  extern void myfunc_Outputs_wrapper(const real_T *u0, real_T *y0);
```

■ 10.3 ファイルの検討

ビルドしたCのファイルの内容を検討します．

myfunc.cとmyfunc_wrapper.cが検討の対象となります．**リスト10-1**にmyfunc.cの内容を示します．このリストは，オリジナルのmyfunc.cからコメント行と空行を削除したものです．行番号は，説明のために私が挿入したものであって，オリジナルの行番号ではありません．

1行から35行は，デフォルト値の設定です．

36行は，構造体の定義です．

```
38   static void mdlInitializeSizes(SimStruct *S)
39   {
40       DECL_AND_INIT_DIMSINFO(inputDimsInfo);
41       DECL_AND_INIT_DIMSINFO(outputDimsInfo);
42       ssSetNumSFcnParams(S, NPARAMS);
43        if (ssGetNumSFcnParams(S) != ssGetSFcnParamsCount(S)) {
44        return; /* Parameter mismatch will be reported by Simulink */
45        }
46       ssSetNumContStates(S, NUM_CONT_STATES);
47       ssSetNumDiscStates(S, NUM_DISC_STATES);
48       if (!ssSetNumInputPorts(S, NUM_INPUTS)) return;
49       ssSetInputPortWidth(S, 0, INPUT_0_WIDTH);
50       ssSetInputPortDataType(S, 0, SS_DOUBLE);
51       ssSetInputPortComplexSignal(S, 0, INPUT_0_COMPLEX);
52       ssSetInputPortDirectFeedThrough(S, 0, INPUT_0_FEEDTHROUGH);
53       ssSetInputPortRequiredContiguous(S, 0, 1); /*direct input signal access*/
54       if (!ssSetNumOutputPorts(S, NUM_OUTPUTS)) return;
55       ssSetOutputPortWidth(S, 0, OUTPUT_0_WIDTH);
56       ssSetOutputPortDataType(S, 0, SS_DOUBLE);
57       ssSetOutputPortComplexSignal(S, 0, OUTPUT_0_COMPLEX);
58       ssSetNumSampleTimes(S, 1);
59       ssSetNumRWork(S, 0);
60       ssSetNumIWork(S, 0);
61       ssSetNumPWork(S, 0);
62       ssSetNumModes(S, 0);
63       ssSetNumNonsampledZCs(S, 0);
64       ssSetOptions(S, (SS_OPTION_EXCEPTION_FREE_CODE |
65                        SS_OPTION_USE_TLC_WITH_ACCELERATOR |
66               SS_OPTION_WORKS_WITH_CODE_REUSE));
67   }
68   # define MDL_SET_INPUT_PORT_FRAME_DATA
69   static void mdlSetInputPortFrameData(SimStruct  *S,
70                                        int_T      port,
71                                        Frame_T    frameData)
72   {
73       ssSetInputPortFrameData(S, port, frameData);
74   }
```

38行から67行は，初期化のプログラムです．
68行から95行は，データの型の定義です．
96行から101行は，このプログラムの心臓部です．
98行と99行において，グローバル・バッファにおける，入出力データのポインタを取得します．
100行において，ラッパー関数を呼び出します．

```
myfunc_Outputs_wrapper(u0, y0);
```

ユーザの立場からいうと，この行がすべてです．この関数は，37行において，extern宣言されています．

続いて，myfunc.cから呼び出されるラッパー関数myfunc_Outputs_wrapper.cをリスト10-2に示します．コメント行と空行は削除しました．

リスト10-1　myfunc.cファイル（つづき）

```
 75   static void mdlInitializeSampleTimes(SimStruct *S)
 76   {
 77       ssSetSampleTime(S, 0, SAMPLE_TIME_0);
 78       ssSetOffsetTime(S, 0, 0.0);
 79   }
 80   #define MDL_SET_INPUT_PORT_DATA_TYPE
 81   static void mdlSetInputPortDataType(SimStruct *S, int port, DTypeId dType)
 82   {
 83       ssSetInputPortDataType( S, 0, dType);
 84   }
 85   #define MDL_SET_OUTPUT_PORT_DATA_TYPE
 86   static void mdlSetOutputPortDataType(SimStruct *S, int port, DTypeId dType)
 87   {
 88       ssSetOutputPortDataType(S, 0, dType);
 89   }
 90   #define MDL_SET_DEFAULT_PORT_DATA_TYPES
 91   static void mdlSetDefaultPortDataTypes(SimStruct *S)
 92   {
 93     ssSetInputPortDataType( S, 0, SS_DOUBLE);
 94    ssSetOutputPortDataType(S, 0, SS_DOUBLE);
 95   }
 96   static void mdlOutputs(SimStruct *S, int_T tid)
 97   {
 98       const real_T   *u0 = (const real_T*) ssGetInputPortSignal(S,0);
 99       real_T         *y0 = (real_T *)ssGetOutputPortRealSignal(S,0);
100       myfunc_Outputs_wrapper(u0, y0);
101   }
102   static void mdlTerminate(SimStruct *S)
103   {
104   }
105   #ifdef  MATLAB_MEX_FILE    /* Is this file being compiled as a MEX-file? */
106   #include "simulink.c"      /* MEX-file interface mechanism */
107   #else
108   #include "cg_sfun.h"       /* Code generation registration function */
109   #endif
```

[S-Function Builder]の画面において，私が書き込んだ2行のプログラムは，12行と13行にそのままの形で書き込まれています．

　以上を要約すると，Real-Time WorkshopがビルドしたCのプログラムは，ラッパー関数`myfunc_Outputs_wrapper( )`を呼び出し，そこにユーザのアルゴリズムを書き込むということがわかります．

　それでは，このビルドされたプログラムに対して，いくつかの変更を行います．

　まず，新規にモデルを作成します．モデルの名前を`m1002.mdl`とします．

　[Simulink Library Browser]から，**図10-1**と同じブロックをドラッグ・アンド・ドロップして，同様に結線します．[S-Function Builder]のダイアログを開いて，**図10-6**に示すように，プログラムを書き込みます．

　今回は，[S-Function Builder]のダイアログにおいて，`printf( )`文は書き込みません．ここに注意します．

　次に，[S-Function Builder]において，プログラムを[ビルド]します．

　以上の操作によって，[Current Directory]に二つのファイル，`myfunc_Outputs_wrapper.c`と`myfunc.c`が生成されるので，これらのファイルに対してプログラムの書き込みを行います．

　まず，`myfunc_Outputs_wrapper.c`において，`printf( )`文を書き込みます(**図10-7**)．

　ビルドされたCプログラムの中に書き込んだところがポイントです．

　[Configuration Prameters]のダイアログを開いて，`m1001.mdl`と同じ設定を行い，[ビルド]ボタンをクリックして実行ファイルをコンパイルします．そして，[コマンド・プロンプト]の画面から，プログラムを実行します．

　図10-8に示すように，結果がプリントされました．

　MATLABがビルドしたCプログラムを直接書き換えることによって，ターゲットの実行プログラムを変更することが可能であることを検証しました．

リスト10-2　ラッパー関数

```
 1  #if defined(MATLAB_MEX_FILE)
 2  #include "tmwtypes.h"
 3  #include "simstruc_types.h"
 4  #else
 5  #include "rtwtypes.h"
 6  #endif
 7  #include <math.h>
 8  #define u_width 1
 9  #define y_width 1
10  void myfunc_Outputs_wrapper(const real_T *u0, real_T *y0)
11  {
12      y0[0] = u0[0];
13      printf("Hello World!\n");
14  }
```

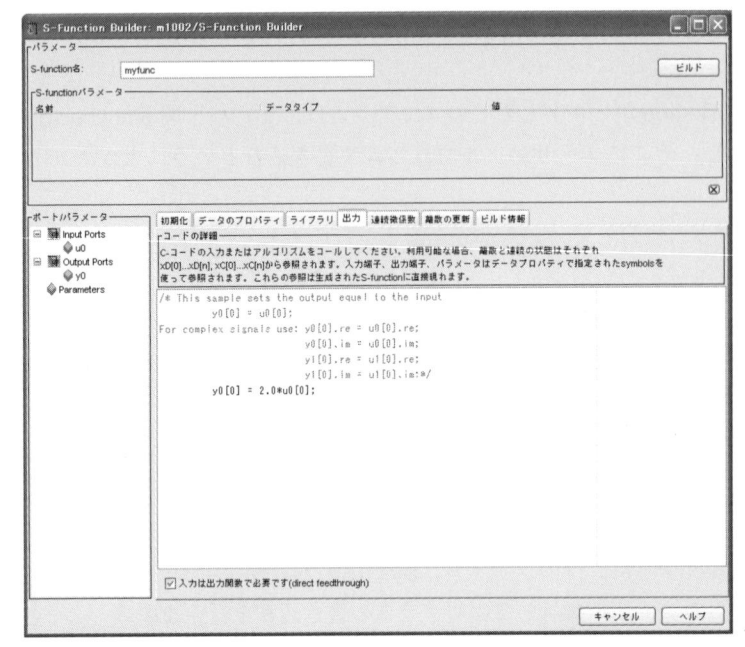

図10-6 プログラムの書き込み

図10-7 myfunc_Outputs_wrapper.c に printf( ) を挿入する

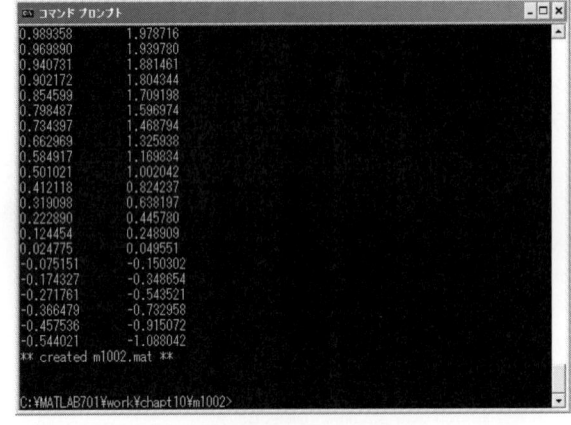

図10-8 プログラムの実行結果はプリントされた

では，次の検証を行います．

リスト10-1において，myfunc.cは，ユーザの手続きを実現するためにラッパー関数myfunc_Outputs_wrapper.cを呼び出します．この部分を書き換えることによって，関数myfunc.cを呼び出す手続きを省略できるかどうかを試してみます．

まず，新規にモデルを作成します．モデルの名前をm1003.mdlとします．

図10-1と同じブロックをドラッグ・アンド・ドロップして，結線します．

[S-Function Builder]のダイアログを開いて，**図10-6**に示すように，プログラムを書き込み，ビルド

図10-9 myfunc.cにprintf( )を挿入する

図10-10 プログラムの実行結果はプリントされなかった

します．ここまでの操作は，m1002.mdlの場合と同じです．それでは，myfunc.cに対して加筆，修正を行います．

図10-9に示すように，myfunc.cに対して，printf( )を挿入します．

[Configuration Prameters]のダイアログにおいて，m1001.mdlと同じ設定を行い，[ビルド]ボタンをクリックして実行ファイルをコンパイルします．そして，[コマンド・プロンプト]の画面から，プログラムを実行します．

図10-10に示すように，結果はプリントされません．

この結果を見る限り，myfunc.cに書き込んだプログラムは，実行プログラムに反映されません．

myfunc.cの内容変更は，実行プログラムにおいて無視されます．

以上を要約すると，実行ファイルをコンパイルする過程において，myfunc_Outputs_wrapper.cはコンパイルされるのに対して，myfunc.cはコンパイルされないことになります．

■ 10.4　ブロックのビルド過程の解析

ハロー・ワールドのモデルに使用したブロックのビルド過程を解析します．

図10-11に，[Configuration Parameters]の[Real-Time Workshop]のダイアログを再掲します．

このダイアログの右側のペインにおいて，[ターゲット・シミュレーション]の囲みを見てください．[RTWシステム・ターゲット・ファイル]のテキスト・ボックスに，デフォルトでgrt.tlcと書き込まれています．

grt.tlcは，ブロックのビルド過程をコントロールするスクリプト・ファイルです．試しに右側の[参照]ボタンをクリックしてみると，[System target file browser]のダイアログが開きます(図10-12)．

[システム・ターゲット・ファイル]のウィンドウに，****.tlcという型のファイルが列記されています．これらのtlcファイルは，Simulinkのモデルをビルドする過程をコントロールするスクリプ

図10-11　Real-Time Workshopのダイアログ

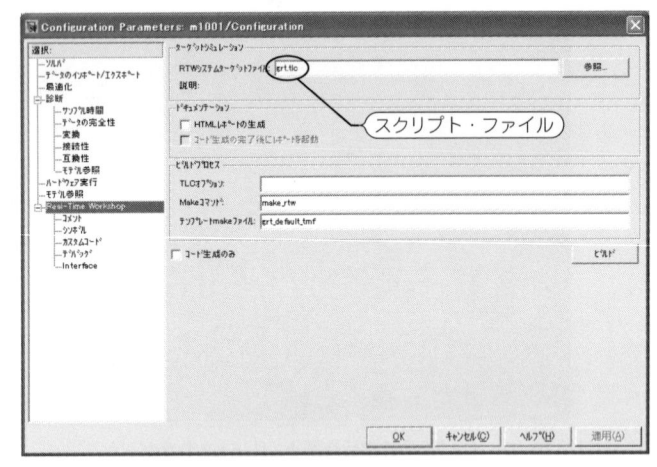

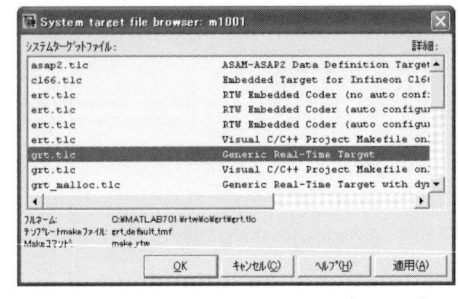

図10-12　System target file browserのダイアログ

ト・ファイルです．

デフォルトでは，`grt.tlc`を使用する設定になっています．このファイルを選択することによって，Generic Real-Time Targetと呼ばれているビルド過程を選択したことになります．これはデフォルトの設定になっているので，ほかの`tlc`ファイルを選択しない限り，`grt.tlc`を選択したことになります．

このgenericという単語を日本語に翻訳することは，とても困難です．日常会話で，この単語を使用することはほとんどありません．一般の会話では，通常，generalを使います．

裏を返せば，組み込みなどの特定の目的に使用する場合は，それに応じた`tlc`ファイルを選択しなさい，`grt.tlc`を使ってはいけない，ということにもなります．極言すれば，目的に応じて`****.tlc`ファイルを用意すれば，モデルのビルド過程をコントロールすることができる，ということになります．

これまでのモデルをビルドする際には，デフォルトの設定を変更していないので，当然，このスクリプト・ファイル`grt.tlc`を参照して，`myfunc.tlc`を生成し，実行ファイルをコンパイルしたことになります．

`myfunc`ブロックをビルドする際に使用されたファイルは，`myfunc.tlc`と`myfunc_Outputs_wrapper.c`です．`myfunc.c`は使用しません．

ですから，モデル`m1003.mdl`において`myfunc.c`を変更しても，その変更は実行ファイルに影響を与えません．

さて，この`tlc`ファイルの内容を検討する必要があります．**リスト10-3**に，`myfunc.tlc`ファイルを示します．オリジナルの`myfunc.tlc`に行番号を挿入し，空白行を削除しました．また，［%%］記号の行は，コメントです．

17行において，`myfunc.c`をC言語によってビルドすることを指示します．

24行から30行において，ラッパー関数をextern宣言することが指示されています．実際の関数の内容は，36行から44行に示されています．

リスト10-3 myfunc.tlc ファイル

```
 1  %% File : myfunc.tlc
 2  %% Created: Sat Apr  2 15:13:37 2005
 3  %%
 4  %% Description:
 5  %%   Real-Time Workshop wrapper functions interface generated for
 6  %%   S-function "myfunc.c".
 7  %%
 8  %%        File generated by S-function Builder Block
 9  %%
10  %% For more information on using the Target Language with the
11  %% Real-Time Workshop, see the Target Language Compiler manual
12  %% (under Real-Time Workshop) in the "Inlining S-Functions"
13  %% chapter under the section and subsection:
14  %%   "Writing Block Target Files to Inline S-Functions",
15  %%        "Function-Based or Wrapped Code".
16  %%
17  %implements  myfunc "C"
18  %% Function: BlockTypeSetup ==========================================
19  %%
20  %% Purpose:
21  %%      Set up external references for wrapper functions in the
22  %%      generated code.
23  %%
24  %function BlockTypeSetup(block, system) Output
25    %openfile externs
26    extern void myfunc_Outputs_wrapper(const real_T *u0, real_T *y0);
27    %closefile externs
28    %<LibCacheExtern(externs)>
29    %%
30  %endfunction
31  %% Function: Outputs ================================================
32  %%
33  %% Purpose:
34  %%      Code generation rules for mdlOutputs function.
35  %%
36  %function Outputs(block, system) Output
37    /* S-Function "myfunc_wrapper" Block: %<Name> */
38    %assign pu0 = LibBlockInputSignalAddr(0, "", "", 0)
39    %assign py0 = LibBlockOutputSignalAddr(0, "", "", 0)
40    %assign py_width = LibBlockOutputSignalWidth(0)
41    %assign pu_width = LibBlockInputSignalWidth(0)
42    myfunc_Outputs_wrapper(%<pu0>, %<py0> );
43    %%
44  %endfunction
45  %% [EOF] myfunc.tlc
```

ファイルmyfunc.tlcを変更して，それが実行プログラムに反映されるかどうかチェックします．まず，新規にモデルを作成します．モデルの名前をm1004.mdlとします．

次に図10-1と同じブロックをドラッグ・アンド・ドロップして，結線します．[S-Function Builder]のダイアログを開いて，前出の図10-6に示すように，プログラムを書き込みビルドします．ここまでの操作は，m1002.mdl，m1003.mdlの場合と同じです．

myfunc.tlcに対して，リスト10-4に示すように，プリント文を挿入します．

リスト10-3の43行はコメント行ですが，これを，printf("Hello World!¥n");と変更しました．そして，[Configuration Parameters]の[Real-Time Workshop]のダイアログにおいて，[ビルド]ボタンをクリックします．ビルドが成功したら，[コマンド・プロンプト]からmyfunc.exeを実行してみましょう．

図10-13に示したように，文字列がプリントされました．

myfunc.cの変更は無視されるのに対して，myfunc.tlcの変更は実行プログラムに反映されることを検証しました．

今度は，ラッパー関数myfunc_Outputs_wrapper.cを削除して，アルゴリズムを直接tlcファイルに書き込んでみます．

まず，新規にモデルを作成します．モデルの名前をm1005.mdlとします．

リスト10-4 myfunc.tlcの関係する部分

```
31  %% Function: Outputs ====================================================
32  %%
33  %% Purpose:
34  %%      Code generation rules for mdlOutputs function.
35  %%
36  %function Outputs(block, system) Output
37      /* S-Function "myfunc_wrapper" Block: %<Name> */
38      %assign pu0 = LibBlockInputSignalAddr(0, "", "", 0)
39      %assign py0 = LibBlockOutputSignalAddr(0, "", "", 0)
40      %assign py_width = LibBlockOutputSignalWidth(0)
41      %assign pu_width = LibBlockInputSignalWidth(0)
42      myfunc_Outputs_wrapper(%<pu0>, %<py0> );
43      printf("Hello World!¥n");
44  %endfunction
45  %% [EOF] myfunc.tlc
```

図10-13 文字列のプリント結果

図10-1と同じブロックをドラッグ・アンド・ドロップして，結線します．そして，［S-Function Builder］のダイアログを開いて，前出の図10-6に示すように，プログラムを書き込みビルドします．

ここまでの操作は，m1004.mdlまでの場合と同じです．

あとは，リスト10-5に示すように，myfunc.tlcを書き換えます．

リスト10-3との対応を示すために，リスト10-5の行番号は，リスト10-3のものを温存しました．

リスト10-3で，myfunc_wrapper.cのextern宣言を行っている18行から30行を削除します．

37行のコメントは削除します．

38行と39行において，アドレス取得の関数を実体取得の関数に置き換えます．

40行と41行は，ここで使わないので削除します．

42行に，実行する数式を直接記述します．

準備ができたので，［S-Function Builder］が生成したファイルmyfunc_wrapper.cを［Current

リスト10-5　修正したmyfunc.tlc

```
 1   %% File : myfunc.tlc
 2   %% Created: Sat Apr  2 15:13:37 2005
 3   %%
 4   %% Description:
 5   %%   Real-Time Workshop wrapper functions interface generated for
 6   %%   S-function "myfunc.c".
 7   %%
 8   %%       File generated by S-function Builder Block
 9   %%
10   %% For more information on using the Target Language with the
11   %% Real-Time Workshop, see the Target Language Compiler manual
12   %% (under Real-Time Workshop) in the "Inlining S-Functions"
13   %% chapter under the section and subsection:
14   %%   "Writing Block Target Files to Inline S-Functions",
15   %%       "Function-Based or Wrapped Code".
16   %%
17   %implements  myfunc "C"

   〜  myfunc_wrapper.cのextern宣言を削除  〜

31   %% Function: Outputs =====================================================
32   %%
33   %% Purpose:
34   %%      Code generation rules for mdlOutputs function.
35   %%
36   %function Outputs(block, system) Output
                    ─ 関数を変更 ─
38     %assign pu0 = LibBlockInputSignal(0, "", "", 0)
39     %assign py0 = LibBlockOutputSignal(0, "", "", 0)
                    ─ 計算式を直接記入 ─
42     %<py0>=2.0*%<pu0>;
43     %%
44   %endfunction
45   %% [EOF] myfunc.tlc
```

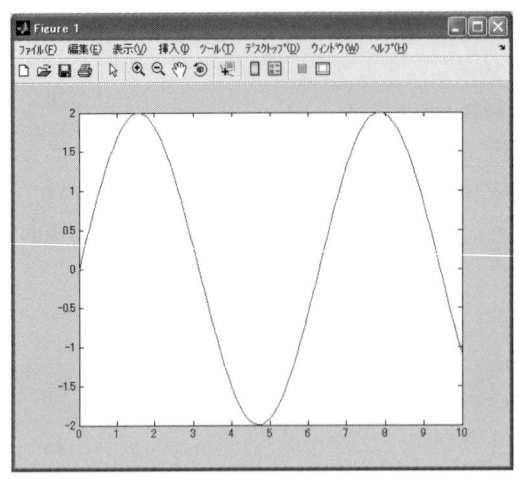

図10-14 出力のプロット

Directory]から削除します．

　[Configuration Parameters]のダイアログの[ビルド]ボタンをクリックして，実行ファイルをコンパイルします．コンパイルが成功したら，プログラムを実行します．m1005.matファイルをロードして，プロットすると図10-14が得られました．

　以上で，tlcファイルに必要なプログラムを書き込むことによって，ラッパー関数を削除することができることを具体的に示しました．

■ 10.5　微分方程式を含むモデル

　微分方程式を含むモデルに対して，どのようなCプログラムがビルドされるのかを検討します．
　微分方程式を，

$$\frac{d\omega}{dt} = u$$

とします．

　最初に，[S-Function Builder]を使った場合について述べます．
　まず，新規にモデルを作成します．モデルの名前をm1006.mdlとします．
　図10-1と同じブロックをドラッグ・アンド・ドロップして，結線します．そして，[S-Function Builder]のダイアログを開きます．
　[S-Function名]を，motorとします．
　[初期化]のタブをクリックして，図10-15に示すように，
　　[連続状態の数]　　1
と書き込みます．
　[出力]のタブをクリックして，図10-16に示すように，y0[0]=xC[0];と書き込みます．xCのC

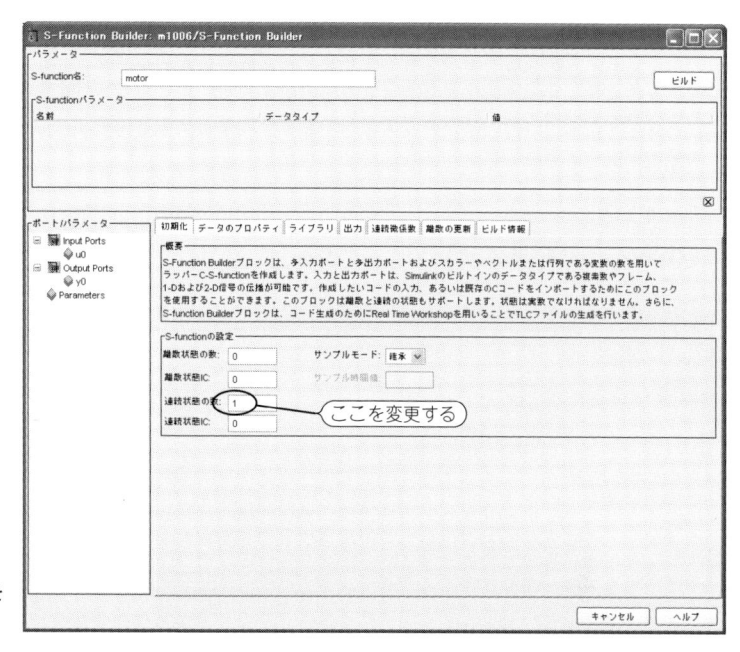

図10-15 初期化の画面で連続状態の数を変更する

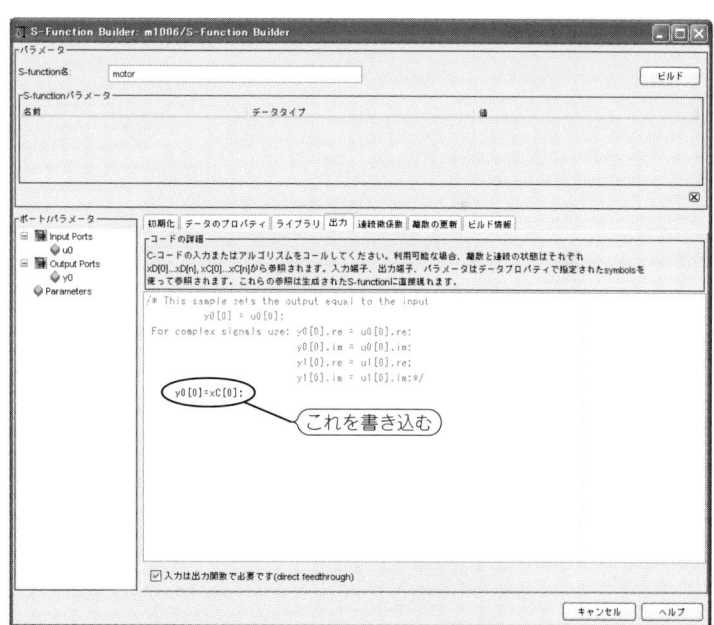

図10-16 出力の画面でコードを追加する

は連続(continuous)の頭文字をとったものです．

　これは，制御理論で言うと，状態が観測値という場合です．

　［連続微係数］のタブをクリックして，**図10-17**に示すように，dx[0]=u0[0];と書き込みます．

　以上で準備ができたので，画面右上の［ビルド］ボタンをクリックして，プログラムをビルドします．

10.5　微分方程式を含むモデル　　253

モデル・ウィンドウのメニューから，［シミュレーション］→［コンフィギュレーションパラメータ］とクリックして，［Configuration Parameters］のダイアログを開きます．

図10-18に示すように，［ソルバオプション］のペインにおいて，

　　　［タイプ］　　　　　　　　　　　　固定ステップ
　　　［ソルバ］　　　　　　　　　　　　ode4（Runge-Kutta）
　　　［固定ステップ（基本サンプリング時間）］　0.01

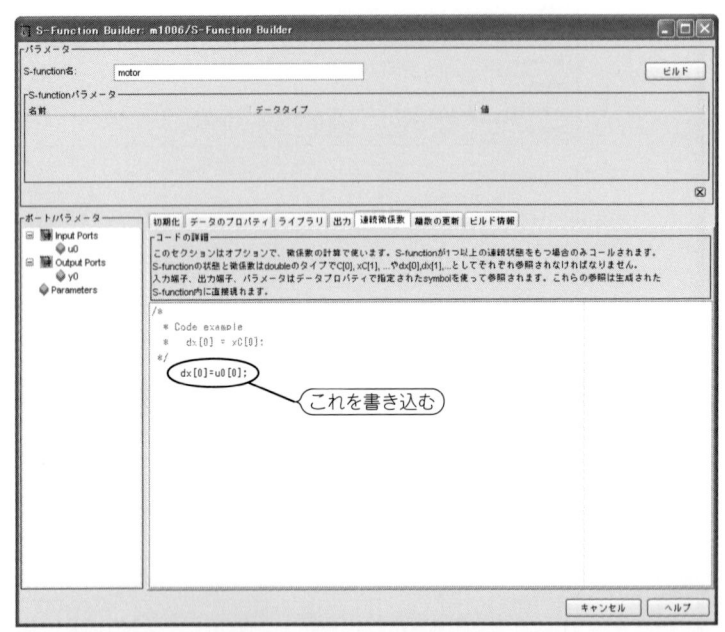

図10-17　連続微係数の画面でコードを追加する

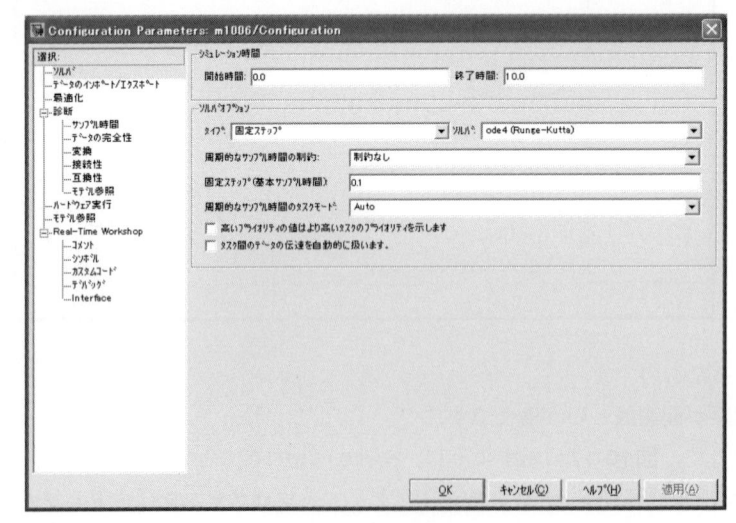

図10-18　Configuration Parametersのダイアログでの設定

第10章　ビルド過程のカスタマイズ

と選択，記入します．

［選択］のペインにおいて，［Real-Time Workshop］を選択して，［ビルド］ボタンをクリックします．ビルドが成功したら，コンパイルされた実行プログラムを実行します．

実行プログラムの独立性を強調するために，実行環境として［コマンド・プロンプト］を使用しましたが，MATLABの［Command Window］にも同じ機能があるので，以後は，MATLABの［Command Window］を使用します．こちらのほうが手軽に実行できます．

［Command Window］のコマンドラインにおいて，

```
>>!m1006
```

と打ち込みます．ここで，!記号はm1006.exeを実行する命令です．例えば，!記号なしで，

```
>> m1006
```

と入力すると，m1006.mdlが起動するので，注意してください．

実行結果を**図10-19**に示します．

グラフをプロットすると，**図10-20**となります．

確かに，sinを積分した値が表示されています．

では，ビルドされたCのプログラムを検討します．**リスト10-6**に，motor.cを示します．生成されたプログラムから空白行を削除し，説明のために行番号と日本語のテキストを挿入しました．

モデルに対して微分方程式を導入したので，状態の初期化ルーチン（78行から83行），微分方程式を計算するルーチン（107行から115行）が，新しく挿入されました．

出力を計算するルーチンと微係数を計算するルーチンは，ラッパー関数において記述されます．**リスト10-7**にラッパー関数motor_wrapper.cを示します．

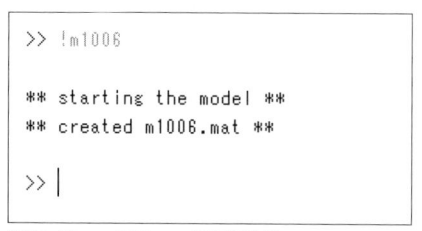

図10-19　m1006.exeの実行結果

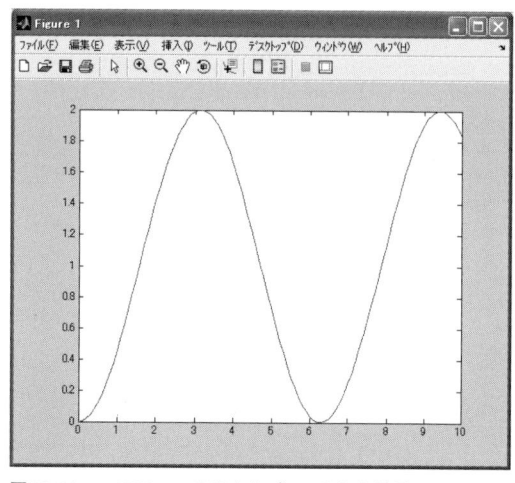

図10-20　m1006.exeの出力をプロットした結果

10.5　微分方程式を含むモデル

リスト10-6　motor.cファイル

```
 1  #define S_FUNCTION_NAME         motor
 2  #define S_FUNCTION_LEVEL        2
 3  #define NUM_INPUTS              1
 4  #define IN_PORT_0_NAME          u0
 5  #define INPUT_0_WIDTH           1
 6  #define INPUT_DIMS_0_COL        1
 7  #define INPUT_0_DTYPE           real_T
 8  #define INPUT_0_COMPLEX         COMPLEX_NO
 9  #define IN_0_FRAME_BASED        FRAME_NO
10  #define IN_0_DIMS               1-D
11  #define INPUT_0_FEEDTHROUGH     1
12  #define IN_0_ISSIGNED           0
13  #define IN_0_WORDLENGTH         8
14  #define IN_0_FIXPOINTSCALING    1
15  #define IN_0_FRACTIONLENGTH     9
16  #define IN_0_BIAS               0
17  #define IN_0_SLOPE              0.125
18  #define NUM_OUTPUTS             1
19  #define OUT_PORT_0_NAME         y0
20  #define OUTPUT_0_WIDTH          1
21  #define OUTPUT_DIMS_0_COL       1
22  #define OUTPUT_0_DTYPE          real_T
23  #define OUTPUT_0_COMPLEX        COMPLEX_NO
24  #define OUT_0_FRAME_BASED       FRAME_NO
25  #define OUT_0_DIMS              1-D
26  #define NPARAMS                 0
27  #define SAMPLE_TIME_0           INHERITED_SAMPLE_TIME
28  #define NUM_DISC_STATES         0
29  #define DISC_STATES_IC          [0]
30  #define NUM_CONT_STATES         1
31  #define CONT_STATES_IC          [0]
32  #define SFUNWIZ_GENERATE_TLC    1
33  #define SOURCEFILES             "__SFB__"
34  #define PANELINDEX              6
35  #define SFUNWIZ_REVISION        3.0
36  #include "simstruc.h"
```
──────────── ラッパー関数のextern宣言 ────────────
```
37  extern void motor_Outputs_wrapper(const real_T *u0,real_T *y0,const real_T *xC);
38  extern void motor_Derivatives_wrapper(const real_T *u0,
                                *const real_T *y0, real_T *dx, real_T *xC);
```
──────────── 構造体の初期化 ────────────
```
39  static void mdlInitializeSizes(SimStruct *S)
40  {
41      DECL_AND_INIT_DIMSINFO(inputDimsInfo);
42      DECL_AND_INIT_DIMSINFO(outputDimsInfo);
43      ssSetNumSFcnParams(S, NPARAMS);
44       if (ssGetNumSFcnParams(S) != ssGetSFcnParamsCount(S)) {
45       return; /* Parameter mismatch will be reported by Simulink */
46       }
47      ssSetNumContStates(S, NUM_CONT_STATES);
48      ssSetNumDiscStates(S, NUM_DISC_STATES);
49      if (!ssSetNumInputPorts(S, NUM_INPUTS)) return;
50      ssSetInputPortWidth(S, 0, INPUT_0_WIDTH);
51      ssSetInputPortDataType(S, 0, SS_DOUBLE);
```

```
52      ssSetInputPortComplexSignal(S, 0, INPUT_0_COMPLEX);
53      ssSetInputPortDirectFeedThrough(S, 0, INPUT_0_FEEDTHROUGH);
54      ssSetInputPortRequiredContiguous(S, 0, 1); /*direct input signal access*/
55      if (!ssSetNumOutputPorts(S, NUM_OUTPUTS)) return;
56      ssSetOutputPortWidth(S, 0, OUTPUT_0_WIDTH);
57      ssSetOutputPortDataType(S, 0, SS_DOUBLE);
58      ssSetOutputPortComplexSignal(S, 0, OUTPUT_0_COMPLEX);
59      ssSetNumSampleTimes(S, 1);
60      ssSetNumRWork(S, 0);
61      ssSetNumIWork(S, 0);
62      ssSetNumPWork(S, 0);
63      ssSetNumModes(S, 0);
64      ssSetNumNonsampledZCs(S, 0);
65      ssSetOptions(S, (SS_OPTION_EXCEPTION_FREE_CODE |
                         *SS_OPTION_USE_TLC_WITH_ACCELERATOR |
                         *SS_OPTION_WORKS_WITH_CODE_REUSE));
66   }
67   # define MDL_SET_INPUT_PORT_FRAME_DATA
68   static void mdlSetInputPortFrameData(SimStruct   *S,
                                          *int_T port, Frame_T    frameData)
69   {
70       ssSetInputPortFrameData(S, port, frameData);
71   }
```
―――――――――――――― サンプル時間の初期化 ――――――――――――――
```
72   static void mdlInitializeSampleTimes(SimStruct *S)
73   {
74       ssSetSampleTime(S, 0, SAMPLE_TIME_0);
75       ssSetOffsetTime(S, 0, 0.0);
76   }
```
―――――――――――――― 初期状態のセット ――――――――――――――
```
77   #define MDL_INITIALIZE_CONDITIONS
78   static void mdlInitializeConditions(SimStruct *S)
79    {
80      real_T *xC   = ssGetContStates(S);
81      xC[0] =   0;
82    }
```
―――――――――――――― 入出力ポートの型設定 ――――――――――――――
```
83   #define MDL_SET_INPUT_PORT_DATA_TYPE
84   static void mdlSetInputPortDataType(SimStruct *S, int port, DTypeId dType)
85   {
86       ssSetInputPortDataType( S, 0, dType);
87   }
88   #define MDL_SET_OUTPUT_PORT_DATA_TYPE
89   static void mdlSetOutputPortDataType(SimStruct *S, int port, DTypeId dType)
90   {
91       ssSetOutputPortDataType(S, 0, dType);
92   }
93   #define MDL_SET_DEFAULT_PORT_DATA_TYPES
94   static void mdlSetDefaultPortDataTypes(SimStruct *S)
95   {
96     ssSetInputPortDataType( S, 0, SS_DOUBLE);
97     ssSetOutputPortDataType(S, 0, SS_DOUBLE);
98   }
```

リスト10-6 motor.cファイル（つづき）

```
―――――――――――出力の計算―――――――――――
 99  static void mdlOutputs(SimStruct *S, int_T tid)
100  {
101      const real_T   *u0 = (const real_T*) ssGetInputPortSignal(S,0);
102      real_T         *y0 = (real_T *)ssGetOutputPortRealSignal(S,0);
103      const real_T   *xC = ssGetContStates(S);
104      motor_Outputs_wrapper(u0, y0, xC);
105  }
―――――――――――微分方程式の計算―――――――――――
106  #define MDL_DERIVATIVES  /* Change to #undef to remove function */
107    static void mdlDerivatives(SimStruct *S)
108    {
109      const real_T   *u0 = (const real_T*) ssGetInputPortSignal(S,0);
110      real_T         *dx = ssGetdX(S);
111      real_T         *xC = ssGetContStates(S);
112      real_T         *y0 = (real_T *) ssGetOutputPortRealSignal(S,0);
113      motor_Derivatives_wrapper(u0, y0, dx, xC);
114  }
―――――――――――終了処理―――――――――――
115  static void mdlTerminate(SimStruct *S)
116  {
117  }
118  #ifdef  MATLAB_MEX_FILE    /* Is this file being compiled as a MEX-file? */
119  #include "simulink.c"      /* MEX-file interface mechanism */
120  #else
121  #include "cg_sfun.h"       /* Code generation registration function */
122  #endif
```

リスト10-7 motor_wrapper.cファイル

```
#if defined(MATLAB_MEX_FILE)
#include "tmwtypes.h"
#include "simstruc_types.h"
#else
#include "rtwtypes.h"
#endif
#include <math.h>
#define u_width 1
#define y_width 1
void motor_Outputs_wrapper(const real_T *u0, real_T *y0, const real_T *xC)
{
    y0[0]=xC[0];
}
void motor_Derivatives_wrapper(const real_T *u0,
*const real_T *y0, real_T *dx, real_T *xC)
{
    dx[0]=u0[0];
```

リスト10-8　motor.tlc ファイル

```
1   %implements   motor "C"
2   %function BlockTypeSetup(block, system) Output
3     %openfile externs
4     extern void motor_Outputs_wrapper(const real_T *u0,
         real_T *y0,const real_T *xC);
5     extern void motor_Derivatives_wrapper(const real_T *u0,
                          const real_T *y0,real_T *dx, real_T *xC);
6     %closefile externs
7     %<LibCacheExtern(externs)>
8   %endfunction
9   %function InitializeConditions(block, system) Output
10    {
11      real_T *xC   = %<RTMGet("ContStates")>;
12      xC[0] =  0;
13    }
14  %endfunction
15  %function Outputs(block, system) Output
16    %assign pu0 = LibBlockInputSignalAddr(0, "", "", 0)
17    %assign py0 = LibBlockOutputSignalAddr(0, "", "", 0)
18    %assign py_width = LibBlockOutputSignalWidth(0)
19    %assign pu_width = LibBlockInputSignalWidth(0)
20    {
21      real_T *pxc = %<RTMGet("ContStates")>;
22      motor_Outputs_wrapper(%<pu0>, %<py0>, pxc);
23    } %%
24  %endfunction
25  %function Derivatives(block, system) Output
26    %assign pu0 = LibBlockInputSignalAddr(0, "", "", 0)
27    %assign py0 = LibBlockOutputSignalAddr(0, "", "", 0)
28  {
29      real_T *pxc = %<RTMGet("ContStates")>;
30      real_T *dx  = %<RTMGet("dX")>;
31      motor_Derivatives_wrapper(%<pu0>, %<py0>, dx, pxc);
32    }
33  %endfunction
```

　リスト10-8に，スクリプト・ファイルmotor.tlcを示します．

　このプログラムの内容は，皆さん自力で解読してみてください．

　それでは，微分方程式を含むモデルにおいて，ラッパー関数を使用しないプログラムを作ります．

　まず，新規にモデルを作成します．モデルの名前をm1007.mdlとします．m1006.mdlと同じ手続きを適用します．

　[S-Function名]は，区別を明確にするために，motorAとします．プログラムをビルドして，実行します．そして，前と同じ結果が得られることを確認します．

　motor.tlcをリスト10-9に示すように加筆，修正します．

　まず，リスト10-8において，ラッパー関数をextern宣言する部分(2行から8行)を削除します．状態を初期化する部分はそのまま温存します．出力計算と微分係数計算の部分は，リスト10-9に示すよう

10.5　微分方程式を含むモデル　　259

リスト10-9　motorA.tlc ファイル

```
 1  %implements  motorA "C"
 2  %function InitializeConditions(block, system) Output
 3    {
 4      real_T *xC  = %<RTMGet("ContStates")>;
 5      xC[0] =  0;
 6    }
 7  %endfunction
 8  %function Outputs(block, system) Output
 9    %assign py0 = LibBlockOutputSignal(0, "", "", 0)
10    {
11      real_T *pxc = %<RTMGet("ContStates")>;
12      %<py0>=pxc[0];
13    }   %%
14  %endfunction
15  %function Derivatives(block, system) Output
16    %assign pu0 = LibBlockInputSignal(0, "", "", 0)
17    {
18      real_T *dx  =  %<RTMGet("dX")>;
19      dx[0]=0.5*%<pu0>;
20    }
21  %endfunction
```

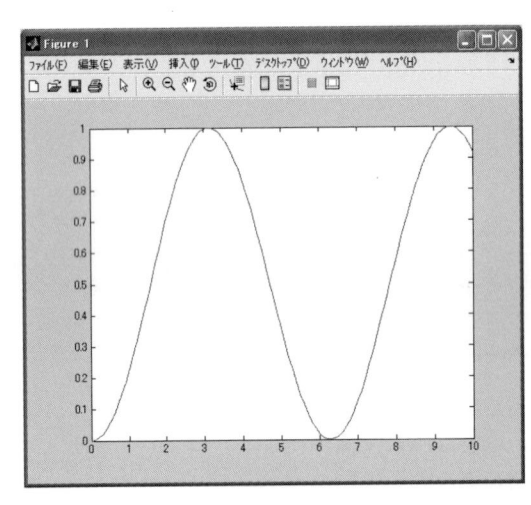

図10-21　m1007.exeの出力をプロットした結果

に変更します．

　[Configuration Parameters]の[選択]ペインにおいて，[Real-Time Workshop]を選択して，[ビルド]ボタンをクリックします．ビルドが成功したら，MATLABの[Command Window]から，m1007.exeを実行します．

　結果をプロットすると，**図10-21**のようになりました．

　図10-20と**図10-21**を比較してください．波形の形状は同じですが，y軸の値が異なります．**リスト10-9**の19行において，dx[0]=0.5*%<pu0>と0.5をかけたので，y軸の値は半分になりました．

第11章　プログラムの管理と実行の分離

■ 11.1　はじめに

　第9章では，ブロック線図をビルドしてCプログラムを生成し，それをコンパイルして実行プログラムを作り，Windowsのコマンドラインから実行しました．
　本章では，2台のPCを使用して，ビルドしたプログラムを実行します．
　1台目のPCは，WindowsとMATLABをインストールします．こちらのPCを開発環境と呼びます．ここで，ターゲット・プログラムをビルドします．
　2台目のPCは，WindowsだけでMATLABはインストールしません．こちらのPCを実行環境と呼びます．
　開発環境と実行環境は通信システムで結ばれます．通信システムとして，TCP/IPおよびシリアルを使った通信を試みます．
　開発環境においてプログラムをビルドして，それを実行環境に送ります．
　その後，実行環境でプログラムを実行し，その行動を開発環境においてモニタし，パラメータを調整する方法について解説します．

■ 11.2　ハロー・ワールド

　実際に最小規模のモデルを作って実行します．まず，新規にモデルを作成します．モデル名はm1101.mdlとします．
　[Simulink Library Browser]から[Sin Wave]，[Gain]，[Scope]ブロックをドラッグ・アンド・ドロップして，図11-1に示すように接続します．
　ここで，[Gain]ブロックの[ゲイン]は，2と書き込みます．
　[Configuration Parameters]のダイアログを開きます．
　[選択]のペインにおいて，[ソルバ]を選択して，図11-2に示すように，選択，書き込みを行って，[適用]ボタンをクリックします．
　[選択]のペインにおいて，[データのインポート/エクスポート]を選択して，図11-3に示すように，

［ワーク・スペースに保存］のペインでチェック・マークを取り（デフォルトではチェック・マークがついている），［適用］ボタンをクリックします．

［選択］のペインにおいて，［Real-Time Workshop］の［Interface］を選択します．

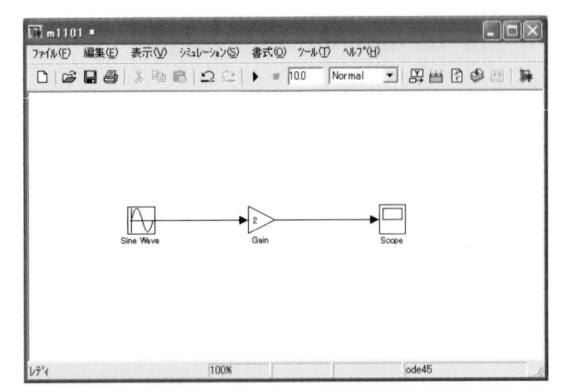

図11-1　m1101.mdl

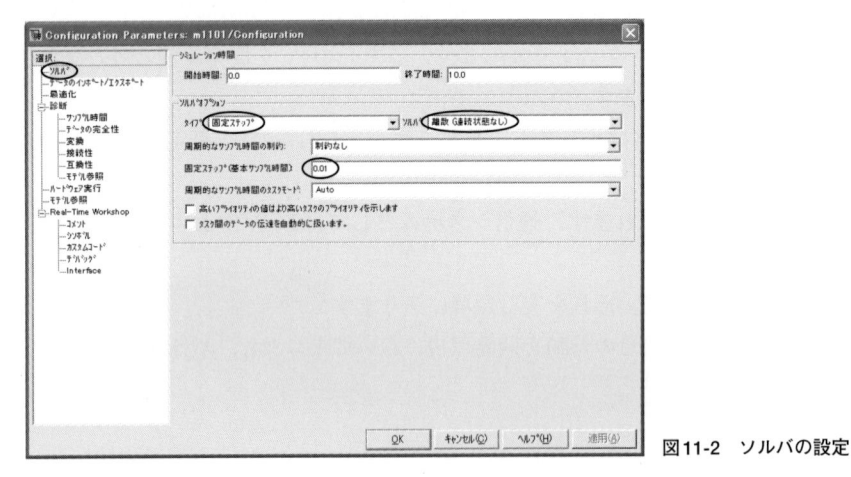

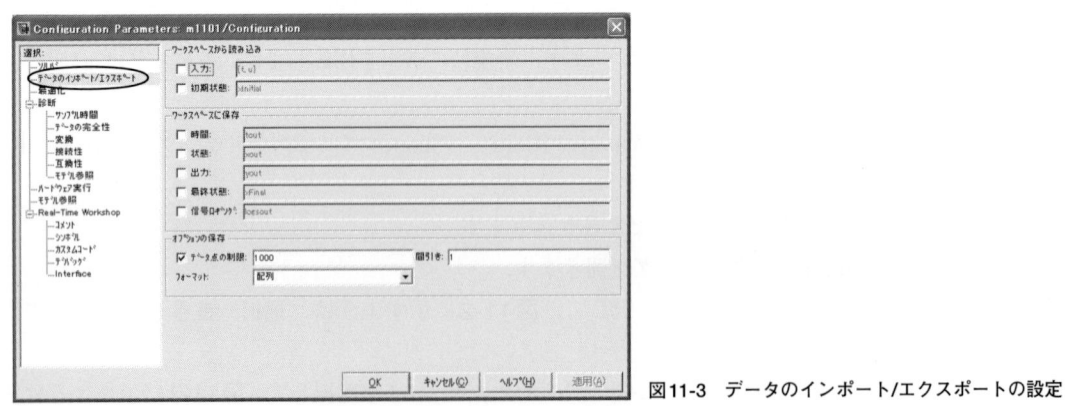

図11-2　ソルバの設定

図11-3　データのインポート/エクスポートの設定

第11章　プログラムの管理と実行の分離

[データ交換]のペインに，[インターフェース]のリスト・ボックスがあるので，これを展開して[エクスターナル・モード]を選択します(**図11-4**)．

　[ホスト/ターゲットのインターフェース]のペインにおいて，[トランスポート層]はデフォルトのTCP/IPになっています．これを確認し，[適用]ボタンをクリックします．

　以上で準備は完了しました．[選択]のペインにおいて，[Real-Time Workshop]を選択して，[ビルド]ボタンをクリックします．ビルドが成功すると，[Current Directory]に，m1101.exeというファイルができました．

　プログラムの実行は，サーバ/クライアント形式で行います．

　まず，サーバをスタートします．Windowsの[コマンド・プロンプト]の画面において，**図11-5**に示すように，exeプログラムをスタートします．

　ここで，コマンドはm1101 -tf inf -wですが，パラメータの-tf infは実行時間を無限大にするためのスイッチで，-wはサーバをウエイト状態にするためのスイッチです．

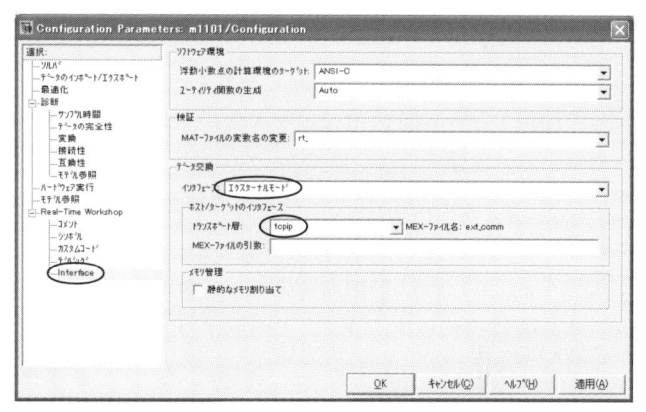

図11-4 エクスターナル・モードの選択

図11-5 プログラムの実行

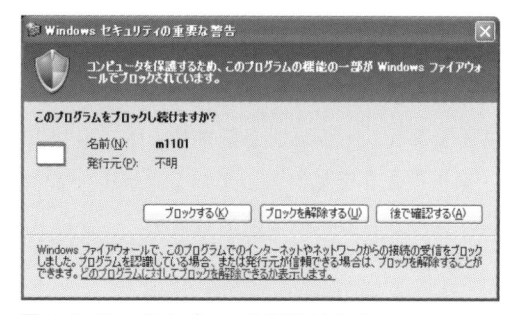

図11-6 ファイア・ウォールの問い合わせ

11.2　ハロー・ワールド　　**263**

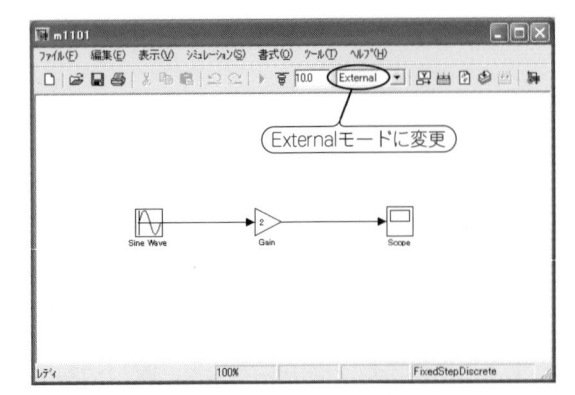

図11-7 モデルにおけるエクスターナルの選択

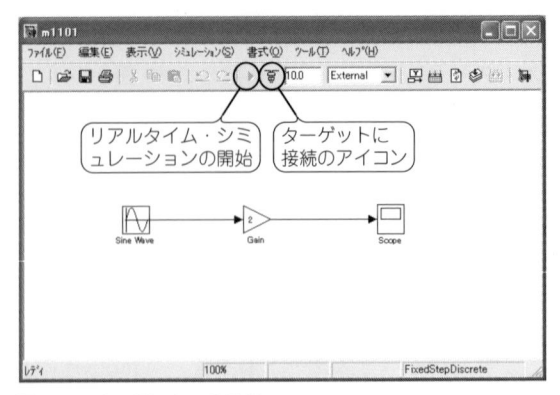

図11-8 ターゲットへの接続

　Simulinkのモデル・ウィンドウでは，デフォルトの実行時間は10秒ですが，それよりもコマンドに打ち込んだ値が優先されます．

　私のPCは，セキュリティ用のファイア・ウォールが常時ネットワークを監視しています．m1101の実行を開始すると，図11-6に示すように，ファイア・ウォールからの問い合わせが入ります．

　外部からの攻撃ではないので，［ブロックを解除する］ボタンをクリックします．

　これで，m1101.exeはサーバとして稼動し，クライアントからの入力を待つ状態に入りました．

　次に，クライアントを立ち上げます．

　モデルm1101.mdlの画面に戻り，メニューから，［シミュレーション］→［エクスターナル］と選択します．図11-7に示すように，モードは［External］に変わります．

　モデル・ウィンドウにおいて，［Scope］ブロックをダブル・クリックして，［Scope］のウィンドウを開きます．モデル・ウィンドウのツール・バーにおいて，図11-8に示すように，［ターゲットに接続］のアイコンをクリックします．

　接続が成功すると，［ターゲットに接続］の左隣のアイコン［リアルタイム・シミュレーションの開始］アイコンがアクティブになります．［リアルタイム・シミュレーションの開始］アイコンをクリックするとシミュレーションが始まり，［Scope］に波形がリアルタイムで表示されます．

　適当なときを見計らって，シミュレーションを停止します．［Scope］の波形は，図11-9に示すように，そのときの状態で停止します．

　［コマンド・プロンプト］は，図11-10に示すような状態になります．

　ここで実行したシステムは，図11-11に示した構成になります．

　モデルと管理系は，ネットワークを介して接続されます．

　モデルはサーバとなり，管理系はクライアントになって通信を行いますが，その際，［Scope］ブロックは管理系に入ります．これで回路をテストする際に，オシロスコープを差し込んだような状態になります．

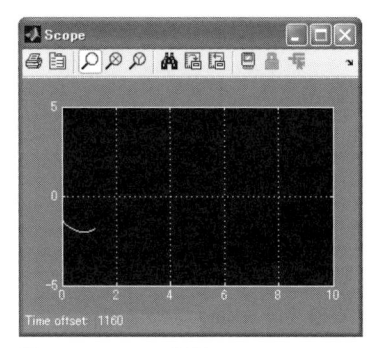

図11-9 Scopeの波形

図11-10 コマンド・プロンプトの画面

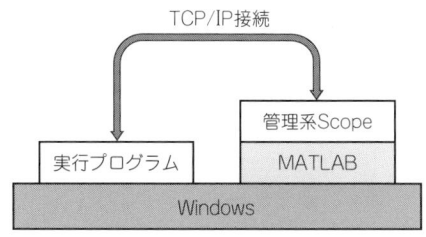

図11-11 実行システムの概念図

■ 11.3 シリアル通信による実行

次に，シリアル通信を使って，開発環境と実効環境を分離する実験を行います．

まず第1段階として，3.6節の場合と同様に，開発環境のPCのCOM1とCOM2をクロス・ケーブルで接続して新規にモデルを作成します．モデル名はm1102.mdlとします．

[Simulink Library Browser]から[Sin Wave]ブロック，[Gain]ブロック，[Scope]ブロックをドラッグ・アンド・ドロップして接続します．ここで，[Gain]ブロックの[ゲイン]は2に変更します．

[Configuration Parameters]のダイアログを開きます．[選択]のペインにおいて，[ソルバ]を選択して，m1101.mdlと同様に選択，書き込みを行って，[適用]ボタンをクリックします．

[選択]のペインにおいて，[データのインポート/エクスポート]を選択して，m1101.mdlのときと同様に，[ワーク・スペースに保存]のペインにおいて，チェック・マークを取り，[適用]ボタンをクリックします．

[選択]のペインにおいて，[Real-Time Workshop]の[Interface]を選択します．

[データ交換]のペインに，[インターフェース]のリスト・ボックスがあるので，これを展開して[エクスターナル・モード]を選択します．

図11-12に示すように，[ホスト/ターゲットのインターフェース]のペインにおいて，[トランスポート層]は，デフォルトのTCP/IPではなくて，[serial win32]を選択して，[適用]ボタンをクリックします．

図11-12　m1102.mdlのパラメータの設定

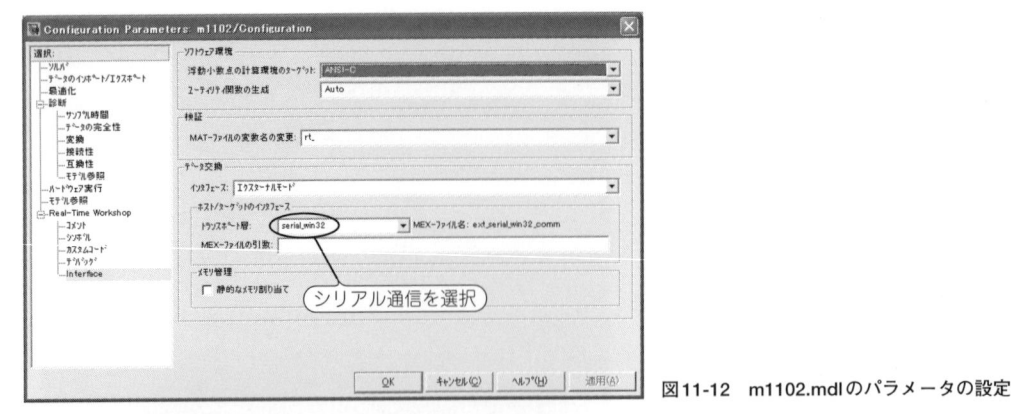

図11-13　m1102.exeを使った実験

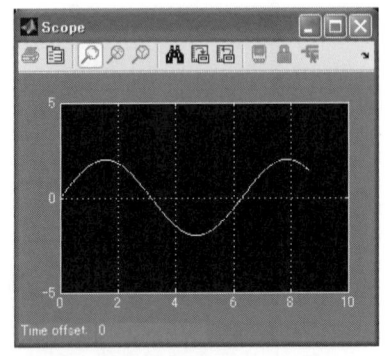

図11-14　データのリアルタイム表示

　[serial win32]の選択だけがm1101.mdlとm1102.mdlの違いです．以上で準備は完了しました．[選択]のペインにおいて，[Real-Time Workshop]を選択して，[ビルド]ボタンをクリックします．ビルドが成功すると[Current Directory]に，m1102.exeというファイルができます．

　それでは実験を開始します．COM1とCOM2をクロス・ケーブルで接続したことを確認します．次に，サーバを立ち上げます．Windowsの[コマンド・プロンプト]の画面において，**図11-13**に示すように，exeプログラムをスタートします．

　ここで使ったコマンドは，m1102 -tf inf -w -port 2 -baud 57600です．パラメータの-tf infは，サーバの実行時間を無限大にするためのスイッチ，-wは，サーバをウエイト状態にするためのスイッチ，-port 2はCOM2を選択するスイッチ，-baud 57600はボー・レートを設定するスイッチです．

　[serial win32]のデフォルトの設定では，ポートはCOM1，ボー・レートは57600になるので，サーバはクライアントと異なるポートを選択します．

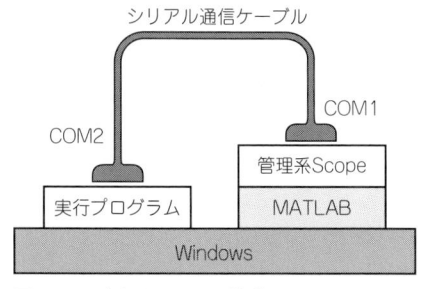

図11-15　実行システムの構成図

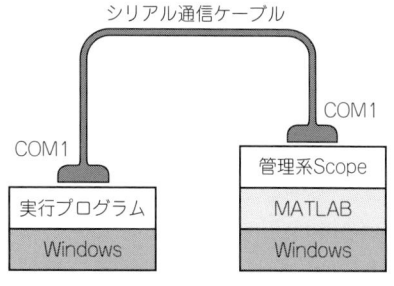

図11-16　2台のPCの使用

　これでサーバはウエイト状態で，クライアントからのアクセスを待つ状態に入ります．モデル・ウィンドウにおいて，[エクスターナル・モード]を選択します．次に[Scope]ブロックをダブル・クリックして[Scope]の画面を表示します．そして，ツール・バー上の[ターゲットに接続]アイコンをクリックします．
　接続が完了すると，[リアルタイム・シミュレーションの開始]アイコンがアクティブになります．このアイコンをクリックすると，シミュレーションが始まります．
　図11-14に示すように，[Scope]の画面に，データがリアルタイムで表示されていきます．
　ここでリアルタイムというのは，時刻の経過とともに測定データがプロットされていくという意味です．
　では，COM1とCOM2を接続するケーブルを取り去って同じ実験をします．モデル・ウィンドウのツール・バー上の[ターゲットに接続]アイコンをクリックしても，接続できません．実際に，ケーブルを通して信号が通信されていたことがわかります．ここで採用した構成を図11-15に示します．
　図11-16に示すように，2台のPCをシリアル通信で接続してシミュレーションを実行することができます．
　まったく同じ手順で，二つのプログラムを実行できました．特別な理由がないかぎり，無理にPCを分離する必要はありません．2台のPCを使用する場合は，サーバのシリアル・ポートをCOM2に変更する必要はありません．
　TCP/IPを介して2台のPCを接続する実験は，セキュリティに十分注意する必要があります．PCを接続するためには，TCP/IPのポートを開く必要があります．ポートを開いた状態でインターネットに接続すると，そこからウイルスなどが侵入する危険性が増します．
　多くの場合，開発環境はドキュメントをダウンロードするなどの必要から，インターネットに接続します．危険を避けるという意味において，開発環境と実行環境をTCP/IPで接続することは避けるべきだと私は思います．

11.4　パラメータの調整

　開発環境においてパラメータの値を設定し，実行環境においてプログラムを実行します．その結果を

見て，パラメータを調整(tuning)する方法について述べます．

まず，新しいモデルをm1103.mdlとします．[Simulink Library Browser]から[Sin Wave]ブロック，[Gain]ブロック，[Scope]ブロックをドラッグ・アンド・ドロップして，図11-17に示すように接続します．

ここで，[Gain]ブロックの[ゲイン]には数値ではなく，記号gと書き込みます(図11-18)．

[Configuration Parameters]のダイアログを開きます．[選択]のペインにおいて，[ソルバ]を選択して，図11-2のモデルm1101.mdlと同様に，選択，書き込みを行って，[適用]ボタンをクリックします．

次に[選択]のペインにおいて，[データのインポート/エクスポート]を選択して，[ワーク・スペースに保存]のペインにおいて，チェック・マークを取り(デフォルトではチェック・マークがついている)，[適用]ボタンをクリックします(図11-3)．

[選択]のペインにおいて，Real-Time Workshopの[Interface]を選択します．[データ交換]のペインに，[インターフェース]のリスト・ボックスがあるので，これを展開して[エクスターナル・モード]を選択します(図11-4)．

[ホスト/ターゲットのインターフェース]のペインにおいて，[トランスポート層]は，デフォルトのTCP/IPになっています．これを確認し，[適用]ボタンをクリックします．

以上で準備は完了しました．[選択]のペインにおいて，[Real-Time Workshop]を選択して，[ビルド]ボタンをクリックします．ビルドが成功すると，[Current Directory]に，m1103.exeというファイルができます．

プログラムの実行は，サーバ/クライアント形式で行われるので，まず，サーバをスタートします．

Windowsの[コマンド・プロンプト]の画面において，exeプログラムをスタートします．ここでのコマンドは，m1103 -tf inf -wです．

m1103の実行を開始すると，ファイア・ウォールからの問い合わせが入ります．外部からの攻撃ではないので，[ブロックを解除する]ボタンをクリックします．これで，m1103.exeはサーバとして稼動し，クライアントからの入力を待つ状態に入りました．

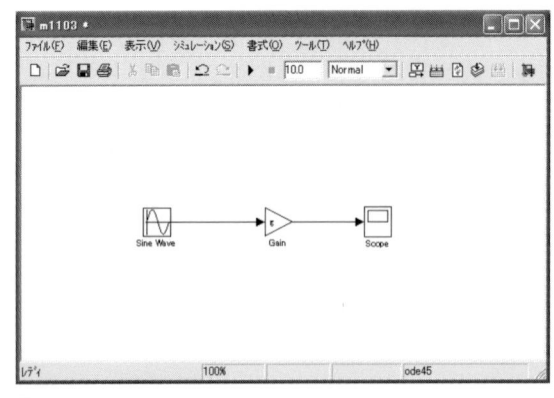

図11-17　m1103.mdl

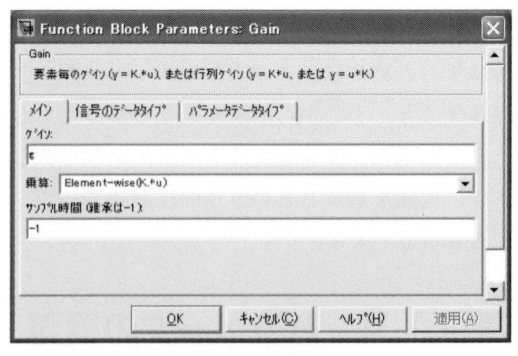

図11-18　ゲイン・ブロックへの書き込み

次に，クライアントを立ち上げます．モデルm1103.mdlの画面に戻ります．メニューから[エクスターナル]を選択します．

図11-7と同様に，モードのテキストは[External]に変わります．モデル・ウィンドウにおいて，[Scope]ブロックをダブル・クリックして，[Scope]のウィンドウを開きます．

モデル・ウィンドウのツール・バーにおいて，図11-8と同様に，[ターゲットに接続]のアイコンをクリックします．接続が成功すると，[リアルタイム・シミュレーションの開始]アイコンがアクティブになります．シミュレーションを開始する前に，MATLABのコマンド・ウィンドウにおいて，

```
>> g=1
```

と入力して，パラメータの値を設定します．

[リアルタイム・シミュレーションの開始]アイコンをクリックします．シミュレーションが始まり，[Scope]に波形がリアルタイムで表示されます．適当なときを見計らって，シミュレーションを停止します．

[Scope]の波形は，図11-9と同様に，そのときの状態で停止します．

今度は，MATLABのコマンド・ウィンドウにおいて，

```
>> g=5
```

と入力して，同じ手順でシミュレーションを開始すると，[Scope]の波形の振幅が変化するのがわかります．

■ 11.5　カスタム・コードの書き込み

第10章では，S-Function Builderを使って，Simulinkのモデルにユーザのカスタム・コードを書き込み，シミュレーションを行い，カスタム・コードの実行結果をチェックしました．

ここでは，同じ操作がエクスターナル・モードで実行可能かどうかを検証してみます．

まず，新規にモデルを作成します．モデル名はm1104.mdlとします．[Simulink Library Browser]から[Sin Wave]ブロック，[Scope]ブロック，[S-Function Builder]ブロックをドラッグ・アンド・ドロップして，図11-19に示すように接続します．

[S-Function Builder]ブロックをダブル・クリックします．図10-2と同様に[S-Function Builder]のダイアログが開きます．[S-Function名]のテキスト・ボックスに，区別を明確にするためにmyfuncの代わりにmyfunc01と書き込みます．

[出力]のタブをクリックして，

```
y0[0] = 2.0*u0[0];
printf("Hello World!¥n");
```

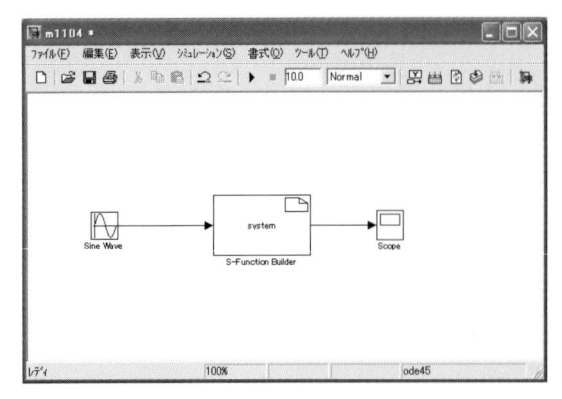

図11-19 m1104.mdl

と書き込みます．このあと［ビルド］ボタンをクリックすると，ビルドは成功します．
　確認のために，このままの状態でシミュレーションを行います．モデル・ウィンドウのシミュレーション開始ボタンをクリックします．［Scope］にサイン波形が表示されます．
　それでは，エクスターナル・モードの実行ファイルをビルドします．
　モデル・ウィンドウのメニューから，［シミュレーション］→［Configuration Parameters］とクリックして，［Configuration Parameters］のダイアログを開きます．これまでと同様に，左側の［選択］のペインにおいて，［ソルバ］を選択して，［ソルバ・オプション］において，

　　　［タイプ］　　　　　固定ステップ
　　　［ソルバ］　　　　　離散（連続状態なし）
　　　［固定ステップ］　　0.01

と記入し，［適用］ボタンをクリックします．
　［選択］のペインにおいて，［データのインポート/エクスポート］を選択して，［ワーク・スペースに保存］のペインにおいて，チェック・マークを取り（デフォルトではチェック・マークがついている），［適用］ボタンをクリックします．
　［選択］のペインにおいて，［Real-Time Workshop］の［Interface］を選択します．［データ交換］のペインに［インターフェース］のリスト・ボックスがあるので，これを展開して［エクスターナル・モード］を選択します．
　［ホスト/ターゲットのインターフェース］のペインにおいて，［トランスポート層］はデフォルトのTCP/IPになっています．これを確認し，［適用］ボタンをクリックします．
　シリアル通信を使用する場合は，シリアル通信を選択します．以上で準備は完了しました．
　［選択］のペインにおいて，［Real-Time Workshop］を選択して，［ビルド］ボタンをクリックします．ビルドが成功すると，［Current Directory］に，m1104.exeというファイルができます．
　それでは，PCを別にして実験を行います．ファイルm1104.exeを実行環境に移動します．つまり，別のPCに移します．
　実行環境において，［コマンド・プロンプト］を開いて，m1104 -tf inf -wという形式でサーバ

図11-20　プリントの結果

の実行を開始します．コマンドラインにおいてポートを指定しない場合は，デフォルトでCOM1が選択されます．

開発環境において，モードを［エクスターナル・モード］に切り替えます．ツール・バーの［ターゲットへの接続］ボタンをクリックします．ターゲットへの接続が確立すると，［リアルタイム・シミュレーション開始］ボタンがアクティブになります．このボタンをクリックして，リアルタイム・シミュレーションを開始します．

［Scope］の画面にサイン波形がプロットされます．振幅は2です．スイッチ -tf inf によって，実行時間は無限大になっているので，適当なところで，シミュレーション中止のボタンをクリックします．

実行環境の［コマンド・プロンプト］の画面に，図11-20に示すように，Hello World!がプリントされました．

S-Functionのプログラムにprintf( )文を書き込み，エクスターナル・モードにおいて，プリントが実行されることを確認しました．

これから推測すると，必要な処理をCのプログラムで書き込めば，組み込みターゲットにおいて，その操作を実現できるということがわかります．

■ 11.6　PD制御問題の周波数応答

宇宙船の位置のPD制御問題をエクスターナル・モードにおいて実行します．

最初に新規にモデルを作成します．モデル名はm1105.mdlとします．モデルの構造はm411.mdlとほぼ同じですが，入力をステップではなくてサイン波に変更します（図11-21）．

それでは，エクスターナル・モードの実行ファイルをビルドします．

モデル・ウィンドウのメニューから，［シミュレーション］→［Configuration Parameters］とクリックして，［Configuration Parameters］のダイアログを開きます．

左側の［選択］のペインにおいて［ソルバ］を選択して，［ソルバ・オプション］において，

　　［タイプ］　　　　　固定ステップ
　　［ソルバ］　　　　　ode3
　　［固定ステップ］　　0.01

と記入し，［適用］ボタンをクリックします．積分ブロックを使用したので，［ソルバ］は連続状態を選択するところに注意します．

［選択］のペインにおいて，［データのインポート/エクスポート］を選択して，［ワーク・スペースに保存］のペインにおいて，チェック・マークを取り（デフォルトではチェック・マークがついている），［適用］ボタンをクリックします．

［選択］のペインにおいて，Real-Time Workshopの［Interface］を選択します．［データ交換］のペインに，［インターフェース］のリスト・ボックスがあるので，これを展開して［エクスターナル・モード］を選択します．

［ホスト/ターゲットのインターフェース］のペインにおいて，［トランスポート層］は，デフォルトのTCP/IPになっています．これを確認し，［適用］ボタンをクリックします．

シリアル通信を使用する場合は，シリアル通信を選択します．

以上で準備は完了しました．

次に［選択］のペインにおいて，［Real-Time Workshop］を選択して，［ビルド］ボタンをクリックします．ビルドが成功すると，［Current Directory］に，m1105.exeというファイルができます．

それでは，PCを別にして，実験を行います．ファイルm1105.exeを実行環境に移動します．実行

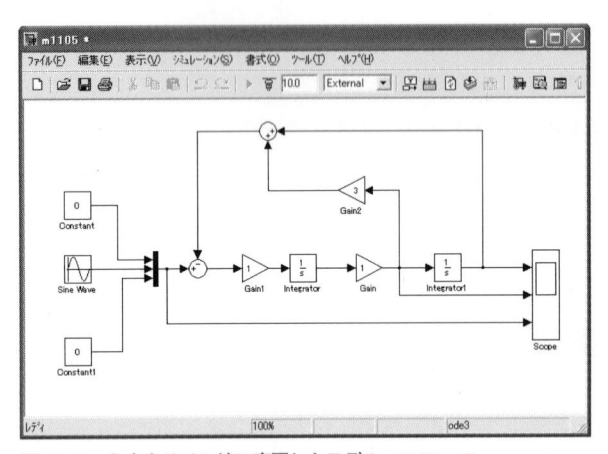

図11-21　入力をサイン波に変更したモデルm1105.mdl

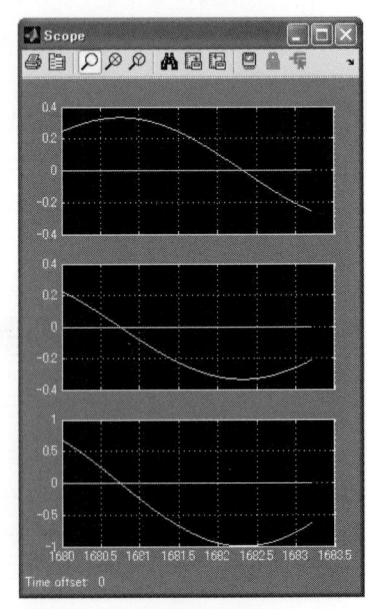

図11-22　入力と出力の波形

環境において，[コマンド・プロンプト]を開いて，m1105 -tf inf -wという形式でサーバの実行を開始します．

開発環境において，モードを[エクスターナル・モード]に切り替えます．ツール・バーの[ターゲットへの接続]ボタンをクリックします．

ターゲットへの接続が確立すると，[リアルタイム・シミュレーション開始]ボタンがアクティブになります．このボタンをクリックして，リアルタイム・シミュレーションを開始します．開発環境の[Scope]の画面に，PD制御の周波数応答が表示されます（図11-22）．

ゲインをパラメータに変更してチューニングを行う問題は，読者の皆さんへの演習問題とします．ぜひ挑戦してみてください．

■ 11.7 宇宙船の回転運動の周波数応答

宇宙船の回転運動の方程式をS-Function Builderを使ってシミュレーション・モデルを構築し，エクスターナル・モードで実行します．ここで使用するモデルを図11-23に示します．

m806.mdlとほとんど同じですが，入力を[Step]から[Sin Wave]に変更しました．

S-Function Builderブロックの内容は，m806.mdlにおいて使用したbuilderFと同じです．変更はありません．

それでは，エクスターナル・モードの実行ファイルをビルドします．

モデル・ウィンドウのメニューから，[シミュレーション]→[Configuration Parameters]とクリックして，[Configuration Parameters]のダイアログを開きます．

前節と同様に，左側の[選択]のペインにおいて，[ソルバ]を選択して，[ソルバ・オプション]において，

[タイプ]　　　固定ステップ
[ソルバ]　　　ode3
[固定ステップ]　0.01

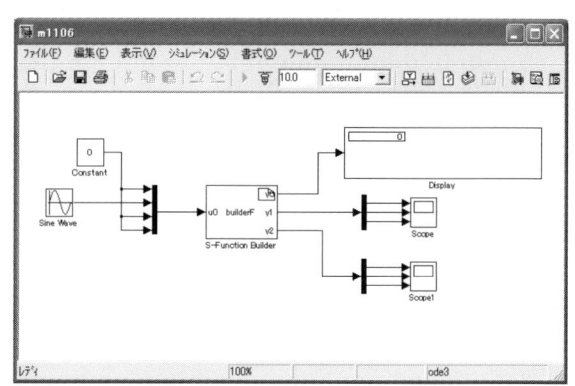

図11-23　m1106.mdl

と記入し，［適用］ボタンをクリックします．

積分ブロックを使用したので，［ソルバ］は微分方程式の解法ode3を選択します．

［選択］のペインにおいて，［データのインポート/エクスポート］を選択して，［ワーク・スペースに保存］のペインにおいてチェック・マークを取り，［適用］ボタンをクリックします．

［選択］のペインにおいて，［Real-Time Workshop］の［Interface］を選択します．［データ交換］のペインに，［インターフェース］のリスト・ボックスがあるので，これを展開して［エクスターナル・モード］を選択します．

［ホスト/ターゲットのインターフェース］のペインにおいて，［トランスポート層］は，デフォルトのTCP/IPになっています．これを確認し，［適用］ボタンをクリックします．シリアル通信を使用する場合は，シリアル通信を選択します．

以上で準備は完了しました．

［選択］のペインにおいて，［Real-Time Workshop］を選択して，［ビルド］ボタンをクリックします．ビルドが成功すると［Current Directory］に，m1106.exeというファイルができます．

それでは，もう1台のPCを使って実験を行います．

ファイルm1106.exeを実行環境に移動します．実行環境において，［コマンド・プロンプト］を開いて，`m1106 -tf inf -w`という形式のコマンドでサーバの実行を開始します．

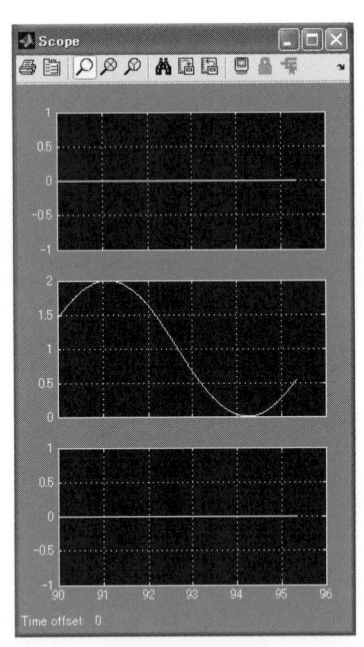

図11-24 宇宙船の回転角速度

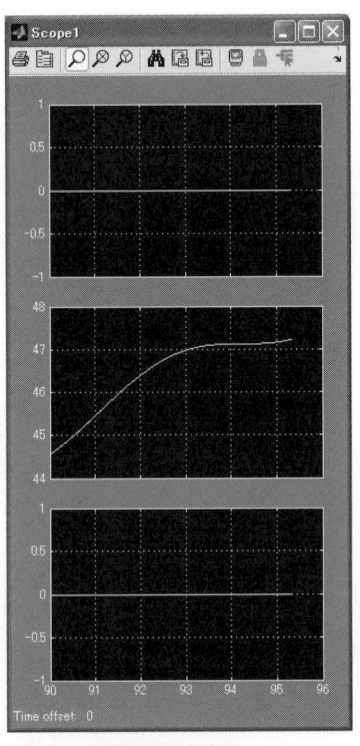

図11-25 宇宙船の回転角度

開発環境において，モードを［エクスターナル・モード］に切り替えます．

ツール・バーの［ターゲットへの接続］ボタンをクリックします．ターゲットへの接続が確立すると，［リアルタイム・シミュレーション開始］ボタンがアクティブになります．

このボタンをクリックして，リアルタイム・シミュレーションを開始します．開発環境の［Scope］の画面に，y軸に対してサイン波形の回転トルクを加えたときの回転角速度のグラフが得られます（図11-24）．

図11-25に，宇宙船の回転角度を示します．回転角は，無限大へ発散します．

■ 11.8　宇宙船の動特性

最後に，5.6節で導いた宇宙船の動特性に関する統合モデルをエクスターナル・モードで実行します．ここで使用するモデルを図11-26に示します．

rigidbodyC.mdlとほとんど同じですが，入力を［Sin Wave］に変更しました．

それでは，エクスターナル・モードの実行ファイルをビルドします．

モデル・ウィンドウのメニューから，［シミュレーション］→［Configuration Parameters］とクリックして，［Configuration Parameters］のダイアログを開きます．

前節と同様に，左側の［選択］のペインにおいて，［ソルバ］を選択して，［ソルバ・オプション］において，

　　［タイプ］　　　　固定ステップ
　　［ソルバ］　　　　ode3
　　［固定ステップ］　0.01

と記入し，［適用］ボタンをクリックします．

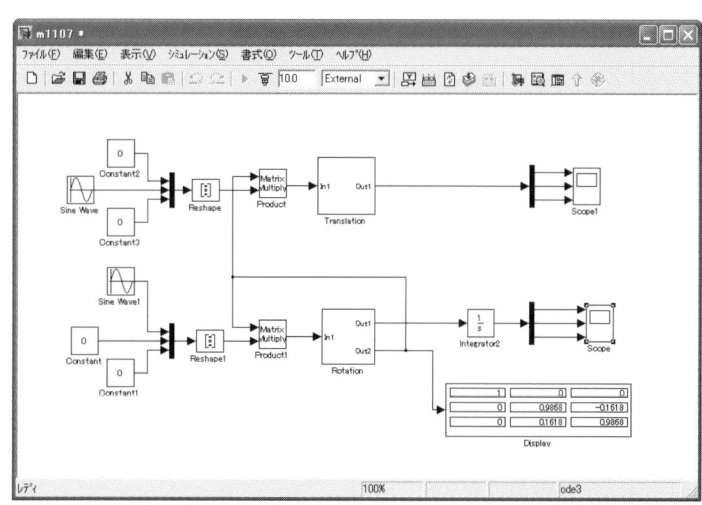

図11-26　m1107.mdl

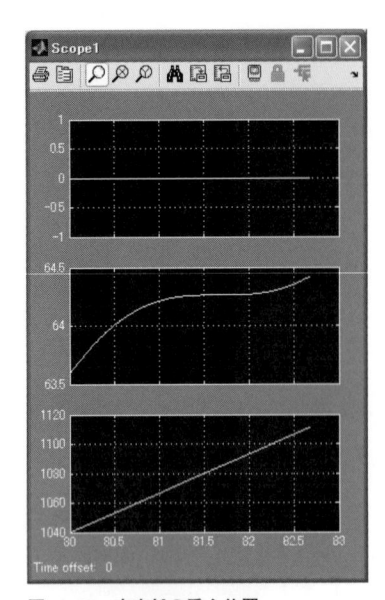

図11-27　宇宙船の重心位置 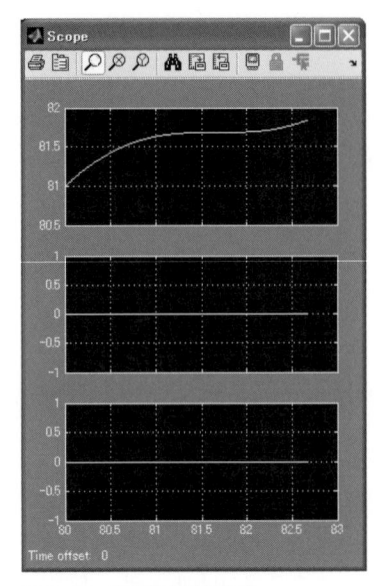　　　　　　　　図11-28　宇宙船の回転角度

　［選択］のペインにおいて，［データのインポート/エクスポート］を選択して，［ワーク・スペースに保存］のペインにおいてチェック・マークを取り，［適用］ボタンをクリックします．

　［選択］のペインにおいて，[Real-Time Workshop]の[Interface]を選択します．［データ交換］のペインに，［インターフェース］のリスト・ボックスがあるので，これを展開して［エクスターナル・モード］を選択します．そして，［ホスト/ターゲットのインターフェース］のペインにおいて，［トランスポート層］は，デフォルトのTCP/IPになっていることを確認し，［適用］ボタンをクリックします．最後にシリアル通信を使用する場合は，シリアル通信を選択します．

　以上で準備は完了しました．

　［選択］のペインにおいて，[Real-Time Workshop]を選択して，［ビルド］ボタンをクリックします．ビルドが成功すると[Current Directory]に，m1107.exeというファイルができます．

　それでは，もう1台のPCを使って実験を行います．ファイルm1107.exeを実行環境に移動します．実行環境において，［コマンド・プロンプト］を開いて，m1107 -tf inf -wという形式のコマンドでサーバの実行を開始します．

　次に，開発環境において，モードを［エクスターナル・モード］に切り替えます．ツール・バーの［ターゲットへの接続］ボタンをクリックします．ターゲットへの接続が確立すると，［リアルタイム・シミュレーション開始］ボタンがアクティブになります．このボタンをクリックすると，リアルタイム・シミュレーションが開始します．

　開発環境の[Scope]の画面に，宇宙船の重心位置のグラフが表示されます（図11-27）．

　y軸に推力，x軸に回転トルクを与えたので，y軸とz軸の座標が変化します．図11-28に，宇宙船の姿勢を示します．x軸の角度が変化します．

おわりに

　MATLAB，Simulink，Real-Time Workshopを使って，ブロック線図でモデルを組み立て，シミュレーションを実行し，Cプログラムを自動生成するまでの過程を解説しました．

　組み込みプログラムを自動生成する過程は，「これで終わり」というわけではありません．むしろ，やっとのことでイントロダクションが終わり，スタート台に立ったという程度のところです．

　しかし，1冊の本としてのボリュームが限界へ近づいてきたので，ここでいったん筆を置くことにします．

　組み込み系のアプリケーションを開発する過程において，モデル・ベースド・デザインの手法が浸透してきました．

　モデル・ベースド・デザインの主たる目的は，組み込み系の開発過程を一貫した手法によって統一するというところにあります．もちろん，この考え方は，以前から多くの識者に指摘されていました．

　重要なことは，いま，モデル・ベースド・デザインを採用することが，現実の選択肢のなかに入ってきたという事実です．どんなに良い思想であっても，それを実現する手段がなければ，何の意味もありません．手段が存在しても，値段が高いものであれば，企業においてそれを導入することはできません．

　必要なハードウェアとソフトウェアが存在し，かつ，その費用が現実的なものになったというところが現時点の状況です．つまり，いまこそ，モデル・ベースド・デザインの導入を具体的に考えるときなのです．

　MATLABとそのプロダクト・ファミリは，モデル・ベースド・デザインを実現する一つの手段を提供していると私は考えます．

■ 参考文献 ■

(1)　大川善邦；波形の特徴抽出のための数学的処理，CQ出版社，2005年2月．
(2)　大川善邦；Excelによる実験データ処理，工学社，2003年12月．
(3)　大川善邦；3Dゲームプログラマの数学［基礎編］，工学社，2004年9月．
(4)　大川善邦；DirectX9 3Dゲームプログラミング，Vol.1，工学社，2003年3月．
(5)　大川善邦；3Dキャラクタにおける運動方程式，日本大学工学部，2003年10月．
(6)　Baraff,D., Kass,M. and Witkin,A.；Physically Based Modeling，ACM Siggraph Course Note，1999.
(7)　大川善邦；PCIバスによるI/O制御，オーム社，1999年3月．
(8)　大川善邦；Windows2000による計測・制御プログラミングのノウハウ，日刊工業新聞社，2000年11月．
(9)　大川善邦；数値計算法，コロナ社，1986年．
(10)　ROBO-ONE委員会（編）；二足歩行ロボットのモデルベース開発，オーム社，2005年1月．
(11)　大川善邦；MATLABによるリアルタイム制御入門，CQ出版社，2007年5月．
(12)　大川善邦；機械設計のためのモデルベース開発入門，オーム社，2007年10月．

付　　　録

A.　MATLABプロダクト・ファミリー一覧

MATLAB Product Line
　MATLAB
　Database Toolbox
　MATLAB Report Generator

Math and Optimization
　Optimization Toolbox
　Symbolic Math Toolbox
　Extended Symbolic Math Toolbox
　Partial Differential Equation Toolbox
　Genetic Algorithm and Direct Search Toolbox

Statistics and Data Analysis
　Statistics Toolbox
　Neural Network Toolbox
　Curve Fitting Toolbox
　Spline Toolbox
　Bioinformatics Toolbox

Control System Design and Analysis
　Control System Toolbox
　System Identification Toolbox
　Fuzzy Logic Toolbox
　Robust Control Toolbox
　Model Predictive Control Toolbox

Signal Processing and Communication
　Signal Processing Toolbox
　Communications Toolbox
　Filter Design Toolbox
　System Identification Toolbox
　Wavelet Toolbox
　Fixed-Point Toolbox
　RF Toolbox
　Link for Code Composer Studio
　Link for ModelSim

Image Processing
　Image Processing Toolbox
　Image Acquisition Toolbox
　Mapping Toolbox

Financial Modeling and Analysis
　Financial Toolbox
　Financial Derivatives Toolbox
　GARCH Toolbox
　Financial Time Series Toolbox
　Datafeed Toolbox

Fixed-Income Toolbox

Test & Measurement
Data Acquisition Toolbox
Instrument Control Toolbox
Image Acquisition Toolbox
OPC Toolbox

Application Development
MATLAB Compiler
Excel Link
MATLAB Web Server

Application Development Targets
MATLAB Builder for COM
MATLAB Builder for Excel

Simulink Product Line
Simulink
Stateflow
Simulink Fixed Point
Simulink Accelerator
Simulink Report Generator

Physical Modeling
SimMechanics
SimDrivelines
SimPowerSystems

Simulation Graphics
Virtual Reality Toolbox
Gauges Blockset

Control System Design and Analysis
Simulink Control Design
Simulink Response Optimization
Simulink Parameter Estimation
Aerospace Blockset

Signal Processing
Signal Processing Blockset
Communication Blockset
CDMA Reference Blockset
RF Blockset
Video and Image Processing Blockset

Embedded Systems Code Generation
Real-Time Workshop
Real-Time Workshop Embedded Coder
Stateflow Coder

PC-Based Rapid Control Prototyping and HIL
xPC Target
xPC Target Embedded Option

Embedded Coder Targets
Embedded Target for TI C6000 DSP
Embedded Target for Motorola MPC555
Embedded Target for OSEK/VDX
Embedded Target for Infineon C166
    Microcontrollers
Embedded Target for Motorola HC12
Embedded Target for TI C2000 DSP

Verification, Validation and Testing
Link for Code Composer Studio
Link for ModelSim
Simulink Verification and Validation

B. 参考URL

The MathWorks社
 ホームページ http://www.mathworks.com/
 ファイル交換 http://www.mathworks.com/matlabcentral/
 ドキュメント http://www.mathworks.com/access/helpdesk/help/helpdesk.html

サイバネットシステム
 MATLAB http://www.cybernet.co.jp/matlab/

C. 参考ドキュメント

● The MathWorks社のドキュメントURLよりダウンロード可能なpdfファイル

 MATLAB
  Getting Started with MATLAB
  Desktop Tools and Development Environment
  Mathematics
  Programming
  MATLAB Programming Tips
  Using MATLAB Graphics
  Creating Graphical User Interface
  Function Reference：Volume 1 (A-E)
         Volume 2 (F-O)
         Volume 3 (P-Z)
  External Interfaces
  External Interfaces Reference
  MAT-File Format
  Installation Guide for Windows
  Installation Guide for UNIX
  Installation Guide for Mac OS X
  MATLAB Release Note

 Simulink
  Using Simulink
  Simulink Reference

Writing S-Functions
Simulink Release Note

Real-Time Workshop
Real-Time Workshop Getting Started Guide
Real-Time Workshop Users Guide
Real-Time Workshop Target Language Compiler Reference Guide
Real-Time Workshop Release Note

● サイバネットシステムのURLよりダウンロード可能なpdfファイル
The MathWorks社のpdfファイルのドキュメントの日本語訳（英文のみの場合もある）

索 引

■ 数字 ■

1次元問題の解 …………………… 195
2次方程式 ………………………… 37
34401Aマルチメータ …………… 70
3次元運動 ………………………… 163
3次元空間 ………………………… 165
3次元グラフ ……………………… 85
3次元ベクトル …………………… 28
3次元モデル ……………………… 197

■ C ■

C MEX S-Function …………… 158, 161
C MEX S-Functionのハロー・ワールド …… 155, 158
COM1 ……………………………… 65
COM2 ……………………………… 65
Command History ……………… 45
Command Window ……………… 25
Commonly Used Blocks ………… 81
Configuration Parameters ……… 240
csv形式のファイル ……………… 59
Cのプログラム …………………… 242
Cプログラム・ビルダ …………… 213

■ D ■

Data history ……………………… 226
[Demux]ブロック ……………… 116
double型の配列 ………………… 26
double型のマトリックス ……… 27

■ E ■

Excel Link ………………………… 61

Excelのファイル ………………… 57, 59
extern宣言 ……………………… 244, 256

■ F ■

[From Workspace]ブロック ……… 95

■ I ■

Interface …………………………… 265

■ J ■

JPEG形式のファイル …………… 63

■ L ■

Level 2のブロック ……………… 145

■ M ■

MATLAB Compiler ……………… 73
MATLABのグラフ ……………… 41
MATLABの予約語 ……………… 40
[Matrix Concatenation]ブロック …… 116
[M-file (level 2) S-Function]ブロック …… 144
motor ……………………………… 252
myfunc.tlc ………………………… 248
M-ファイル ……………………… 45

■ N ■

n次の多項式の根 ………………… 37

■ O ■

[Out]ブロック …………………… 226

■ P ■

PD制御 …………………… 100, 105, 231

PD制御のステップ応答 ……………………105
PD制御の伝達関数 …………………………105
PDフィードバック制御 …………………100, 131
PID制御 …………………………………102, 106

■ R ■

Real-Time Workshop ……………………212
[Reshape]ブロック …………………………132
Runge-Kuttaの数値積分 …………………229, 231

■ S ■

'Scope' parameters ………………………226
SCPI …………………………………………71
serial win32 ………………………………265
S-Function …………………………………271
S-Function Builderブロック ………………181
[S-Function]ブロック …………………142, 159
Simulink ……………………………………18
Simulink Library Browser …………………79
Simulinkでのハロー・ワールド ……………81
Simulinkの起動 ……………………………79
Simulinkのブロック ………………………112
Simulinkのモデル …………………………89
sin波が積分 ………………………………228

■ T ■

TCP/IP ……………………………………263
The MathWorks社 …………………………14
timestwo.m ………………………………136
tlcファイル ……………………………239, 247
[To Workspace]ブロック ……………………91

■ U ■

[Uniform Random Number]ブロック ………98

■ W ■

wavフォーマット ……………………………61
Windowsのレコーダ ………………………61
Workspace …………………………………26

■ ア行 ■

位置検出 ……………………………………101
位置のPD制御問題 ………………………271
一様乱数マトリックス ………………………35
位置を計算する積分ブロック ……………234
インポート …………………………………57
ウイルス ……………………………………267
宇宙基地 ……………………………………86
宇宙船 …………………………………85, 231
宇宙船の回転運動 …………………………273
宇宙船の姿勢 ………………………………276
宇宙船の重心位置 …………………………276
宇宙船の重量 …………………………163, 172
宇宙船の推力 ………………………………163
宇宙船の速度 ………………………………165
宇宙船の動特性 ……………………………275
宇宙船の並進運動 …………………………195
宇宙船のモデル ……………………………165
運動の第1法則 ……………………………85
運動の法則 …………………………………109
運動方程式 ………………………89, 112, 163, 201
運動量 ………………………………………195
運動量ベクトル ……………………………88
運動量を計算する積分ブロック …………234
運動量を質量で割る ………………………234
エクスターナル ……………………………264
エクスターナル・モードの実行ファイル ……270
円周率 ………………………………………41
オイラー(Euler)の定理 ……………………104
オーバシュート ……………………………101

オプション	157
オフセット	162
オフセット時間	157
音声データ	61
音声認識	61
温度によるドリフト	101
オンライン形式	64

■ カ行 ■

回転運動	109, 173
回転運動のブロック	200
回転角	174, 176, 201
回転角速度	83, 174, 176, 201
回転角に関する微分方程式	203
回転の角速度	48
回転マトリックス	110
外力	110
角運動量	48, 83, 111, 174, 176, 201
角運動量に関する微分方程式	203
角運動量ベクトル	112
角速度	174, 201
角速度ベクトル	112
加算器のモデル	152
加算ブロック	84
カスタム・ブロック	19, 135, 173
カスタム・ブロックのハロー・ワールド	136
画像	63
仮想プラント	214
画面へのプリント	31
絡み合いの状態	153
関数	28
関数の名前	138
慣性テンソル	112
慣性モーメント	48
基本関数	17

基本サンプル時間	216
逆行列	112
逆ラプラス変換	104, 105
虚数単位	38, 104
クオタニオン	122
クオタニオンの積	123
矩形パルス	89
組み込みプログラム	19
グラフ表示	41
クローズ	68
グローバル座標系	110
グローバル・バッファ	223, 244
計算誤差	127
計算の精度	50
計測器	70
計測器からのデータ	64
ゲイン	103
ゲイン・ブロック	84
ゲイン・ブロックの出力	223
構造体の初期化	139, 256
構造体の定義	243
剛体	109
剛体の回転運動	114, 174
剛体の姿勢	111, 174, 200
抗力係数	48
コード生成のみ	217
固定ステップ	215
コマンド	16
コメント	248
コントロール・パネル	62, 65
コンフィギュレーションパラメータ	215

■ サ行 ■

サーバ/クライアント形式	263
最終処理	158

サウンド・ボード	61	初期状態	182
削除	35, 68	初期状態のセット	257
サブシステム	124	初等制御理論	103
サブシステム化	116	シリアル通信	64
サンプル時間	157, 162	シリアル通信のオブジェクト	66
サンプル時間の初期化	257	シリアル・ポート	64
サンプル・プログラム	136, 161	推力ベクトル	88
サンプル・レート	41	数値積分のアルゴリズム	232
時間最適制御	97	スカラ積	30
時間軸のデータ	92	スクリプト	45
姿勢のマトリックス	175, 202	スクリプト・ファイル	247
実行エンジン	150	ステップ応答	89, 106
実行の過程をモニタ	225	ステップ入力	49
実行ファイルを実行	224	ステップ入力のラプラス変換	104
実行を管理するプログラム	150	ステップ・ブロック	84
実際の計算	158	ステップ・ブロックの出力	223
実装過程	20	スペース・シップ	85
質点	88	スペース・シップの運動方程式	88, 89
シミュレーションの管理プログラム	150	スペース・シップの状態変数	88, 92
シミュレーションの計算誤差	120	スペース・シップの動特性	103
シミュレーションの実行過程	150	スペース・シップのモデル	85
重心座標	195	スペース・シップ・モデル	126
出力の計算	162, 223, 258	正規直交行列	112
出力のデータ型	157	制御系の設計問題	107
出力ポートの数	157	正規乱数	34
状態	175	生成されたCプログラム	223
状態の更新	223	積分形式	89
状態の初期化ルーチン	255	積分ブロック	84, 233, 272
状態変数	88	測定データ入力	70
初期化	162, 235	速度フィードバックのゲイン	105
初期化処理	223	速度を計算するゲイン・ブロック	234
初期化のプログラム	244	速度を積分	234
初期化命令	150	ソルバ	150, 216, 240
初期条件	49	ソルバ・オプション	240, 272

■ タ行 ■

ターゲット・シミュレーション ……………………247
ターゲットに接続 ……………………………………269
対称行列 ………………………………………………34
多項式 …………………………………………………37
多項式の掛け算 ………………………………………40
多項式の根 ……………………………………………38
多項式の割り算 ………………………………………40
縦ベクトル ……………………………………………29
力を積分 ……………………………………………234
中間言語 ……………………………………………212
直接フィードスルー ……………………………140, 151
通信 ……………………………………………………64
通信ポートの設定 ……………………………………65
ツール・ボックス ……………………………………17
ディジタル・カメラの写真 …………………………63
データのインポート/エクスポート ………………225
データの型の定義 …………………………………244
データをワークスペースに保存 …………………226
適用 …………………………………………………217
デッド・ロック ……………………………………153
デバイス・マネージャ ………………………………65
伝達関数 ………………………………………104, 106
転置行列 ………………………………………………34
統合したモデル ……………………………………128
動的モデル …………………………………………114
動力学モデル ………………………………………131
トルク ……………………………111, 174, 175, 201
トルクの入力 ………………………………………118

■ ナ行 ■

日本語化作業 …………………………………………24
日本語表記 ……………………………………………24
入出力データのポインタ …………………………244
入出力ポートの型設定 ……………………………257

入力データの個数 …………………………………158
入力電圧 ………………………………………………83
入力のデータのポインタ …………………………157
入力ポート数 ………………………………………156
入力ポートのデータ型 ……………………………157
ノルム ………………………………………………122

■ ハ行 ■

配列 ……………………………………………30, 226
配列の大きさ …………………………………………30
パラメータ …………………………………………171
パラメータの値 ……………………………………269
パラメータの数 ……………………………………155
パラメータを調整 …………………………………268
バング・バング制御 …………………………………97
ピタゴラスの定理 ……………………………………27
微分方程式 ………………………162, 176, 196, 235, 252
微分方程式の解法 ……………………………48, 274
微分方程式の計算 …………………………………258
微分方程式の数値解法 ……………………………233
微分方程式を計算するルーチン …………………255
ビルダ ………………………………………………193
ビルド過程 …………………………………………247
ビルドされたCプログラム ………………………245
比例制御 ……………………………………………103
ファイルを介するデータ入出力 …………………56
ファンクションM-ファイル ………………………46
フィードバック ……………………………………152
フィードバック制御 …………………………………99
フーリエ変換 …………………………………………42
フォーマット ………………………………………226
複素数 …………………………………………………38
部分分数に展開 ………………………………104, 105
プログラムのビルド ………………………………212
ブロック ………………………………………………18

ブロック間の計算の順序 ……………………150
ブロック構造体の初期化 ……………………161
ブロック構造体の初期設定 …………………155
ブロックの入出力の数 ………………………140
プロパティ ………………………………………42
プロパティ インスペクター ……………51, 67
平行移動ベクトル ……………………………110
平行四辺形の面積 ………………………………31
並進運動 …………………………………88, 109
並進運動に関するC MEX S-Function ……163
平面の方程式 ……………………………………32
ベクトル …………………………………………28
ベクトル積 ………………………………31, 111
ベクトル積の計算 ……………………………114
ベクトルの長さ …………………………………31
ベクトル・パラメータを1-Dとして解釈 …115
変数の宣言 ………………………………………30
ポインタ ………………………………………172
法線ベクトル ……………………………………32
ホスト/ターゲットのインターフェース ……265

■ マ行 ■

マイクロホン入力端子 …………………………61
マクロ記録 ………………………………………46
マトリックス …………………………… 33, 200
マトリックス形式 ……………………………163
マトリックスに関する微分方程式 …………202
マトリックスの固有値 …………………………39
マトリックスの宣言 …………………………161
モータM …………………………………………48
モータの速度制御 ………………………83, 193
モデリング過程 …………………………………19
モデル・ウィンドウ ……………………………81
モデルにおける矛盾 …………………………153
モデルの入力 …………………………………175

■ ヤ行 ■

山登り法 ………………………………………152
ユークリッドのノルム …………………………31
ユーザ・インターフェース ……………………51
ユーザのCのプログラム ……………………241

■ ラ行 ■

ラッパー関数 ………………………236, 244, 256
ラッパー関数を削除 …………………………252
ラプラス変換 ……………………………104, 106
乱数のマトリックス ……………………………34
リアルタイム・シミュレーションの開始 …264
リアルタイムで表示 ……………………264, 267
離散系の状態 …………………………………162
離散系の状態の数 ……………………………140
リモート状態 ……………………………………71
ルンゲ・クッタ …………………………………50
レベル2のファンクションM-ファイル ……144
連続系 …………………………………………161
連続系のサンプル時間 ………………………162
連続系の状態の数 ……………………140, 162
連続系の問題 …………………………………193
連続した数値のベクトル ………………………29
連続状態 ………………………………………272
ローカル座標系 ………………………………110

■ ワ行 ■

ワーク・スペースに保存 ……………………270
ワールド座標系 ………………………………110

索引　287

〈著者略歴〉

大川 善邦（おおかわ・よしくに）

1934年　東京に生まれる
1959年　東京大学工学部卒業
1964年　東京大学大学院博士課程修了　工学博士
1970年　岐阜大学教授
1985年　大阪大学教授
1998年　日本大学教授
2005年　フリーのライタ，インストラクタとして活躍中

- ●**本書記載の社名，製品名について** ── 本書に記載されている社名および製品名は，一般に開発メーカの登録商標です．なお，本文中では™，®，©の各表示を明記していません．
- ●**本書掲載記事の利用についてのご注意** ── 本書掲載記事は著作権法により保護され，また産業財産権が確立されている場合があります．したがって，記事として掲載された技術情報をもとに製品化をするには，著作権者および産業財産権者の許可が必要です．また，掲載された技術情報を利用することにより発生した損害などに関して，CQ出版社および著作権者ならびに産業財産権者は責任を負いかねますのでご了承ください．
- ●**本書付属のCD-ROMについてのご注意** ── 本書付属のCD-ROMに収録したプログラムやデータなどは著作権法により保護されています．したがって，特別の表記がない限り，本書付属のCD-ROMの貸与または改変，複写複製（コピー）はできません．また，本書付属のCD-ROMに収録したプログラムやデータなどを利用することにより発生した損害などに関して，CQ出版社および著作権者は責任を負いかねますのでご了承ください．
- ●**本書に関するご質問について** ── 文章，数式などの記述上の不明点についてのご質問は，必ず往復はがきか返信用封筒を同封した封書でお願いいたします．ご質問は著者に回送し直接回答していただきますので，多少時間がかかります．また，本書の記載範囲を越えるご質問には応じられませんので，ご了承ください．
- ●**本書の複製等について** ── 本書のコピー，スキャン，デジタル化等の無断複製は著作権法上での例外を除き禁じられています．本書を代行業社等の第三者に依頼してスキャンやデジタル化することは，たとえ個人や家庭内の利用でも認められておりません．

JCOPY〈(社)出版者著作権管理機構委託出版物〉
本書の全部または一部を無断で複写複製（コピー）することは，著作権法上での例外を除き，禁じられています．本書からの複製を希望される場合は，(社)出版者著作権管理機構（TEL：03-3513-6969）にご連絡ください．

MATLABによる組み込みプログラミング入門　　　　　　　　　　　　CD-ROM付き

2005年12月1日　初版発行　　　　　　　　　　　　　　　　　　　© 大川善邦 2005
2019年12月1日　第6版発行　　　　　　　　　　　　　　　　　　　（無断転載を禁じます）

著　者　大川　善邦
発行人　寺前　裕司
発行所　CQ出版株式会社
〒112-8619　東京都文京区千石4-29-14
☎03-5395-2124（編集）
☎03-5395-2141（販売）

ISBN978-4-7898-3717-0
定価はカバーに表示してあります

乱丁，落丁本はお取り替えします

編集担当　今　一義
カバー・表紙デザイン　(株)アイドマ・スタジオ
DTP　(有)新生社
印刷・製本　三晃印刷(株)
Printed in Japan